化 学 工 业 出 版 社
"十四五"普通高等教育规划教材

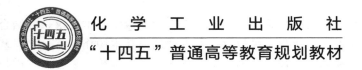

无机化学与分析化学实验

第二版

李巧玲　主编

景红霞　武志刚　段红珍　副主编

化学工业出版社

·北京·

内容简介

《无机化学与分析化学实验》(第二版)是根据大学化学实验的教学基本要求,并结合多年实验教学改革成果编撰成的一本大学化学实验教材,本着"加强基本操作训练,加强基础实验,注重培养学生的思维能力和创新精神,培养化学、化工、材料领域的复合型应用技术人才"的原则,把无机化学实验和分析化学实验结合起来编写而成。

全书内容共分 6 章:第 1 章绪论,介绍大学化学实验的目的、要求等;第 2 章化学实验室基本知识,介绍实验室安全规则、废物的处理、实验室常用仪器及基本操作、实验数据的表达与处理等;第 3 章无机化学实验(基础训练)部分,共 18 个实验;第 4 章分析化学实验(基础训练)部分,共 19 个实验,每个实验包括实验目的、实验原理、实验用品、实验内容、思考题等内容;第 5 章综合、研究性实验部分,共 20 个实验,包括综合性实验、设计性实验和研究性实验;第 6 章是附录。本书在编写过程中,注重对学生创新精神和科研能力的培养,也注重博采众长和化学学科发展的前瞻性。

本书可作为化学、化工、材料、生物以及环境工程等相关专业实验课程的教材,也可作为从事同领域科学研究人员的实用参考书。

图书在版编目(CIP)数据

无机化学与分析化学实验 / 李巧玲主编;景红霞,武志刚,段红珍副主编. —2 版. —北京:化学工业出版社,2025.2.(2025.9重印)—(化学工业出版社"十四五"普通高等教育规划教材).

ISBN 978-7-122-47117-8

Ⅰ. O61-33;O652.1

中国国家版本馆 CIP 数据核字第 202524GX41 号

责任编辑:汪 靓 宋林青   文字编辑:杨玉倩 葛文文
责任校对:李雨晴   装帧设计:韩 飞

出版发行:化学工业出版社
　　　　　(北京市东城区青年湖南街 13 号　邮政编码 100011)
印　　装:三河市双峰印刷装订有限公司
787mm×1092mm　1/16　印张 12½　字数 309 千字
2025 年 9 月北京第 2 版第 2 次印刷

购书咨询:010-64518888　　　售后服务:010-64518899
网　　址:http://www.cip.com.cn
凡购买本书,如有缺损质量问题,本社销售中心负责调换。

定　价:35.00 元　　　　　版权所有　违者必究

《无机化学与分析化学实验》编写人员名单

主　编　李巧玲

副主编　景红霞　　武志刚　　段红珍

编　委　李巧玲　　景红霞　　武志刚

　　　　段红珍　　李延斌　　贾素云

　　　　高建峰　　焦晨旭　　徐春燕

　　　　张学俊　　宋江锋　　杜玉群

主　审　高建峰

前言

无机化学与分析化学实验是化学实验教育不可或缺的重要组成部分，它不仅巩固了学生对无机化学、分析化学基本理论的理解，还培养了学生在实验室中的安全意识、基本操作技能、科学思维及实验设计能力。本教材的编写旨在为学生提供一套系统、全面、实用的实验指南，通过理论与实践的紧密结合，促进学生掌握无机化学与分析化学的基本实验方法和技能，为后续的学习和研究奠定坚实的基础。

《无机化学与分析化学实验》（第二版）作为基础实验，严格贯彻专业所需，适宜学生层次特点，在第一版实验教材的基础上，参阅了校外同类实验教材，充分吸收近年来化学研究和实验教学改革的成果，主要按照以下原则编排和修订：

1. 将无机化学实验和分析化学实验的基础训练部分分开编写，更有利于实验与化学基础理论课程的衔接。

2. 调整教材内容，核实数据。对第2、3、5章的实验内容进行必要的增减和修改，对第4章的内容进行了大幅修改。

3. 突出了对学生"三基"（基本理论、基本操作、基本技能）能力培养与训练的特点，并力求体现"安全""绿色"化学的教育思想，使选材更贴近科研与生产实践。以为学生赋能为根本，使基础实验教学与学生综合能力培养相结合。

4. 增加了思政元素以激发学生的爱国情怀，提升思想境界。

《无机化学与分析化学实验》（第二版）教材的编写，力求做到内容全面、结构合理、实用性强，旨在为学生提供一个良好的实验学习平台，促进其综合素质的全面提升。使用本教材时，可以根据教学进度和教学大纲的要求进行取舍、组合，不必拘泥于教材的编写顺序。

全书共有6章，由李巧玲任主编，景红霞、武志刚、段红珍任副主编。全书由李巧玲教授统编，高建峰教授担任全书的主审工作，对书稿提出了宝贵的意见与建议，特此致谢。

借本书出版之际，对多年来为此系列实验教材作出贡献的中北大学化学系从事实验教学的教师和实验技术人员表示最诚挚的谢意；特别感谢参与前面系列实验教材编写的各位老师的大力支持和无私奉献；也向中北大学全体参与基础化学实验教学与改革工作的教师以及支持该项工作的各级领导和广大师生表示深切的谢意。

由于水平有限、经验不足，本书难免存在不足之处，敬请读者指正。

《无机化学与分析化学实验》编写组
2024年10月

第一版前言

化学实验教育既是传授知识与技能、训练科学思维、提高创新能力、全面实施化学素质教育的有效形式，又是建立与发展化学理论的"基石"与"试金石"。当代化学学科的发展突飞猛进，学科之间的交叉与渗透，研究领域的拓宽与应用周期的缩短，都要求高校培养出的大学生具有较强的动手、动脑的综合素质及与这个时代相适应的创新精神和应变能力。有必要对化学实验内容进行改革，强化以提高学生创新精神和实践能力为主的新体系与新内容。

《无机化学与分析化学实验》是在继承中北大学化学系基础化学实验教材的基础上，并参阅了校外同类实验教材，充分吸收近年来化学研究和实验教学改革的成果，主要按照以下原则编排和修订：

1. 将无机化学实验和分析化学实验的基础训练部分分开编写，更有利于实验与化学基础理论课程的衔接；

2. 根据学科发展，对实验内容进行必要的增减和修改；

3. 增加一些新的开放实验、综合实验和研究性实验项目，使基础实验教学与学生综合能力培养相结合。

本着学生掌握知识循序渐进的原则，将实验内容按"无机化学实验基础训练部分""分析化学实验基础训练部分"和"综合、研究性实验部分"三个教学单元进行重组与编排，剔除重复内容，增加了在生活、生产中的实际应用性实验和热点领域的研究性实验，突出了对学生"三基"（基本理论、基本操作、基本技能）能力培养与训练的特点，使选材更贴近科研与生产实践，并力求体现"绿色"化学的教育思想。使用本教材时，可以根据教学进度和教学大纲的要求进行取舍、组合，不必拘泥于教材的编写顺序。

全书共有六章。以无机化合物的制备与物质的组成、含量和特性分析为主。本书由李巧玲任主编，李延斌、景红霞、段红珍任副主编；全书由李巧玲教授统稿。高晓峰教授担任全书的主审工作，对书稿提出宝贵的意见与建议，特此致谢。

借本书出版之际，对多年来为此系列实验教材作出贡献的中北大学化学系从事实验教学的教师和实验技术人员表示最诚挚的谢意；特别感谢参与前面系列实验教材编写的各位老师的大力支持和无私奉献。也向中北大学全体参与基础化学实验教学与改革工作的教师以及支持该项工作的各级领导和广大师生表示深切的谢意。

由于水平有限，经验不足，本书难免存在不足之处，敬请读者指正。

《无机化学与分析化学实验》编写组

2019 年 12 月

目录

第6章 附录 ················ 164

第 1 章

绪　论

1.1　化学实验室学生守则

① 学生必须按时参加课内实验，不得迟到、早退，无故不参加实验者，以旷课论处。

② 在进行实验前，必须做好预习。阅读实验讲义、实验指导书及设备使用说明书，明确实验性质、目的、任务、步骤，写好书面实验报告。不预习者不得做实验。

③ 进入实验室后，要听从实验指导教师的安排，严格按照各种仪器设备的操作规程、使用方法和注意事项进行实验。

④ 在实验过程中要集中精力，认真操作，仔细观察，做好记录，不得马虎，不得抄袭他人实验数据。

⑤ 在实验过程中若发现仪器设备有异常现象，应立即切断电源，停止实验，保持现场，并马上将详细情况向指导教师报告，待查明原因，并作出妥善处理后，才能继续实验。

⑥ 实验完毕后应及时关闭实验室内电源和水源，要把实验用的工具、器材等整理存放好。当面向主管人员交代清楚，在取得指导教师同意后，方可离开实验室。

⑦ 学生需要在课外自由进行实验时，必须填写实验申请单，执行学校有关规定，并得到实验室工作人员的同意。

⑧ 爱护实验室的一切设施，不准动用与本次实验无关的仪器设备和物品。凡违反操作规程或擅自动用其他仪器设备致使损坏者，根据情节给予批评或处分，并按规定赔偿损失。

⑨ 实验室要保持清洁、卫生，不准高声喧哗和打闹，不准吸烟，不准随地吐痰，不准乱扔纸屑杂物，养成文明实验的作风。

⑩ 凡在实验室进行实验的学生，必须遵守本规则，否则指导教师有权停止其参加实验，并给予相应的处分。

1.2　大学化学实验课程的目的

随着世界科学技术的飞速发展，现代化学的发展已进入到理论与实践并重的阶段。在我国高等教育进入大众化教育的背景下，在全面推进通识和素质教育的形势下，大学化学实验作为高等理工科院校化工、材料、环境、生物等工程专业的主要基础课程，是培养学生动手和创新能力的重要课程。本书将实验内容按"无机化学实验（基础训练）部分""分析化学实验（基础训练）部分"和"综合、研究性实验部分"三个教学单元进行重组与编排，增加了在生活、生产中的实际应用型实验和热点领域的研究性实验，按照基本化学原理，以及化合物制备、合成、结构、性能的基本关系和化学实验技能培养重新组织实验课教学。

本课程以包含基本原理、基本方法和基本技术的化学实验作为素质教育的媒体，通过实验教学过程达到以下目的：

以基本知识→基础训练实验部分→综合、研究性实验三个层次的实验教学，模拟以化学知识的产生与发展为化学理论的基本过程，培养学生以化学实验为工具获取新知识的能力。严格的实验训练后，学生将具有一定的分析和解决较复杂问题的实践能力、收集和处理化学信息的能力、文字表达实验结果的能力，培养学生的科学精神、创新意识和创新能力以及团结协作的精神。

1.3 大学化学实验课程的要求

为了达到上面提出的课程目的，规范实验教学过程，学生应在以下环节严格要求自己。

1.3.1 实验前的预习

弄清实验目的和原理、仪器结构及使用方法和注意事项、药品或试剂的等级和物化性质（熔点、沸点、折射率、密度、毒性等数据）。实验装置、实验步骤要做到心中有数，避免边做边翻书的"照方抓药"式实验。实验前认真写出预习报告。预习报告应简明扼要，但切忌照抄书本。实验过程或步骤可以用框图或箭头等符号表示（参照 1.3.4 实验报告格式例 1～例 3）。

1.3.2 学习方法

本教材所选的基础实验是经过多年教学实践验证过的，内容较为成熟，因而容易得出预期的结果。但不要认为生产或科研中的实际问题都可以如此顺利地解决，应当多问几个为什么。对于性质和表征实验，要搞清楚化合物的性质和相关的表征手段，这些手段基于什么理论和原理，以及表征方法的使用条件和局限性。对于综合、研究性实验，重在培养创新和开拓以及综合应用化学理论和知识的能力，对这部分实验，首先要明确需要解决的问题；然后根据所学的知识（必要时应当查阅文献资料）和实验室能提供的条件选定实验方法，并深入研究这些方法的原理、仪器、实验条件和影响因素，以此作为设计方案的依据；最后写成预习报告并和指导教师讨论、修改、定稿后即可实施。本书所选的题目较为简单，目的是给学生在"知识"和"应用"之间架设一座"能力"的桥梁。

1.3.3 实验过程与记录

为培养学生严谨的科学研究精神，在需要等待的时间内不能做其他事情，要养成专心致志地观察实验现象的良好习惯。善于观察、勤于思考、正确判断是能力的体现。实验过程中要准确记录并妥善保存原始数据，不能随意记在纸片上，更不能涂改。对可疑数据，如确知原因，可用铅笔轻轻圈去，否则宜用统计学方法判断取舍，必要时应补做实验核实，这是科学精神与态度的具体体现。实验结束后，所做记录应请指导教师签字，留作撰写实验报告的依据。

1.3.4 实验报告

实验报告不仅是概括与总结实验过程的文献性资料，而且是学生以实验为工具，获取化学知识实际过程的模拟，因而同样是实验课程的基本训练内容。实验报告从一定角度反映了一个学生的学习态度、实际水平与能力。实验报告的格式与要求，在不同的学习阶段略有不同，但基本应包括实验目的、实验简明原理、实验仪器（厂家、型号、测量精度）、药品（纯度等级）、实验装置（画图表示）、原始数据记录表（附在报告后）、实验现象与观测数据、实验结果（包括数据处理，用列表或作图形式表达并讨论）。

处理实验数据时，宜用列表法、作图法，具有普遍意义的图形还可以回归成经验公式，得出的结果应尽可能地与文献数据进行比较。通过这种形式培养学生科学的思维模式，提高学生的文献查阅能力和文字表达能力。

对实验结果进行讨论是实验报告的重要组成部分，往往也是最精彩的部分，包括实验者的心得体会（是指经提炼后学术性的体会，并非感性的表达）、做好实验的关键所在、实验结果的可靠程度与合理性评价、实验现象的分析和解释等，以及提出的实验改进意见，或提出的另一种更好的路线等。注重培养学生思考和分析问题的习惯，尤其是培养发散性思维和收敛思维模式，为具有真正的创新性思维打下基础。

实验结束后，应严格地根据实验记录，对实验现象作出解释，写出有关反应方程式，或根据实验数据进行处理和计算，作出相应的结论，并对实验中的问题进行讨论，独立完成实验报告，及时交指导教师审阅。

特别强调，进行化学实验课的学习时，学生必须做好预习，准备好两本实验报告并将每页编上页码。实验报告和实验预习报告使用同一份实验报告册，实验报告可在预习报告的基础上继续补充相关内容完成，避免重复劳动。但是为了使报告准确、整齐，此时应该把实验测量数据（尤其是需要多次测量的数据）先记录在记录册上，等到完成报告时再抄写到实验报告册上，以避免错填了数据，造成涂改、杂乱。学生必须主动接受规范化的严格训练，掌握实验的基本操作技术，并进一步掌握有关的理论知识。

书写实验报告应字迹端正，简明扼要，整齐清洁。实验报告写得潦草时应重写。

实验报告包括六部分内容：

一、实验目的。

二、实验步骤。尽量采用表格、框图、符号等形式清晰、明了地表示。

三、实验现象和数据记录。表达实验现象要正确、全面，数据记录要规范、完整。

四、数据处理。获得实验数据后，进行数据处理是一个重要环节。

五、实验结果的讨论。对实验结果的可靠程度与合理性进行评价，并解释所观察到的实验现象。

六、问题讨论。针对本实验中遇到的疑难问题，提出自己的见解或收获，也可对实验方法、检测手段、合成路线、实验内容等提出自己的意见，从而训练创新思维和创新能力，提高独立分析、解决问题的能力，为科学论文的写作打下基础。

下面举出三种不同类型实验报告的格式，供同学们参考。

例 1 **粗食盐的提纯**

班级_____ 姓名_____ 日期_____

一、实验目的

二、提纯步骤

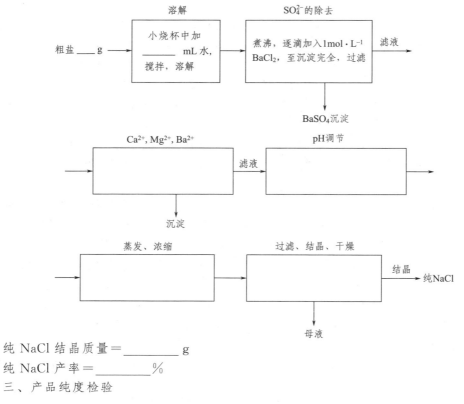

纯 NaCl 结晶质量＝_____g

纯 NaCl 产率＝_____%

三、产品纯度检验

检 验 方 法	现象（粗盐溶液）	现象（精盐溶液）
加 BaCl₂ 溶液		
加（NH₄）₂C₂O₄ 溶液		
加 NaOH＋镁试剂		

离子方程式

$$Ba^{2+} + \underline{\quad\quad} = \underline{\quad\quad}$$

$$C_2O_4^{2-} + \underline{\quad\quad} = \underline{\quad\quad}$$

$$OH^- + Mg^{2+} = \underline{\quad\quad}$$

四、讨论

根据产率、纯度和本人在操作中遇到的问题简单谈谈实验后的体会。

例 2 　　　　弱电解质的解离平衡

班级_____　姓名_____　日期_____

一、实验目的

二、实验内容

1. 酸碱溶液的 pH

溶液	0.10mol·L⁻¹ HCl	0.10mol·L⁻¹ HAc	蒸馏水	0.10mol·L⁻¹ NaOH	0.10mol·L⁻¹ NH₃·H₂O
pH 测定值					
pH 计算值					

2. 同离子效应

（1）5 滴 $0.1mol \cdot L^{-1}$ HAc＋甲基橙＋NH_4Ac（s）

现象

解释

（2）5 滴 $0.1mol \cdot L^{-1}$ 氨水＋酚酞＋?

现象

解释

3. 盐类的水解及其影响因素

（1）盐溶液的 pH

溶液	pH 计算值	pH 测定值	解释（写出水解方程式）
$0.1 mol \cdot L^{-1}$ NaAc			
$0.1 mol \cdot L^{-1}$ NH_4Cl			
$0.1 mol \cdot L^{-1}$ NH_4Ac			
$0.1 mol \cdot L^{-1}$ NaCl			
$0.1 mol \cdot L^{-1}$ $Al_2(SO_4)_3$			

（2）温度对水解平衡的影响

① 步骤

　现象

　解释

② 步骤

　现象

　解释

（3）溶液酸度对水解平衡的影响

　步骤

　现象

　解释

（4）能水解的盐类间的相互作用

　步骤

　现象

　解释

4. 缓冲溶液的配制和性质

编号	溶液	pH 计算值	pH 测定值
1	? mL $1mol \cdot L^{-1}$ HAc ＋ ? mL $1mol \cdot L^{-1}$ NaAc	5	
2	1号缓冲溶液加几滴 $0.1mol \cdot L^{-1}$ HCl		
3	1号缓冲溶液加几滴 $0.1mol \cdot L^{-1}$ NaOH		
4	1号缓冲溶液稀释 1～2 倍		

三、结论

例 3　　　　　　　　　**电子天平的使用**

_____年____月____日

一、实验目的

1. 了解电子天平的构造及其主要部件。

2. 掌握电子天平的基本操作。

3. 学会直接法和减量法称量试样。

4. 学会正确使用称量瓶。

5. 掌握准确、简明规范地记录实验原始数据的方法。

二、实验步骤

1. 天平外观检查

取下天平罩→检查天平状态→插上电源→调电子天平的零点。

2. 直接称量法练习

用电子天平准确称出两锥形瓶和一个装有样品的称量瓶的质量。

按"电子天平操作"整理好天平，调零后，取两个洁净、干燥并编有号码的锥形瓶（$1^{\#}$，$2^{\#}$）和 1 个装有样品的称量瓶（$3^{\#}$）。将 $1^{\#}$ 锥形瓶轻轻放在天平盘中央，当显示数字稳定后，即可读数，记录称量结果 m_1；重复操作分别称出 $2^{\#}$ 锥形瓶质量 m_2 与 $3^{\#}$ 称量瓶质量 m_0，记录在相应表格位置上。

3. 减量法称量练习

本实验要求用减量法从称量瓶（$3^{\#}$）中准确称量出 $0.20\sim0.25g$ 的固体试样（称准至 $\pm0.0002g$）。

① 分别准确称取 $1^{\#}$ 和 $2^{\#}$ 锥形瓶的质量 m_1 和 m_2（即直接称量法称得的数据 m_1 和 m_2）。

② 准确称取 $3^{\#}$ 称量瓶的质量 m_0（即直接称量法称得的数据 m_0）。

③ 取出 $3^{\#}$ 称量瓶，用瓶盖轻轻地敲打称量瓶口上方，使样品落在 $1^{\#}$ 锥形瓶中，估计倾出的试样在 $0.2g$ 左右时停止。将称量瓶再放回天平中称其质量 m_0'，两次质量之差（m_0-m_0'）即为倾出试样的质量。若倒出的试样还少于 $0.2g$，应再次敲取（注意不应一下敲取过多），直到倾出的试样在 $0.20\sim0.25g$ 之间；重复操作，在 $2^{\#}$ 锥形瓶中也倾入 $0.20\sim0.25g$ 样品。

④ 用直接称量法准确称量（$1^{\#}$ 锥形瓶＋样品）的质量 m_1' 与（$2^{\#}$ 锥形瓶＋样品）的质量 m_2'，并计算绝对误差。

⑤ 数据记录和处理见下表。

三、数据记录和处理

项目	I	II
（称量瓶＋样品）的质量 m_0/g	17.5549	17.3331
倾出样品后质量 m_0'/g	17.3331	17.1308
（m_0-m_0'）/g	0.2218	0.2023
（锥形瓶＋样品）的质量 m_1' 或 m_2'/g	20.4818	21.8844
空锥形瓶质量 m_1 或 m_2/g	20.2602	21.6818
（$m_1'-m_1$）或（$m_2'-m_2$）/g	0.2216	0.2026
绝对误差	-0.0002	$+0.0003$

四、结果讨论

第 2 章

化学实验室基本知识

2.1 实验室安全知识

2.1.1 实验室安全规则

实验室安全包括人身安全及实验室仪器、设备的安全。进行化学实验时，经常要使用有毒药品、易燃易爆的气体和溶剂以及有腐蚀性的浓盐酸、浓硫酸等。若这些药品使用不当，则可能发生中毒、烧伤等各种事故。除此之外，玻璃仪器、电气设备等的违规操作，也会造成人身伤害及仪器设备的损坏。为此，必须树立安全第一的思想，严格遵守实验室安全规则，高度重视安全操作，预防事故的发生。

① 实验室内严禁吸烟、饮食和嬉闹喧哗，切勿以实验用容器代替水杯、餐具使用，勿让试剂入口，实验结束后要细心洗手。

② 水、电、气使用完毕要及时关闭。

③ 剧毒品和危险品要有专人管理，使用时要特别小心，必须记录用量。不可乱扔、乱倒，要进行回收或特殊处理。

④ 使用浓酸、浓碱及其他有强烈腐蚀性的试剂时应避免溅落在皮肤、衣服或书本上。挥发性的有毒或有强烈腐蚀性的液体和气体的使用，应在通风橱或密封良好的条件下进行。

⑤ 使用高压气体钢瓶时，要严格按操作规程进行操作。

⑥ 使用可燃性有机试剂时，要远离火焰及其他热源，尽可能在通风橱中进行；用后要塞紧瓶塞，置阴凉处存放。低沸点、低熔点的有机溶剂不要在明火下直接加热，而应在水浴或电热套中加热。

⑦ 有危险性的实验，在操作时应使用防护眼镜、面罩、手套等防护用具。

⑧ 使用大型或较为贵重仪器前，要认真阅读仪器操作规程，经教师讲解后再动手操作。不要随意拨弄仪器，以免损坏或发生其他事故。

⑨ 事故的处理和急救：发生事故应立即采取适当措施并报告教师。

实验中发生事故后的紧急处置和应急处理办法：

a. 酸或碱造成腐蚀烧伤时，应先用大量水冲洗，再用饱和碳酸氢钠溶液或2%的硼酸溶液洗涤，最后用蒸馏水冲洗。

b. 烫伤勿用水冲洗，在烫伤处抹上黄色苦味酸溶液、高锰酸钾溶液或凡士林、烫伤膏、红花油均可。严重者应尽快去医院进行医治。

c. 创伤应用药棉擦净伤口，搽上龙胆紫药水，再用纱布包扎，若伤口较大应立即去医院治疗。

d. 吸入刺激性或有毒气体，如 Br_2 蒸气、Cl_2、HCl 气体等，可吸入少量酒精和乙醚的混合蒸气进行解毒；吸入 H_2S 气体感到不舒服时，应立即到室外呼吸新鲜空气。

e. 实验过程中万一发生火灾，不要惊慌，应尽快切断电源或燃气源。用石棉布或湿抹布熄灭（盖住）火焰。密度小于水的有机溶剂着火时，不可用水浇，以防止火势蔓延。电气设备着火时，不可用水冲，以防触电，应使用干冰或干粉灭火器。着火范围较大时，应立即用灭火器灭火，必要时拨打火警呼叫电话 119。

2.1.2 消防知识

当实验室不慎起火时，首先要冷静。由于物质燃烧需要空气和一定的温度，所以灭火的首要原则是降温或将燃烧的物质与空气隔绝。化学实验室常用的灭火措施如下。

① 小火用湿布、石棉布覆盖燃烧物即可灭火，大火可用泡沫灭火器灭火。对活泼金属 Na、K、Mg、Al 等引起的着火，应用干燥的细沙覆盖灭火。有机溶剂着火，切勿用水灭火，而应用二氧化碳灭火器、沙子和干粉灭火器等灭火。

② 在加热时着火，立即停止加热，切断电源，把一切易燃易爆物移至远处。

③ 电气设备着火，先切断电源，再用四氯化碳灭火器灭火，也可用干粉灭火器或二氧化碳灭火器灭火。实验室常用灭火器常识见表 2-1。

表 2-1　实验室常用灭火器种类及其适用范围

名　称	适　用　范　围
泡沫灭火器	用于一般失火及油类着火。此种灭火器是由 $Al_2(SO_4)_3$ 和 $NaHCO_3$ 溶液作用产生大量的 $Al(OH)_3$ 及 CO_2 泡沫，泡沫覆盖燃烧物质使其与空气隔绝而灭火。因为泡沫能导电，所以不能用于扑灭电气设备着火
四氯化碳灭火器	用于电气设备及汽油、丙酮等有机溶剂着火。此种灭火器内装液态 CCl_4。CCl_4 沸点低，相对密度大，不会被引燃，所以把 CCl_4 喷到燃烧物的表面，CCl_4 液体迅速气化，覆盖在燃烧物上隔绝空气而灭火
二氧化碳灭火器	用于电气设备失火及忌水的物质着火。内装液态 CO_2
干粉灭火器	用于油类、电气设备、可燃气体及遇水燃烧等物质的着火。内装 $NaHCO_3$ 等物质以及适量的润滑剂和防潮剂，此种灭火器喷出的粉末能覆盖在燃烧物上，组成阻止燃烧的隔离层，同时它受热分解出 CO_2，能起中断燃烧的作用，因此灭火速度快

④ 当衣服上着火时，切勿慌张跑动，应赶快脱下衣服，或用石棉布覆盖着火处，或在地上卧倒打滚，起到灭火的作用。

⑤ 一些有机化合物如过氧化物、干燥的重氮盐、硝酸酯、多硝基化合物等，具有爆炸性，必须严格按照操作规程进行实验，以防爆炸，必要时应及时报火警。

⑥ 大量溢水也是实验室中时有发生的事故，所以应注意水槽的清洁，废纸、玻璃等物应扔入废物缸中，保持下水道畅通。有机实验冷凝管的冷却水不宜开得过大，否则水压过高，橡胶管弹开会引起溢水事故。

2.1.3 三废处理

在化学实验中会产生各种有毒的废气、废液和废渣，常称之为"三废"。"三废"不仅污染环境、造成公害，而且其中的贵重和有用的成分没能回收，在经济上也是损失。因此，在实验课程开始时就应进行三废处理以及减少污染的教育，树立环境保护和绿色化学的实验观念。

(1) 有毒废气　当做产生有毒气体的实验时，应在通风橱中进行。应尽量安装气体吸收装置来吸收这些气体，然后进行处理。例如，卤化氢、二氧化硫等酸性气体须用氢氧化钠吸收后排放，碱性气体用酸溶液吸收后排放，CO 可点燃转化为 CO_2 气体后排放。

(2) 废酸和废碱溶液　经过中和处理，使 pH 在 6～8 之间，并用大量水稀释后方可排放。

(3) 含铬废液　加入消石灰等碱性试剂，使所含的金属离子形成氢氧化物沉淀而除去。在含六价铬的化合物中加入硫酸亚铁、亚硫酸钠，使其变成三价铬后，再加入 NaOH 和 Na_2CO_3 等碱性试剂，调 pH 在 6～8 之间，使三价铬形成氢氧化铬沉淀而除去。

(4) 含氰化物的废液　方法一为氯碱法，即将废液调节成碱性后，通入氯气或次氯酸钠，使氰化物分解成二氧化碳和氮气而除去；方法二为铁蓝法，向含有氰化物的废液中加入硫酸亚铁，使其变成氰化亚铁沉淀而除去。

(5) 含汞及其化合物　有较多的方法。方法一为离子交换法，此法处理效率高，但成本也较高，所以少量含汞废液的处理不适宜用此方法；方法二为化学沉淀法，通常用来处理少量含汞的废液，即在含汞废液中加入 Na_2S，使其生成难溶的 HgS 沉淀而除去。

(6) 铅盐及重金属废液　其处理方法是在废液中加入 Na_2S 或 NaOH 溶液，使铅盐及重金属离子转化为难溶的硫化物或氢氧化物而除去。

(7) 含砷及其化合物　在废液中鼓入空气的同时加入硫酸亚铁，然后用氢氧化钠来调 pH 至 9。这时砷化合物就和氢氧化铁与难溶性的亚砷酸钠或砷酸钠产生共沉淀，经过滤而除去。另外，还可用硫化物沉淀法，即在废液中加入 H_2S 或 Na_2S，使其生成硫化砷沉淀而除去。

(8) 有毒的废渣　应深埋在指定的地点，因有毒的废渣可能溶解于地下水，污染饮用水源，所以不能未经过处理就深埋。有回收价值的废渣应该回收利用。

2.2　实验室常用玻璃仪器

实验室常用玻璃仪器及其用途等见表 2-2。

表 2-2　实验室常用玻璃仪器及其用途

仪 器 名 称	规　　格	用途及注意事项
烧杯　锥形瓶(磨口)	以容积(单位：mL)表示，一般有 50、100、150、200、400、500、1000、2000 等规格	加热时烧杯应置于石棉网上，使受热均匀，所盛反应液体一般不能超过烧杯容积的 2/3
试管　离心试管	普通试管是以管外径×长度(单位为 mm)表示，一般有 12×150、15×100、30×200 等规格。离心试管以容积(单位：mL)表示，一般有 5、10、15 等规格	1. 防止振荡或受热时液体溅出 2. 加热后不能骤冷，以防炸裂 3. 反应液体一般不能超过试管容积的 1/2，加热时不能超过 1/3 4. 离心试管不能用火直接加热 5. 普通试管可直接加热，加热时应用试管夹夹持

续表

仪 器 名 称	规 格	用途及注意事项
量筒　量杯	以所能量度的最大容积（单位：mL）表示。如量筒有 250、100、50、25、10 等规格，量杯有 100、50、25、10 等规格	不能量取热的液体，不能加热，不可用作反应容器
吸量管　移液管	以容积（单位：mL）表示，有 1、2、5、10、25、50 等规格	1. 吸量管管口上标示"吹出"或"快"字样者，使用时末端的溶液应吹出 2. 使用前应先用少量待吸液体淋洗三次 3. 要垂直放出溶液 4. 移液管底部要与接收容器内壁接触，每次放完溶液后要停留相同时间后再移开，并以蒸馏水冲洗接触点
容量瓶	以容积（单位：mL）表示，有 25、50、100、250、1000、2000 等规格	1. 不能加热，不能量热的液体 2. 要与磨口瓶塞配套使用，不能互换 3. 使用前要充分摇匀
(a) 碱式滴定管　(b) 酸式滴定管	以容积（单位：mL）表示，常用酸式、碱式滴定管的容积为 50mL	1. 量取溶液时应先排除滴定管尖端部分的气泡 2. 不能加热以及量取热的液体，酸、碱滴定管不能互换使用 3. 用待装溶液（少量）淋洗三次
漏斗	以口径和漏斗颈长短表示，如6cm（长颈）、4cm（短颈）	1. 不能用火加热 2. 过滤时滤纸应低于上沿 2～3mm，滤纸与内壁间不能有气泡
(a) 布氏漏斗　(b) 吸滤瓶	吸滤瓶以容积（单位：mL）表示。布氏漏斗或玻璃砂芯漏斗以容积（单位：mL）或口径（单位：mm）表示	1. 不能用火加热 2. 抽气过滤。过滤时，先倒入少许溶剂或水，使滤纸在负压下与底部贴紧后再倒入待滤物
蒸发皿	以口径（单位：mm）或容积（单位：mL）表示	1. 能耐高温，但不能骤冷 2. 蒸发溶液时一般放在石棉网上，也可直接用火加热 3. 材质有瓷质、石英或金属等
泥三角　坩埚	泥三角有大小之分，用铁丝弯成，套上瓷管。坩埚以容积（单位：mL）表示	1. 依试样性质选用不同材料的坩埚，材质有瓷质、石英、铁、铂、镍等 2. 瓷坩埚加热后不能骤冷 3. 泥三角铁丝断裂的不能再使用

续表

仪 器 名 称	规　　格	用途及注意事项
干燥器	以外径(单位:mm)表示	1. 不得放入过热物体。温度较高物体放入后,在短时间内应把干燥器盖打开一两次,以免器内造成负压 2. 用侧推法开启或关闭干燥器。打开时,盖子应朝上,防止边口的凡士林油中粘入尘土
研钵	以口径(单位:mm)表示	1. 视固体性质选用不同材质的研钵,材质有瓷质、玻璃、玛瑙等 2. 不能用火加热 3. 不能研磨易爆物质
简易水浴锅	一般用 400mL 烧杯制作	烧杯不能烧干
滴管	由尖嘴玻璃管与橡胶帽构成	1. 滴液时保持垂直,避免倾斜,尤忌倒立 2. 管尖不可接触试管壁和其他物体,以免沾污
分液漏斗	以容积(单位:mL)表示	1. 不能加热,玻璃活塞不能互换 2. 用于分离和滴加 3. 当充分摇动后要马上放出逸出的蒸气,防止冲开塞子
点滴板		1. 不能加热 2. 材质有透明玻璃和瓷质
(a)　(b) 称量瓶	分扁形(a)和高形(b),以外径×高表示,如 25mm×400mm、50mm×30mm	1. 不能直接用火加热 2. 盖与瓶配套,不能互换 3. 要求准确称取一定量的固体样品时用
洗瓶	规格多为 500mL	1. 用于盛装蒸馏水或去离子水,洗涤沉淀和容器时用 2. 不能盛装自来水

　　标准磨口仪器是具有标准内磨口和外磨口的玻璃仪器,使用时根据实验的需要选择合适的容量和合适的口径。相同编号的磨口仪器,它们的口径是统一的,连接是紧密的,使用时

可以互换，用少量的仪器可以组装多种不同的实验装置。注意：仪器使用前首先将内、外口擦洗干净，再涂少许凡士林，然后口与口相对转动，使口与口之间形成一层薄薄的油层，最后固定好，以提高严密度和防粘连。常用标准磨口玻璃仪器口径编号见表 2-3。

表 2-3　实验室常用标准磨口玻璃仪器口径编号

编号	10	12	14	19	24	29	34
口径(大端)/mm	10.0	12.5	14.5	18.5	24	29.2	34.5

2.3　试剂规格与存放

2.3.1　化学试剂的规格

化学试剂的规格是以其所含杂质的多少来划分的，一般可分为四级，其规格和适用范围见表 2-4。

表 2-4　化学试剂规格和适用范围

等级	名称	英文名称	符号	适用范围	标签颜色
一级品	优级纯(保证试剂)	Guaranteed Reagent	G. R.	纯度很高,适用于精密分析工作和科学研究	绿色
二级品	分析纯(分析试剂)	Analytical Reagent	A. R.	纯度仅次于一级品,适用于多数分析工作和科学研究工作	红色
三级品	化学纯	Chemically Pure	C. P.	纯度较二级品差些,适用于一般分析工作	蓝色
四级品	实验试剂(生化试剂)	Laboratorial Reagent	L. R. (B. R.)	纯度较低,适用作实验辅助试剂	棕色(或其他颜色)

此外还有光谱纯试剂、基准试剂、色谱纯试剂等。

光谱纯试剂（符号 S. P.）的杂质含量用光谱分析法已测不出，或者杂质的含量低于某一限度，这种试剂主要用来作为光谱分析中的标准物质。

基准试剂的纯度相当或高于优级纯，常用来作容量分析的基准物，或直接配制标准溶液。

在分析工作中，试剂的纯度除了要与所用方法相当外，其他如实验用的水、操作器皿也要与之相适应。若试剂都选用 G. R. 级的，则不宜使用普通的蒸馏水或去离子水，而应用两次蒸馏制得的重蒸馏水；所用器皿的质地也要求较高，使用过程中不应有物质溶解到溶液中，以免影响测定的准确度。

各种级别的试剂及工业品因纯度不同价格相差很大。工业品和保证试剂之间的价格可相差数十倍。所以选用试剂时，要注意节约原则，不要盲目追求纯度高，应根据工作具体要求取用。

例如，配制大量洗液使用的 $K_2Cr_2O_4$、浓 H_2SO_4，制备气体时大量使用的 HCl 以及冷却浴所使用的各种盐类等都可以选用工业品。

2.3.2　取用试剂时的注意事项

① 取用试剂时应注意保持清洁，瓶塞不许任意旋转；取用后应立即盖好密封，以防被其他物质污染或变质。

② 固体试剂应用洁净、干燥的小勺取用。取用强碱性试剂后的小勺应立即洗净，以免腐蚀。

③ 用吸管吸取试剂溶液时，绝不能用未经洗净的同一吸管插入不同的试剂瓶中取用。

④ 所有盛装试剂的瓶上都应贴有明显的标签，并写明试剂的名称、纯度、浓度和配制日期，标签外面可涂蜡或用透明胶带等保护。没有标签的试剂，在未查明前不能随便使用。

2.3.3　化学试剂的存放

试剂的保管在实验室中也是一项十分重要的工作。有的试剂因保管不好而变质失效，这不仅是一种浪费，而且还会使分析工作失败，甚至会引起事故。一般的化学试剂应保存在通风良好、干净、干燥的室内，防止被水分、灰尘和其他物质污染。同时，根据试剂性质应有不同的保管方法。

固体试剂一般存放在易于取用的广口瓶内，液体试剂则存放在细口的试剂瓶中。一些用量小而使用频繁的试剂，如指示剂、定性分析试剂等可盛装在滴瓶中。

对于易燃、易爆、强腐蚀性化学品，强氧化剂及剧毒品的存放应特别加以注意，一般需要分类单独存放，如强氧化剂要与易燃、可燃物分开隔离存放。

① 容易侵蚀玻璃而影响试剂纯度的，如氢氟酸、含氟盐（氟化钾、氟化钠、氟化铵）、苛性碱（氢氧化钾、氢氧化钠）等，应保存在塑料瓶或涂有石蜡的玻璃瓶中。

② 见光会逐渐分解的试剂，如过氧化氢（双氧水）、硝酸银、焦性没食子酸、高锰酸钾、草酸、铋酸钠等，与空气接触易逐步被氧化的试剂，如氯化亚锡、硫酸亚铁、亚硫酸钠等，以及易挥发的试剂，如溴、氨水及乙醇等，应置于阴暗处保存。

③ 吸水性强的试剂，如无水碳酸盐、苛性钠、过氧化钠等应严格密封（应该蜡封）。

④ 相互易作用的试剂，如挥发性的酸与氨、氧化剂与还原剂，应分开存放。易燃的试剂（如乙醇、乙醚、苯、丙酮）与易爆炸的试剂（如高氯酸、过氧化氢、硝基化合物），应分开储存在阴凉通风且不受阳光直接照射的地方，更要远离明火。闪点在 $-4\,℃$ 以下的液体（如石油醚、苯、乙酸乙酯、丙酮、乙醚等）的理想存放温度为 $-4\sim4\,℃$；闪点在 $25\,℃$ 以下的液体（如甲苯、乙醇、丁酮、吡啶等）的存放温度不得超过 $30\,℃$。

⑤ 剧毒试剂如氰化钾、氰化钠、氢氟酸、二氯化汞、三氧化二砷（砒霜）等，应特别妥善保管，经一定手续取用，以免发生事故。

2.4　试纸与滤纸

2.4.1　用试纸检验溶液的酸碱性

常用 pH 试纸检验溶液的酸碱性。将小块试纸放在干燥、清洁的点滴板上，再用玻璃棒蘸取待测溶液滴在试纸上，观察试纸的颜色变化（不能将试纸投入溶液中检验），将试纸呈现的颜色与标准色板颜色对比，可以知道溶液的 pH（用过的试纸不能倒入水槽内）。有时由于待测液浓度过大，试纸颜色变化不明显，应适当稀释后再比较。pH 试纸分为两类：一类是广范 pH 试纸，用来粗略地检验溶液的 pH，其变色范围为 $1\sim14$；另一类是精密 pH 试纸，其种类很多，可用于比较精确地检验溶液的 pH 变化，可以根据不同的需求选用。广范 pH 试纸的单位变化为 1 个 pH 单位，而精密 pH 试纸的单位变化为小于 1 个 pH 单位。

2.4.2　用试纸检验气体

pH 试纸或石蕊试纸也常用于检验反应所产生气体的酸碱性。用蒸馏水润湿试纸并黏附在干净玻璃棒的尖端，将试纸放在试管口的上方（不能接触试管），观察试纸颜色的变化。不同的试纸检验的气体不同。如用淀粉-KI 试纸来检验 Cl_2，此试纸是将滤纸用淀粉和 KI 溶液浸泡，再晾干使用。当 Cl_2 遇到试纸，将试纸上 I^- 氧化为 I_2，I_2 当即与试纸上的淀粉作用，使试纸变蓝。再如，用 $Pb(Ac)_2$ 试纸来检验 H_2S 气体，H_2S 气体遇到试纸后，生成黑色沉淀而使试纸呈黑褐色。此试纸是用 $Pb(Ac)_2$ 溶液浸泡滤纸后晾干使用。此外，用 $KMnO_4$ 试纸来检验 SO_2 气体。

2.4.3　滤纸

化学实验室中常用的有定量分析滤纸和定性分析滤纸两种，按过滤速度和分离性能的不同，又分为快速、中速和慢速三种。在实验过程中，应当根据沉淀的性质和数量，合理地选用滤纸。

我国国家标准《化学分析滤纸》（GB/T 1914—2017）对定量滤纸和定性滤纸产品的分类、型号、技术指标和测试方法等都有明确的规定。滤纸按质量分为优等品、一等品、合格品，优等品的主要技术指标列于表 2-5。

表 2-5　定量和定性分析滤纸优等产品的主要技术指标及规格

指　标　名　称		快　速	中　速	慢　速
过滤速度/s		≤35	>35～70	>70～140
型号	定性滤纸	101	102	103
	定量滤纸	201	202	203
分离性能（沉淀物）		合格		
湿耐破度/mmH₂O		≥130	≥150	≥200
灰分	定性滤纸	≤0.11%		
	定量滤纸	≤0.009%		
铁含量（定性滤纸）		≤0.003%		
质量/(g·m⁻²)		80.0±4.0		
圆形纸直径/cm		5.5,7,9,11,12.5,15,18,23,27		
方形纸尺寸/cm		60×60,30×30		

① 过滤速度：将滤纸折成圆锥形，将滤纸完全浸湿，取 15mL 水进行过滤，滤出 3mL 后开始计时，用秒表计量滤出 6mL 水所需要的时间即可用来评价过滤速度。

② 定量是指规定面积内滤纸的质量，这是造纸工业术语。

定量滤纸又称为无灰滤纸。以直径 12.5cm 定量滤纸为例，每张滤纸的质量约 1g，在灼烧后其灰分的质量不超过 0.1mg（小于或等于常量分析天平的感量），在重量分析法中可以忽略不计。滤纸外形有圆形和方形两种。常用的圆形滤纸有 $\phi7cm$、$\phi9cm$、$\phi11cm$ 等规格，滤纸盒上贴有滤速标签；方形滤纸都是定性滤纸，有 $60cm×60cm$、$30cm×30cm$ 等规格。

2.5　实验室常用溶剂——纯水

水是许多物质，尤其是许多无机化合物的良好溶剂。许多无机反应都是在水溶液中进行的。我们所说的物质的许多性质、反应也都是在水溶液中才具备的。

天然淡水因含有许多杂质，一般在科学实验中及工业生产中较少应用。经初步处理后的自来水，除含有较多的可溶性杂质外，是比较纯净的，在化学实验中常用作粗洗仪器用水、实验冷却用水、水浴用水及无机制备前期用水等。自来水再经进一步处理后所得的纯水，在实验中常用作溶剂用水、精密仪器用水、分析用水及无机制备的后期用水。因制备方法不同，常见的纯水有蒸馏水、电渗析水、去离子水和高纯水。

2.5.1　蒸馏水

将自来水（或天然水）蒸发成水蒸气，再通过冷凝器将水蒸气冷凝下来，所得到的水就叫蒸馏水。由于可溶性盐不挥发而留在剩余的水中，所以蒸馏水就纯净得多。一般水的纯度可用电阻率（或电导率）的大小来衡量，电阻率越高或电导率越低（电阻与电导互为倒数），说明水纯度越高。蒸馏水在室温的电阻率可达 $10^5\,\Omega\cdot cm$，而自来水一般约为 $3\times10^4\,\Omega\cdot cm$。蒸馏水中的少量杂质，主要来自冷凝装置的锈蚀及可溶性气体的溶解。在某些实验或分析中，往往要求更高纯度的水。这时可在蒸馏水中加入少量高锰酸钾和氢氧化钡，再次进行蒸馏，这样可以除去水中极微量的有机杂质、无机杂质以及挥发性的酸性氧化物（如 CO_2），这种水称为重蒸水（二次蒸馏水），电阻率可达约 $10^6\,\Omega\cdot cm$。保存重蒸水应该用塑料容器而不能用玻璃容器，以免玻璃中所含钠盐及其他杂质会慢慢溶于水而使水的纯度降低。

2.5.2　电渗析水

制备电渗析水所用设备称为电渗析器，主要由电极（阴阳极）、隔板（上面交替铺设阴、阳离子交换膜）和进水口、出水口等部分组成。通电后，在电场作用下，水中的阴、阳离子分别通过阴、阳离子交换膜，迁移到浓水室并被阻留在那里。用此方法除去阴、阳离子的水称为电渗析水（淡水），而阴、阳离子进入的水称为浓水，其杂质更多。电渗析水的纯度一般低于蒸馏水。

2.5.3　去离子水

自来水经过离子交换树脂处理后得到的水，称为离子交换水，因为溶于水的杂质离子被去掉，所以又称为去离子水。

离子交换树脂是一种人工合成的高分子化合物，其主要组成部分是交联成网状的立体的高分子骨架，另一部分是连在其骨架上的许多可以被交换的活性基团。树脂的骨架特别稳定，它不受酸、碱、有机溶剂和一般弱氧化剂的作用。当它与水接触时，能吸附并交换溶解在水中的阳离子和阴离子。根据能交换的离子种类不同，离子交换树脂可分为阳离子交换树脂和阴离子交换树脂两大类。每种树脂都有型号不同的几种类型，它们的性能略有区别，可根据用途来选择所需树脂。

阳离子交换树脂含有酸性的活性基团，如磺酸基—SO_3H、羧基—COOH 和酚羟基—OH 等。基团上的 H^+ 可以和水溶液中的阳离子进行交换（称为 H 型）。因为磺酸是强酸，所以含磺酸基的树脂又称为强酸性阳离子交换树脂，可用 R—SO_3H 表示，其中 R 代表树脂中网状骨架部分。R—COOH 和 R—OH 均为弱酸性阳离子交换树脂。

阴离子交换树脂含有碱性的活性基团，如强碱性阴离子交换树脂 R—N(CH$_3$)$_3^+$OH$^-$ 以及弱碱性阴离子交换树脂 R—NH(CH$_3$)$_2^+$OH$^-$、R—NH$_2$(CH$_3$)$^+$OH$^-$、R—NH$_3^+$OH$^-$，它们所含的 OH$^-$ 均可与水溶液中的阴离子进行交换（称为 OH 型）。

制备去离子水时，通常都使用强酸性阳离子交换树脂和强碱性阴离子交换树脂，并预先将它们分别处理成 H 型和 OH 型。交换过程通常是在离子交换柱中进行的。自来水先经过阳离子树脂交换柱，水中的阳离子（Na$^+$、Ca^{2+}、Mg^{2+} 等）与树脂上的 H$^+$ 进行交换：

$$R—SO_3^- H^+ + Na^+ \rightleftharpoons RSO_3^- Na^+ + H^+$$
$$2R—SO_3^- H^+ + Ca^{2+} \rightleftharpoons (RSO_3^-)_2 Ca^{2+} + 2H^+$$
$$2R—SO_3^- H^+ + Mg^{2+} \rightleftharpoons (RSO_3^-)_2 Mg^{2+} + 2H^+$$

交换后，树脂变成"钠型""钙型"或"镁型"，水具有了弱酸性。然后将水通过阴离子树脂交换柱，水中的杂质阴离子（Cl$^-$、SO$_4^{2-}$、HCO$_3^-$ 等）与树脂上的 OH$^-$ 进行交换：

$$RN(CH_3)_3^+ OH^- + Cl^- \rightleftharpoons RN(CH_3)_3^+ Cl^- + OH^-$$
$$2RN(CH_3)_3^+ OH^- + SO_4^{2-} \rightleftharpoons [RN(CH_3)_3^+]_2 SO_4^{2-} + 2OH^-$$

交换后，树脂变成"氯型"等，交换下来的 OH$^-$ 和 H$^+$ 中和，从而将水中的可溶性杂质离子全部除去。交换后水质的纯度高低与所用树脂量的多少以及流经树脂时水的流速快慢等因素有关。一般树脂量越多，流速越慢，得到的水的纯度就越高。

必须指出，上述离子交换过程是可逆的。交换反应进行的方向，与水中两种离子（如 H$^+$ 与 Na$^+$、OH$^-$ 与 Cl$^-$）的浓度有关。如果水中杂质离子较多，而树脂上活性基团上的离子都是 H$^+$ 或 OH$^-$，则水中的杂质离子被交换占主导地位；但如果水中杂质离子减少而树脂上活性基团又大量被杂质离子占领，则水中的 H$^+$ 或 OH$^-$ 反而会把杂质离子从树脂上交换下来。由于交换反应的这种可逆性，所以只用阳离子交换柱和阴离子交换柱串联起来处理后的水，仍然会含有少量的杂质离子。为了提高水质，可使水再通过一个由阴、阳离子交换树脂均匀混合的"混合柱"，其作用相当于串联了很多个阳离子交换柱与阴离子交换柱，而且在交换柱层的任何部位的水都是中性的，从而减少了逆反应的可能性。树脂使用一定时间后，活性基团上的 H$^+$、OH$^-$ 分别被水中的阳、阴离子所交换，从而失去了原先的交换能力，称为"失效"。利用交换反应的可逆性使树脂重新复原，恢复其交换能力，这个过程称为"洗脱"或"再生"。阳离子交换树脂的再生是加入适当浓度的酸（一般用 5%～10% 的盐酸），其反应如下：

$$RSO_3^- Na^+ + H^+ \rightleftharpoons RSO_3^- H^+ + Na^+$$

阴离子交换树脂的再生是加入适当浓度的碱（一般用 5% 的 NaOH），其反应式如下：

$$RN(CN_3)_3^+ Cl^- + OH^- \rightleftharpoons RN(CH_3)_3^+ OH^- + Cl^-$$

经再生后的树脂可以重新使用。混合离子交换树脂用饱和食盐水充分浸泡，由于密度不同，阴离子树脂浮在上面，阳离子树脂沉到下面，从而将其分离，然后分别进行再生。

2.6 仪器的洗涤与干燥

2.6.1 玻璃仪器的洗涤

在实验前后，都必须将所用玻璃仪器洗干净。因为用不干净的仪器进行实验时，仪器上的杂质和污物将会对实验产生影响，使实验得不到正确的结果，严重时可导致实验失败。实验后要及时清洗仪器，不清洁的仪器长期放置后，会使以后的洗涤工作更加困难。

玻璃仪器清洗干净的标准是用水冲洗后，仪器内壁能均匀地被水润湿而不黏附水珠。如果仍有水珠黏附内壁，则说明仪器还未洗净，需要进一步进行清洗。

洗涤仪器的方法很多，一般应根据实验的要求、污物的性质、沾污的程度和仪器的形状来选择合适的洗涤方法。

一般来说，污物主要有灰尘和其他不溶性物质、可溶性物质、有机物及油污等。针对这些情况，可以分别用下列方法洗涤。

2.6.1.1　一般洗涤

如烧杯、试管、量筒、漏斗等仪器，一般先用自来水洗刷仪器上的灰尘和易溶物，再选用粗细、大小、长短等不同型号的毛刷，蘸取洗衣粉或各种合成洗涤剂，转动毛刷刷洗仪器的内壁。洗涤试管时要注意避免试管刷底部的铁丝将试管捅破。用洗涤剂洗后再用自来水冲洗。洗涤仪器时应该一个一个地洗，不要同时抓多个仪器一起洗，这样很容易将仪器碰坏或摔坏。

一般用自来水洗净的仪器，往往还残留着一些 Ca^{2+}、Mg^{2+}、Cl^- 等，如果实验中不允许这些离子存在，就要再用蒸馏水漂洗几次。用蒸馏水洗涤仪器的方法应采用“少量多次”法，为此常使用洗瓶。挤压洗瓶使其喷出一股细蒸馏水流，均匀地喷射在仪器内壁上并不断转动仪器，再将水倒掉，如此重复几次即可。这样既提高了效率，又可节约蒸馏水。

（1）振荡水洗　注入容器体积 1/3 的水，稍用力振荡后把水倒掉，照此连洗数次。如图 2-1 所示。

（2）毛刷刷洗　内壁附着不易洗掉的物质，可用毛刷刷洗。见图 2-2。

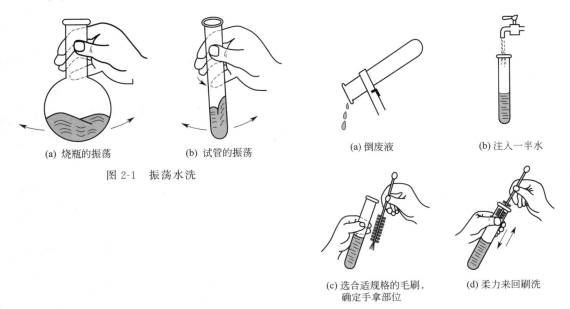

(a) 烧瓶的振荡　　(b) 试管的振荡　　　　(a) 倒废液　　　　(b) 注入一半水

图 2-1　振荡水洗

(c) 选合适规格的毛刷，　(d) 柔力来回刷洗
确定手拿部位

图 2-2　毛刷刷洗

2.6.1.2　铬酸洗液的洗涤

对一些形状特殊的、容积精确的容量仪器，如滴定管、移液管、容量瓶等，不宜用毛刷蘸洗涤剂洗，常用洗液洗涤。

铬酸洗液可按下述方法配制：称取 $K_2Cr_2O_7$ 固体 25g，溶于 50mL 蒸馏水中，冷却后向溶液中慢慢加入 450mL 浓 H_2SO_4（注意安全），边加边搅拌，注意切勿将 $K_2Cr_2O_7$ 溶液加到浓 H_2SO_4 中，冷却后储存在试剂瓶中备用。

铬酸洗液呈暗红色，具有强酸性、强腐蚀性和强氧化性，对具有还原性的污物如有机物、油污的去污能力特别强。装洗液的瓶子应盖好盖子，以防吸潮。洗液在洗涤仪器后应保留，当多次使用后颜色变绿时，Cr(Ⅳ) 变为 Cr(Ⅲ)，就丧失了去污能力，不能继续使用。

① 用洗液洗涤仪器的一般步骤　仪器先用水洗并尽量把仪器中的残留水倒净，避免浪费和稀释洗液。向仪器中加入少许洗液，倾斜仪器并使其慢慢转动，使仪器的内壁全部被洗液润湿，重复 2～3 次即可。如果能用洗液把仪器浸泡一段时间，或者用热的洗液洗，则洗涤效果更佳。用完的洗液应倒回洗液瓶。仪器用洗液洗过后再用自来水冲洗，最后用蒸馏水淋洗几次。使用洗液时应注意安全，不要溅在皮肤、衣物上。

② 废洗液再生的方法　先将废洗液在 110～130℃ 不断搅拌下进行浓缩，除去水分后，冷却至室温，以每升浓缩液加入 10g $KMnO_4$ 的比例，缓缓加入 $KMnO_4$ 粉末，边加边搅拌，直至溶液呈深褐色或微紫色为止。然后加热至有 SO_2 出现，停止加热。稍冷后用玻璃砂芯漏斗过滤，除去沉淀，滤液冷却后析出红色 CrO_3 沉淀。在含有 CrO_3 沉淀的溶液中再加入适量浓 H_2SO_4，使其溶解即成洗液，可继续使用。少量的废洗液可加入废碱液或石灰，使其生成 $Cr(OH)_3$ 沉淀，将此废渣埋于地下（指定地点），以防止铬的污染。

2.6.1.3 特殊污垢的洗涤

一些仪器上常常有不溶于水的污垢，尤其是原来未清洗而长期放置后的仪器，这时就需要视污垢的性质选用合适的试剂，使其经化学作用而除去。几种常见污垢的处理方法见表 2-6。

表 2-6　常见污垢的处理方法

污　垢	处 理 方 法
碱土金属的碳酸盐、$Fe(OH)_3$、一些氧化剂如 MnO_2 等	用稀 HCl 处理，MnO_2 需要用 $6mol \cdot L^{-1}$ 的 HCl
沉积的金属如银、铜	用 HNO_3 处理
沉积的难溶性银盐	用 $Na_2S_2O_3$ 洗涤，Ag_2S 则用热、浓 HNO_3 处理
黏附的硫黄	用煮沸的石灰水处理：$3Ca(OH)_2 + 12S == 2CaS_5 + CaS_2O_3 + 3H_2O$
高锰酸钾污垢	草酸溶液（黏附在手上也用此法）
残留的 Na_2SO_4、$NaHSO_4$ 固体	用沸水使其溶解后趁热倒掉
沾有碘迹	可用 KI 溶液浸泡，或用温热的稀 NaOH、$Na_2S_2O_3$ 溶液处理
瓷研钵内的污迹	用少量食盐在研钵内研磨后倒掉，再用水洗
有机反应残留的胶状或焦油状有机物	视情况用低规格或回收的有机溶剂（如乙醇、丙酮、苯、乙醚等浸泡），以及 NaOH、浓 HNO_3 煮沸处理
一般油污及有机物	用含 $KMnO_4$ 的 NaOH 溶液处理
被有机试剂染色的比色皿	可用体积比为 1∶2 的盐酸-酒精液处理

除了上述清洗方法外，现在还有先进的超声波清洗器。只要把用过的仪器，放在配有合适洗涤剂的溶液中，接通电源，利用超声波的能量和振动，就可将仪器清洗干净，既省时又方便。常用洗涤剂的配制见附录 6.18。

2.6.2 仪器的干燥

有些仪器洗涤干净后就可用来做实验，但有些无机化学实验，特别是需要在无水条件下进行的有机化学实验所用的玻璃仪器，常常需要干燥后才能使用。常用的干燥方法如下。

（1）晾干 将洗净的仪器倒立放置在适当的仪器架上，让其在空气中自然干燥，倒置可以防止灰尘落入，但要注意放稳仪器。

（2）烘干 将洗净的仪器放入电热恒温干燥箱内加热烘干。恒温干燥箱（简称烘箱）是实验室常用的仪器（见图 2-3），常用来干燥玻璃仪器或烘干无腐蚀性、热稳定性比较好的药品，但挥发性易燃品或刚用酒精、丙酮淋洗过的仪器切勿放入烘箱内，以免发生爆炸。烘箱带有自动控温装置。烘箱使用方法如下：

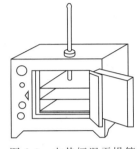

图 2-3　电热恒温干燥箱

接上电源，先开启加热开关后，再将控温钮由"0"位顺时针旋至一定程度，这时红色指示灯亮，烘箱处于升温状态。当温度升至所需温度（由烘箱顶上的温度计观察），将控温钮按逆时针方向缓缓回旋，红色指示灯灭，绿色指示灯亮，表明烘箱已处于该温度下的恒温状态，此时电加热丝已停止工作。过一段时间，由于散热等，烘箱里面温度变低后，它又自动切换到加热状态。这样交替地不断通电、断电，就可以保持恒定温度。一般烘箱最高使用温度可达 200℃，常用温度为 100～120℃。

干燥玻璃仪器时，应先洗净并将水尽量倒干，放置时应注意平放或使仪器口朝上，加热 15min 左右即可干燥，带塞的瓶子应打开瓶塞，如果能将仪器放在托盘里则更好。一般最好让烘箱降至常温后再取出仪器，如果热时就要取出仪器，应注意用干布垫手，防止烫伤。热玻璃仪器不能碰水，以防炸裂。热仪器自然冷却时，器壁上常会凝上水珠，不易干燥，可以用吹风机吹冷风助冷而避免。烘干的药品一般取出后应放在干燥器里保存，以免在空气中又吸收水分。

（3）吹干 用热或冷的空气流将玻璃仪器吹干，所用仪器是电吹风机或玻璃仪器气流干燥器。用吹风机吹干时，一般先用热风吹玻璃仪器的内壁，待干后再吹冷风使其冷却。如果先用易挥发的溶剂如乙醇、乙醚、丙酮等淋洗一下仪器，将淋洗液倒净，然后用吹风机用冷风→热风→冷风的顺序吹，则会干得更快。另一种方法是将洗净的仪器直接放在气流烘干器里进行干燥。

（4）烤干 用煤气灯小心烤干。一些常用的烧杯、蒸发皿等可置于石棉网上用小火烤干，烤干前应先擦干仪器外壁的水珠。试管烤干时，应使试管口向下倾斜，以免水珠倒流炸裂试管（见图 2-4），烤干时应先从试管底部开始，慢慢移向管口，不见水珠后再将管口朝上，把水汽赶尽。还应注意的是，一般带有刻度的计量仪器，如移液管、容量瓶、滴定管等不能用加热的方法干燥，以免热胀冷缩影响这些仪器的精密度。玻璃磨口仪器和带有活塞的仪器洗净后放置时，应该在磨口处和活塞处（如酸式滴定管、分液漏斗等）垫上小纸片，以防止长期放置后粘上，不易打开。

图 2-4　烤干试管

2.6.3 干燥器的使用

有些易吸水潮解的固体或灼烧后的基准物等应放在干燥器内，防止吸收空气中的水分。

干燥器是一种有磨口盖子的厚质玻璃器皿，磨口上涂有一层薄薄的凡士林，防止水汽进入，并能很好地密合。

(a)开启方法　　(b)搬动方法

图 2-5　干燥器的使用

干燥器的底部装有干燥剂（变色硅胶、无水氯化钙等），中间放置一块干净的带孔瓷板，用来盛放被干燥物品。打开干燥器时，应左手按住干燥器，右手按住盖的圆顶，向左前方开盖子，如图 2-5（a）所示。温度很高的物体（如灼烧过的坩埚等）放入干燥器时，不能将盖子完全盖严，应该留一条很小的缝隙，待冷后再盖严，否则盖子易被内部热空气冲开打碎，或者由于冷却后的负压，盖子难以打开。搬动干燥器时，应用两手的拇指同时按住盖子，以防盖子因滑落而打碎，如图 2-5（b）所示。

2.7　试剂的取用和配制

2.7.1　固体试剂的取用

取用固体试剂一般多用牛角匙（还有用不锈钢药匙、塑料匙等）。牛角匙两端为大、小两个匙，取用固体量大时用大匙，取用量小时用小匙。牛角匙使用时必须干净且专匙专用。当称一定量固体试剂时，可将试剂放到纸上、表面皿等干燥、洁净的玻璃容器或者称量瓶内，根据要求在天平（托盘天平、1/100g 天平或分析天平）上称量。称量具有腐蚀性或易潮解的试剂时，不能放在纸上，应放在表面皿等玻璃容器内。颗粒较大的固体应在研钵中研碎，研钵中所盛固体量不得超过容积的 1/3。

2.7.2　液体试剂的取用

（1）从细口试剂瓶中取用试剂的方法　取下瓶塞，左手拿住容器（如试管、量筒等），右手握住试剂瓶（试剂瓶的标签应向着手心），倒出所需量的试剂，如图 2-6（a）所示。倒完后应将瓶口在容器内壁上靠一下（特别注意处理好"最后一滴试液"），再使瓶子竖直，以避免液滴沿试剂瓶外壁流下。将液体试剂倒入烧杯时，亦可用右手握试剂瓶，左手拿玻璃棒，使玻璃棒的下端斜靠在烧杯内壁上，将瓶口靠在玻璃棒上，使液体沿着玻璃棒往下流，如图 2-6（b）所示。

(a)往试管中倒入试剂

(b)往烧杯中倒入试剂

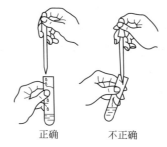

正确　　不正确

(c)往试管中滴加液体

图 2-6　液体试剂的取用

（2）**用滴管取用少量试剂的方法**　先提起滴管，使管口离开液面，用手指捏紧滴管上部的橡胶头排去空气，再把滴管伸入试剂瓶中吸取试剂。往试管中滴加试剂时，只能把滴管尖头放在试管口的上方滴加，如图 2-6(c) 所示，严禁将滴管伸入试管内。一个滴瓶上的滴管不能用来移取其他试剂瓶中的试剂，也不能用自己的滴管伸入公用试剂瓶中去吸取试剂，以免污染试剂。

2.7.3　试剂的配制

根据配制试剂纯度和浓度的要求，配制溶液时，选不同级别的化学试剂并计算溶质的用量。配制饱和溶液时，所用溶质的量应稍多于计算量，加热使之溶解、冷却、待结晶析出后再用，这样可保证溶液饱和。

配制溶液如有较大的溶解热产生，该操作一定要在烧杯或敞口容器中进行。溶液配制过程中，加热和搅拌可加速溶解，但搅拌不宜太剧烈，不能使搅拌棒触及烧杯壁。

配制易水解的盐溶液时，必须把试剂先溶解在相应的酸溶液〔如 $SnCl_2$、$SbCl_3$、$Bi(NO_3)_3$ 等〕或碱溶液（如 Na_2S 等）中以抑制水解。对于易氧化的低价金属盐类〔如 $FeSO_4$、$SnCl_2$、$Hg_2(NO_3)_2$ 等〕，不仅需要酸化溶液，而且应在该酸液中加入相应的纯金属，防止低价金属离子的氧化。

2.8　加热与冷却

有些化学反应特别是一些有机化学反应，往往需要在较高温度下才能进行，许多化学实验的基本操作，如溶解、蒸发、灼烧、蒸馏、回流等过程也都需要加热。相反，一些放热反应，如果不及时除去反应中所放出的热，就会使反应难以控制；有些反应的中间体在室温下不稳定，反应必须在低温下才能进行；此外，结晶等操作也需要降低温度，以减少物质的溶解度，这些过程又都需要冷却。所以，加热和冷却是化学实验中经常遇到的。

2.8.1　加热装置

加热装置常使用酒精灯、酒精喷灯或电加热器等。

（1）**酒精灯**　酒精灯结构如图 2-7 所示。先检查灯芯是否需要修整（灯芯不齐或烧焦时）或更换（灯芯太短时），再看看灯壶是否需要添加酒精（加入的酒精量是灯壶容积的 $1/2 \sim 2/3$，不可多加）。注意，酒精灯燃着时不能添加酒精。点燃酒精灯需用火柴，切勿用已点燃的酒精灯直接去点燃别的酒精灯。熄灭灯焰时，切勿用口去吹，可将灯罩盖上，火焰即灭；对于玻璃做的灯罩，还应再提起灯罩，待灯口稍冷时，再盖上灯罩，这样可以防止灯口破裂。长时间加热时，最好预先用湿布将灯身包裹，以免灯内酒精受热大量挥发而发生危险。不用时，必须将灯罩盖好，以免酒精挥发。

（2）**酒精喷灯**　常用的酒精喷灯有挂式（见图 2-8）及座式两种。挂式喷灯的酒精储存在悬挂于高处的储罐内，而座式喷灯的酒精则储存在灯座内。

使用前，先在预热盆中注入酒精，然后点燃盆中的酒精，以加热铜质灯管。待盆中酒精将近燃完，灯管温度足够高时，开启开关（逆时针转），这时由于酒精在灯管内气化，并与来自气孔的空气混合，如果用火点燃管口气体，即可形成高温的火焰。调节开关阀门可以控制火焰的大小。用毕后，旋紧开关，即可使灯焰熄灭。

图 2-7　酒精灯构造

1—灯帽；2—灯芯；3—灯壶

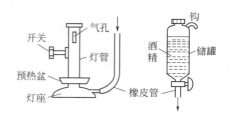

图 2-8　挂式酒精喷灯的结构

应当指出：在开启开关，点燃管口气体以前，必须充分灼热灯管，否则酒精不能全部气化，而会有液态酒精由管口喷出，可能形成"火雨"（尤其是挂式喷灯），甚至引起火灾。

挂式喷灯使用前应先开启酒精储罐开关，不使用时，必须将储罐的开关关好，以免酒精漏失，甚至发生事故。

（3）电加热器　根据需要，实验室还常用电炉（见图 2-9）、电加热套（见图 2-10）、管式炉（见图 2-11）和马弗炉（见图 2-12）等多种电器进行加热。管式炉和马弗炉一般都可以加热到 1000℃ 以上，并适宜在某一温度下长时间恒温。

图 2-9　电炉

图 2-10　电加热套

图 2-11　管式炉

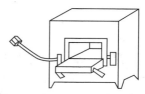

图 2-12　马弗炉

2.8.2　加热操作

某些仪器的干燥、溶液的蒸发和某些化学反应的进行等都需要加热。加热常用煤气灯、酒精喷灯。

当被加热的物质要求受热均匀，而温度又要高于 100℃ 时，可使用沙浴。它是一个盛有均匀细沙的铁制器皿，用煤气灯加热，被加热的器皿的下部埋置在沙中。若要测量温度，可将温度计插入沙中。

常用的受热容器有烧杯、烧瓶、锥形瓶、蒸发皿、坩埚、试管等。这些仪器一般不能骤热，受热后也不能立即与潮湿的或过冷的物体接触，以免容器因骤热骤冷而破裂。加热液体时，液体体积一般不应超过容器容积的一半。在加热前必须将容器外壁擦干。

烧杯、烧瓶和锥形瓶等容积较大的仪器加热时，必须放在石棉网（或铁丝网）上，否则容易因受热不均而破裂。

蒸发皿、坩埚灼热时，应放在泥三角（见图 2-13）上，若需移动则必须用坩埚钳夹取。

在火焰上加热试管时，应使用试管夹夹住试管的中上部，试管与桌面成 60° 的倾斜，管口不能对着有人的地方（见图 2-14）。如果加热液体，应先加热液体的中上部，慢慢移动试管，热及下部，然后不时上下移动或摇荡试管，务必使各部分液体受热均匀，以免管内液体因受热不均而骤然溅出。

如果加热潮湿的或加热后有水产生的固体时，应将试管口稍微向下倾斜，管口略低于底部（见图 2-15），以免在试管口冷凝的水流向灼热的管底而使试管破裂。

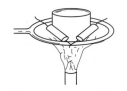

图 2-13　泥三角加热　　　　　图 2-14　试管加热　　　　　图 2-15　固体加热

如果要在一定范围的温度下进行较长时间的加热，则可使用水浴锅（简称水浴，见图 2-16）、蒸汽浴（见图 2-17）或沙浴等。水浴或蒸汽浴是具有可彼此分离的同心圆环盖的铁制水锅（也可用烧杯代替）。沙浴是盛有细沙的铁盘。应当指出：离心试管的管底玻璃较薄，不宜直接加热，而应在热水浴中加热。

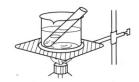

图 2-16　烧杯代替水浴加热　　　　　图 2-17　蒸汽浴加热

2.8.3　冷却方法

某些化学反应需要在低温条件下进行，另外一些反应需要传递出产生的热量；有的制备操作像结晶、液态物质的凝固等也需要低温冷却。可根据所要求的温度条件选择不同的冷却剂（制冷剂）。

用水冷却是一种最简便的方法。水冷却可将被制冷物的温度降到接近室温，被制冷物浸在冷水或在流动的冷水中冷却（如回流冷凝器）。

冰或冰水冷却，可得到 0℃ 的温度。

冰-无机盐冷却剂，可达到的温度为 0～−40℃。制作冰-盐冷却剂时，要把盐研细后再与粉碎的冰混合，这样制冷的效果好。冰与盐按不同的比例混合，能得到不同的制冷温度。如 $CaCl_2 \cdot 6H_2O$ 与冰按 1∶1、1.25∶1、1.5∶1、5∶1 混合，分别达到的最低温度为 −29℃、−40℃、−49℃、−54℃。干冰-有机溶剂冷却剂，可获得 −70℃ 以下的低温。干冰与冰一样，不能与被制冷容器的器壁有效接触，所以常与凝固点低的有机溶剂（作为热的传导体）一起使用，如丙酮、乙醇、正丁烷、异戊烷等。

利用低沸点的液态气体，可获得更低的温度。如液态氮（一般放在铜质、不锈钢或铝合金的杜瓦瓶中）可达到 −195.8℃，而液态氦可达到 −268.9℃ 的低温。使用液态氧、氢时应特别注意安全操作。液态氧不要与有机物接触，防止燃烧事故发生；液态氢气化放出的氢气必须谨慎地燃烧掉或排放到高空，避免爆炸事故发生；液态氨有强烈的刺激作用，应在通风橱中使用。

使用液态气体时，为了防止低温冻伤事故发生，必须戴皮（或棉）手套和防护眼镜。一般低温冷浴也不要用手直接触摸制冷剂（可戴橡胶手套）。

应当注意，测量 −38℃ 以下的低温时，不能使用水银温度计（Hg 的凝固点为

—38.87℃），应使用低温酒精温度计等。

此外，使用低温冷浴时，为防止外界热量的传入，冷浴外壁应使用隔热材料包裹覆盖。

2.9 称量仪器及其使用

化学实验室中最常用的称量仪器是天平。天平的种类很多，根据天平的平衡原理，可分为杠杆式天平和电磁力式天平等；根据天平的使用目的，可分为分析天平和其他专用天平；根据天平的分度值大小，分析天平又可分为常量（0.1mg）、半微量（0.01mg）、微量（0.001mg）等。通常应根据测试精度的要求和实验室的条件来合理地选用天平。

2.9.1 台式天平

台式天平（见图 2-18）又称托盘天平，用于粗略称量，能准确至 0.1g。台式天平的横梁架在台式天平底座上，横梁左右有两个盘子。在横梁中部的上面有指针，根据指针 A 在

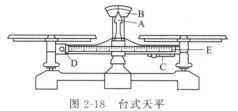

图 2-18 台式天平

刻度盘 B 摆动的情况，可以看出台式天平的平衡状态。使用台式天平称量时，可按下列步骤进行。

（1）零点调整 使用台式天平前需把游码 D 放在刻度尺的零点。托盘中未放物体时，如指针不在刻度零点，可用零点调节螺丝 C 调节。

（2）称量 称量物不能直接放在天平盘上称量（避免天平盘受腐蚀），应放在已知质量的纸或表面皿上，而潮湿的或腐蚀性的药品则应放在玻璃容器内。台式天平不能称热的物质。称量时，称量物放在左盘，砝码放在右盘。添加砝码时应从小到大。在添加刻度标尺 E 以内的质量（如 10g 或 5g）时，可移动标尺上的游码，直至指针指示的位置与零点相符（偏差不超过 1 格），记下砝码质量，此即称量物的质量。

（3）复原 称量完毕应把砝码放回盒内，把游标尺的游码移到刻度"0"处，将台式天平及台面清理干净。

2.9.2 分析天平

分析天平是定量分析中主要的仪器之一，称量又是定量分析中的一个重要的基本操作，因此必须了解分析天平的结构及其正确的使用方法。

常用的分析天平有半机械加码电光天平、全机械加码电光天平和单盘电光天平等。这些天平在构造和使用方法上虽有些不同，但它们的设计都依据杠杆原理（见图 2-19）。

杠杆 ABC 代表等臂的天平梁，B 为支点，P 与 Q 分别代表被称量物体（质量 m_1）和砝码（质量 m_2）施加于 ABC 向下的作用力。当杠杆达到平衡时，根据杠杆原理，支点两边的力矩应相等。即

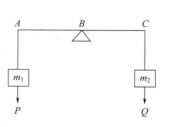

图 2-19 杠杆原理示意图

$$P \times AB = Q \times BC$$

对于等臂天平，$AB = BC$，所以 $P = Q$，设重力加速度为 g，$m_1 g = m_2 g$，所以 $m_1 = m_2$，即砝码的质量与被称量物的质量相等。此时，被测物的质量便可由砝码的质量表示，这就是天平称量的基本原理。分析天平的种类很多，下面介绍实验室常用的电光天平。

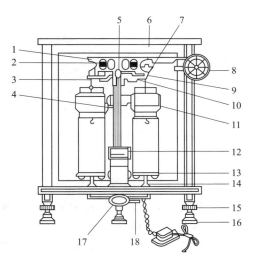

图 2-20　半自动电光天平的构造

1—横梁；2—平衡螺丝；3—吊耳；4—指针；
5—支点刀；6—框罩；7—圈码；8—指数盘；
9—支柱；10—托叶；11—空气阻尼器；
12—投影屏；13—天平盘；14—盘托；15—螺旋脚；
16—垫脚；17—升降旋钮；18—调屏拉杆

（1）半自动电光天平的构造及使用

① 构造　半自动电光天平的构造见图 2-20，它由横梁、立柱、悬挂系统、读数系统、操作系统及天平箱构成。

横梁又称天平梁，是天平的主要部件，一般由铜或铝合金制成。梁上有三个三棱形的玛瑙刀，中间一个刀口向下，称支点刀，两端等距离处各有一个刀口向上的刀，称承重刀，三个刀口的锋利程度决定天平的灵敏度，因此应十分注意保护刀口。横梁两边各有一个平衡螺丝，用于调节天平的零点。梁的正中下方有一细长的指针，指针下端固定着一透明的缩微标尺。称量时，通过光学读数系统可以从缩微标尺上读出 10mg 以下的质量。

立柱是天平梁的支柱，立柱上方嵌有玛瑙平板。天平工作时玛瑙平板与支点刀接触，天平关闭时装载立柱上的托叶上升，托起天平梁，使刀口与玛瑙平板脱开，保护刀口。立柱后方有一水准仪，能指示天平的水平状态，调节天平箱下方螺旋脚的高度，可使天平达到水平。

悬挂系统包括吊耳、空气阻尼器及天平盘三个部分。天平工作时，两个承重刀上各挂着一个吊耳，吊耳上嵌着玛瑙平板与承重刀口接触，天平关闭时则脱开。吊耳下各挂着一个天平盘，分别用于盛放被称量物和砝码。吊耳下还分别装有由两个相互套合而又互不接触的铝合金圆筒组成的空气阻尼器，阻尼器的内筒挂在吊耳下面，外筒固定在立柱上。当天平工作时，由于空气的阻尼作用，天平梁较快地静止下来。

半自动电光天平的机械加码装置可以添加 10～990mg 的质量。旋动内、外层圈码指示盘，与左边刻线对准的读数就是所加的圈码的质量（见图 2-21）。此外，还配有光学读数系统（见图 2-22），只要旋开升降旋钮使天平处于工作状态，天平后方灯座中的小灯即亮，灯光经过准直，将缩微标尺刻度投影在投影屏（见图 2-23）上，这时可以从投影屏上读出 0.1～10mg 的质量。

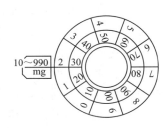

图 2-21　圈码指示盘

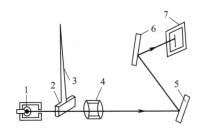

图 2-22　光学读数装置示意图

1—光源；2—缩微标尺；3—指针；
4—透镜；5，6—反射镜；7—投影屏

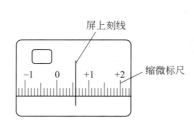

图 2-23　投影屏及缩微标尺

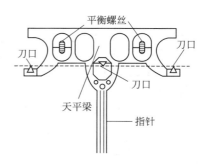

图 2-24　天平梁的结构

天平的操作系统除机械加码装置外还有升降枢，在天平台下正中，连接托梁架、盘托和光源。开启升降枢时，托梁即降下，梁上的三个刀口与相应的玛瑙平板接触（见图 2-24），盘托下降，吊耳和天平盘自由摆动，天平进入工作状态，同时也接通了光源，在屏幕上看到标尺的投影。停止称量时，关闭升降枢，则天平梁与盘被托住，刀口与玛瑙平板脱离，天平进入休止状态，光源切断，光屏变黑。

为防止有害气体和尘埃的侵蚀以及气流对称量的影响，天平安放在一个三方装有玻璃门的框罩（即天平箱）内，取放被称量物或砝码时，应开侧门，天平的正门只在调节和维修时才使用。此外，每台天平都附有一盒配套的砝码。为了便于称量，砝码的大小有一定的组合形式，通常以 5、2、2*、1、1* 组合，并按固定的顺序放在砝码盒中，质量相同的砝码其质量仍有微小差别，故其面上打有标记以示区别。圈码和砝码如图 2-25 所示。

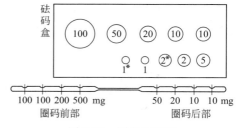

图 2-25　圈码和砝码

② 称量步骤

a. 检查　称量前要检查天平是否处于正常状态，如天平是否水平、吊耳和圈码有无脱落、圈码指数盘是否指示在 0.00 的位置、天平盘上是否有异物、箱内是否清洁等。

b. 调节零点　天平不载重时的平衡点为零点。调节天平零点时先接通电源，缓慢开启升降旋钮，当天平指针静止后，观察投影屏上的刻线与缩微标尺上的 0.0mg 刻度是否重合。如未重合，可调节位于升降旋钮下面的调屏拉杆，移动投影屏的位置，使二者重合，即调好零点。如已将调屏拉杆调到尽头仍不能重合，则需关闭天平后再调节梁上的平衡螺丝（初学者应在教师指导下进行）。

c. 称量　打开天平侧门，把在台秤上称过的被称量物放在左盘中央，在右盘和承码杆上按粗称的质量加上砝码和圈码（即环码），关好天平门，慢慢开启升降旋钮，根据指针或缩微标尺偏转的方向（指针偏转方向与缩微标尺相反），决定加减砝码和圈码。如指针向左偏转（标尺向右偏转），则表示砝码比物体重，应立即关闭升降旋钮，减少砝码或圈码后再称量。如指针向右偏转，且缩微标尺上 10.0mg 的刻线已超过投影屏上的刻线，则表示砝码比物体轻，应关闭升降旋钮，增加砝码或圈码。这样反复调整，直到开启升降旋钮时，投影屏上刻线与缩微标尺上的刻度重合在 0.0～10.0mg 为止。

d. 读数　当缩微标尺稳定后，即可依次读出砝码、圈码及投影屏刻线与标尺重合处的数值，其中一大格为 1mg，一小格为 0.1mg，若刻线在两小格之间，则按四舍五入的原则取舍。读取投影屏上的读数后立即关闭升降旋钮。

被称量物的质量＝砝码质量＋圈码质量＋投影屏上的读数

例如，某次的称量结果中，砝码质量为 25g，圈码质量为 230mg，投影屏上的读数为 0.6mg，则被称量物的质量为 25＋0.230＋0.0006＝25.2306g。称量结果要立即如实地记录在记录本上。

e. 复原 称量完毕，取出被称量物，将装有试样的称量瓶放回干燥器中保存，把砝码放在砝码盒内，圈码指数盘恢复到 0.00 的位置，拔下电源插头，罩上天平的护罩。

（2）全自动电光天平的构造 见图 2-26。

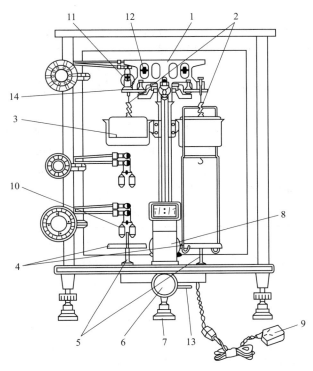

图 2-26 全自动电光天平构造图

1—横梁；2—挂钩；3—阻尼器；4—秤盘；5—盘托；6—开关旋钮；

7—避震垫脚；8—光学投影装置；9—变压器；10—克砝码；

11—圈形毫克砝码；12—平衡螺母；13—微调杆；14—大托翼

（3）全自动与半自动电光天平的主要区别 见表 2-7。

表 2-7 全自动与半自动电光天平的主要区别

区别点	部件及操作	半自动电光天平	全自动电光天平
（1）	1g 以上的砝码	用镊子夹取	旋转指数盘加码
（2）	指数盘	(10～990mg)内圈小，外圈大	(10～990mg)外圈小,内圈大(1～9g)(10～199g)
（3）	加物、码位置	左物右码	左码右物
（4）	投影屏上标尺刻度	0～10mg	＋10～－10mg

（4）电光天平质量的检查 衡量天平的质量主要有三个指标：灵敏度、变动性和偏差。

① 天平的灵敏度 灵敏度通常是指在天平的一个盘上增加 1mg 质量时引起指针偏转的程度，以分刻度格/mg 表示。当刀口质量一定时，天平梁的质量大，则灵敏度低；天平臂

长，则灵敏度高；支点与横梁重心的距离短，则灵敏度高。一台天平的臂长和横梁的质量是固定的，所以通常采用改变支点与重心的距离（即调节重心螺丝的位置）来调节灵敏度。天平载重时两臂微向下垂，重心降低，故载重时通常灵敏度有所减小。灵敏度又常用感量来表示，感量为灵敏度的倒数，用 mg/格表示。

灵敏度的测定：调好天平零点，在左盘上放一校正过的 10mg 片码，开启升降旋钮，标尺应移至 9.8～10.2 分刻度格/mg 范围，如不符合要求应调节灵敏度。

② 变动性　天平称量前后，几次零点变化的最大差值（mg）称为天平的变动性，一般在 0.2mg 以内。

检查方法：称量前连续测定三次零点，称量结束后再测三次零点，六次数据中的最大值减去最小值的差，就是变动性。如测得称量前零点均为 0.0mg，称量后零点为 0.0mg、−0.1mg，则变动性为 0.0mg−（−0.1mg）＝0.1mg。

③ 偏差　偏差是指天平两臂不等长所引起的系统称量误差，分析天平要求偏差小于 0.4mg。

检查方法：调好零点，用两个经检定表面恒为相等质量的砝码，分别放在天平的两个盘上，开启升降旋钮，记下投影屏上的读数 P_1，然后把两盘上的砝码对换，再读数 P_2，偏差即为 P_1 与 P_2 平均值的绝对值，在实验中，如果使用同一台天平称量，这种偏差可以相互抵消。

（5）电光天平常见故障的排除　见表 2-8。

表 2-8　电光天平常见故障的排除

故　障	原　因	排　除　方　法
零件位置不正产生摩擦	天平不水平	检查水准泡，调至水平
空气筒周围间隙不等	存在棉毛纤维物阻滞现象	将阻尼架上的滚花螺钉旋松，然后把阻尼筒调整，再紧固滚花螺钉
吊耳脱落或偏侧	1. 多是开、关天平太快引起的 2. 如吊耳安放不稳，左右偏侧，也会引起脱落	1. 将吊耳轻轻地重新放上，就可使用 2. 可用尖嘴钳，将横托架末端的小支柱下部的螺丝放松，将小支柱向左或向右移动，再拧紧螺丝后进行试验，直至不再偏侧为止。若吊耳前后跳动，可用拨棍插入小支柱上部孔中转动，调节至小支柱的高度相同为止
盘托高低不适当	盘托过高，关闭天平时，秤盘向上抬起，有时引起吊耳脱落；盘托过低，关闭天平后，秤盘仍自由摆动	可取下秤盘，取出盘托，调节盘托下面杆上螺丝的位置以改变盘托高度至合适
指针跳动	当横梁被托起时，如支点刀的刀口与刀垫间前后距离不等，则开启天平时，会产生指针跳动	可把横托架左臂前的螺丝放松，然后用手捻调节小支柱的高度，直至指针不再跳动
天平摆动受阻	1. 盘托卡住不能下降 2. 内外阻尼器相碰或有轻微摩擦	1. 取下秤盘，取出盘托，用干布或干纸擦净后，涂上机油，再行安装、使用 2. 检查天平是否处于水平状态；根据"左一右二"的原则，看内阻尼器是否错放；从天平顶部观察内外阻尼器四周的空隙，如大小不均，应取下秤盘及吊耳，将内阻尼器转 180°再试用。如上述调节无效，可小心地旋松固定外阻尼器的螺丝，从天平顶部观察，以内阻尼器为标准，移动外阻尼器的位置，直至内外阻尼器不再摩擦，拧紧螺丝

续表

故 障	原 因	排除方法
指数盘失灵	1. 固定指数盘的螺丝松动 2. 挂砝码的挂钩起落失符 3. 指数盘读数与加上的砝码不相符	1. 先对好的读数位置,把螺丝拧紧 2. 取下指数盘后面的外罩,滴上机油 3. 可松开偏心轮的螺丝,旋转以改变偏心轮的位置后,再将螺丝拧紧
投影屏上显示的标尺刻度模糊	标尺在投影屏的位置偏上、偏下或超出投影屏或标尺位置不对	可旋动投影屏旁的螺丝调节反射镜的位置,使标尺恰好落在投影屏上
小电珠不亮	1. 停电或熔丝烧断 2. 线头脱落 3. 天平底板上的接触分开 4. 灯泡和变压器损坏	1. 检查电源或熔丝 2. 检查天平上所有的焊接点,是否有线头脱落现象 3. 检查天平底板上的接触点(正常情况:天平关闭时,两接触点分开,电路不通;当天平开启时,两接触点相碰,电路接通) 4. 可检查灯泡和变压器是否损坏
全自动天平的加码梗阻轧不灵活	加码梗阻轧缺少润滑油	可将木框外的加码罩小心拆下,在活动部略加些钟表油,使其自然起落后将罩壳装上
全自动天平的大托翼不落	大托翼后面的支架弹簧的两边弯角变形	将其整形

2.9.3 电子天平

(1) 称量原理及特点 电子天平是目前最新一代的天平,有顶部承载式(吊挂单盘)和底部承载式(上皿式)两种。它是根据电磁力补偿工作原理,使物体在重力场中实现力的平衡;或通过电磁力矩的调节,使物体在重力场中实现力矩的平衡,整个称量过程均由微处理器进行计算和调控。当秤盘上加载后,即接通了补偿线圈的电流,计算器就开始计算冲击脉冲,达到平衡后,显示屏上即自动显示出载荷的质量值。

电子天平的特点:通过操作者触摸按键可自动调零、自动校准、扣除皮重、数字显示、输出打印等,同时其质量轻,体积小,操作十分简便,称量速度也很快。

(2) 构造 电子天平型号有多种,现以北京赛多利斯仪器系统有限公司生产的 BS210S 电子天平为例,其构造如图 2-27 所示。

(3) 操作步骤

① 检查天平 称量前要检查天平是否处于正常状态,如天平是否水平、箱内是否清洁等。

② 水平 调整地脚螺栓,使水平仪内空气泡位于圆环中央。

③ 开机 先接通电源,按下 [ON/OFF] 键,直至全屏自检。

④ 预热 至少预热 30min(参考仪器说明书),否则天平不能达到所需的工作温度。

⑤ 校正 首次使用天平必须进行校正,按校正键 [CAL],天平将显示所需校正砝码的质量(如 100g),放上 100g 标准砝码直至出现 100.0g,校正结束,取下标准砝码。

⑥ 零点显示(0.0000g) 稳定后即可进行称量。

⑦ 称量 天平不载重时的平衡点为零点,观察液晶屏上的读数是否为 0.0mg,如不是,即按下除皮键 [TARE],除皮清零。打开天平侧门,把试样放在盘中央,关闭天平侧门即可读数。

⑧ 关机 按下 [ON/OFF] 键,断开电源。若天平在短期内还要使用,应将开关键关至待机状态,使天平保持保温状态,可延长天平使用寿命。

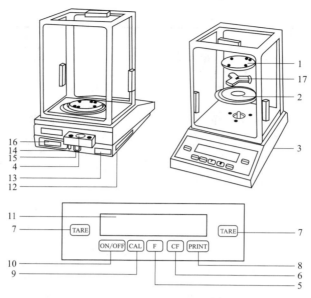

图 2-27　BS210S 电子天平

1—秤盘；2—屏蔽环；3—地脚螺栓；4—水平仪；5—功能键；6—清除键；7—除皮键；

8—打印键；9—调校键；10—开关键；11—显示器；12—CMC 标签；13—具有 CE 标记的型号牌；

14—菜单-去联镜开关；15—电源接口；16—数据接口；17—秤盘支架

（4）电子天平常见故障的排除　见表 2-9。

表 2-9　电子天平常见故障的排除

故　障	原　因	排 除 方 法
显示器上无任何显示	1. 无工作电压 2. 未接变压器	1. 检查供电线路及仪器 2. 接好变压器
调整校正之后显示器无显示	1. 放置天平的表面不稳定 2. 未达到内校稳定	1. 确保放置天平的场所稳定 2. 防止震动对天平支撑面的影响；关闭防风罩
显示器显示"H"	超载	为天平卸载
显示器显示"L"或"Err54"	未装秤盘或底盘	依据电子天平的结构和类型装上秤盘或底盘
称量结果不断改变	1. 震动太大，天平暴露在无防风措施的环境中 2. 防风罩未完全关闭 3. 在秤盘与天平壳体间有杂物 4. 下部称量开孔封闭盖板被打开 5. 被测物质量不稳定（易吸潮或蒸发） 6. 被测物带静电荷	1. 通过"电子天平工作菜单"采取相应措施 2. 完全关闭防风罩 3. 清除杂物 4. 关闭下部称量开孔 5. 被测物质放在密闭容器内称量 6. 设法释放静电荷后再称
称量结果明显错误	1. 天平未经调校 2. 称量前未清零	1. 调校天平 2. 称量前清零

（5）分析天平的使用规则

① 称量前先将天平护罩取下叠好，放在合适的位置。检查变色硅胶是否有效、天平是否处于水平状态，必要时用软毛刷清洁。

② 不能称量过冷或过热的物体，被称物温度应与天平箱内的温度一致，有腐蚀性或易吸湿的试样应放在密闭容器内称量。

③ 天平的上门仅在检修时使用，不得随意打开。

④ 开、关天平两边侧门时，动作要轻、缓（不发出撞击声响）。

⑤ 天平载重不能超过天平的最大载荷。

⑥ 精确读数前，必须关好天平的侧门。

⑦ 称量的数据应及时写在记录本上，不得记在纸片或其他地方。

⑧ 称量完毕后，关掉天平，取出被称物，切断电源，最后罩上护罩。

2.9.4　称量方法

使用分析天平的称量方法有：直接称量法（简称直接法）、固定质量称量法和递减称量法（简称减量法或差减法）。

（1）直接法　用于直接称量烧杯等容器的质量。其方法是：将在台式天平上粗称过的干净烧杯用纸带（或戴干净细纱手套）捏住，放在台式天平左盘中央，然后在右盘上加砝码，开启天平，看投影标尺的漂移，判断加减砝码，关掉天平后加环码（由大到小，先转动指数盘外围，再转内圈），开启天平，再看投影标尺的漂移，如此反复操作直到平衡点在投影标尺刻度内稳定为止，记录数据。

容器的质量＝砝码质量＋环码质量＋投影标尺上数据

（2）固定质量称量法　用于称取不易吸湿、在空气中稳定的试样，如金属、矿石、合金等。称量时先称出放试样的空器皿质量，然后在另一盘中加上固定质量的砝码，用食指轻弹药勺柄，使试样慢慢抖入已知质量的器皿中，再进行一次称量（见图 2-28），直至平衡点为止。

图 2-28　固定质量称量法

注意：若不慎多加了试样，只能用药勺取出多余量，但是取出后的试样不能再放回试剂瓶中或称量瓶中。

（3）差减称量法（减量法）　用于称取易吸湿、易氧化、易与二氧化碳反应的物质。用一干净纸带套住装试样的称量瓶，手持纸带两头将称量瓶放在天平左盘中央，拿去纸带，称量。称量完毕后，再用纸带套住称量瓶取出，放在接收试样的容器上方，用一干净纸片包着称量瓶盖上的顶。打开瓶盖，将称量瓶倾斜（瓶底略高于瓶口），轻轻敲动瓶口的上方，使试样落到容器中（见图 2-29），注意不要让试样撒落到容器外。当试样量接近要求时，将称量瓶缓慢竖起，用瓶盖敲动瓶口，使粘在瓶口的试样落入称量瓶或容器中，盖好瓶盖，再次称量。两次质量之差即是取出试样的质量。如此继续操作可称取多份试样。

图 2-29　敲击试样方法

（4）液体样品的称量　液体样品的准确称量比较麻烦。根据不同样品的性质有多种称量方法，主要的称量方法有以下三种。

① 性质比较稳定、不易挥发的样品可装在干燥的小滴瓶中用减量法称取，应预先粗测每滴样品的大致质量。

② 较易挥发的样品可用增量法称量，如称取浓 HCl 试样时，可先在 100mL 具塞锥形瓶中加 20mL 水，准确称量后，加入适量的试样，立即盖上瓶塞，再进行准确称量，然后即可进行测定（例如，用 NaOH 标准溶液滴定 HCl 溶液）。

③ 易挥发或与水作用强烈的样品采取特殊的方法进行称量，如冰醋酸样品可用小称量瓶准确称量，然后连瓶一起放入已盛有适量水的具塞锥形瓶中，摇开称量瓶盖，样品与水混

匀后进行测定。发烟硫酸及浓硝酸样品一般采用直径约 10mm、带毛细管的安瓿球称取。已准确称量的安瓿球经火焰微热后，毛细管尖插入样品，球泡冷却后可吸入 1~2mL 样品，然后用火焰封住管尖再准确称量。将安瓿球放入盛有适量水的具塞锥形瓶中，摇碎安瓿球，样品与水混合并冷却后即可进行测定。

2.10 常见仪器的用法

2.10.1 722 型分光光度计的使用

（1）仪器的外形结构 仪器的外形结构如图 2-30。

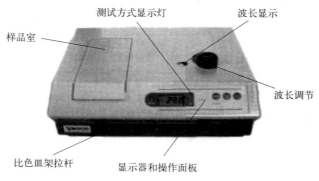

图 2-30 722 型分光光度计

（2）仪器功能键介绍

① 电源开关：开启仪器。

② "波长调节"旋钮：设置波长，可设定波长范围为 360~760nm。

③ 方式设定键（MODE）：设置测试方式（透光度 T 与吸光度 A）。

④ "0%T"键：将比色皿架处于"调零透射比"位置，T 状态下调 T 为 0；测量过程中如入射光波长不变时，无需调"0%T"键。

⑤ "100%T /0A"键：使比色皿处于"参比样品"位，用于调整 T 为 100% 或 A 为 0；当波长改变时，须重新调整。

⑥ 比色皿架：插放比色皿，有 4 个槽位。

⑦ 拉杆：推或拉比色皿架拉杆，听到"咔嚓"声时，比色皿已置光路中；第一声"咔嚓"，表示比色皿处于"参比样品"位；第二声"咔嚓"，表示比色皿处于"调零透射比"。

（3）分光光度计的使用方法 开机前，先确认仪器样品室内是否有东西挡在光路上。光路上有东西将影响仪器自检甚至造成仪器故障。

① 打开电源开关，使仪器预热 5min 后，用"波长调节"旋钮将波长设定在要使用的分析波长位置上。

② 将空白液、标准溶液和被测溶液放入比色皿中，溶液液面在比色皿的 3/4 处。

③ 打开样品室盖，将挡光体、空白管、标准液、样品依次插入比色架，并将其推入光路盖上样品室盖。

④ 调 $T=0$：用"方式设定"键（MODE）改变测试为 T 方式。用比色皿选择拉杆使比色皿槽处于"调零透射比"位置，在 T 方式下，按"0%T"键，调透光率为 0。

⑤ 调 $T = 100\%$：推或拉比色皿架拉杆，使比色皿槽处于"参比样品"位置，按"100%T/0A"键，调 $T = 100\%$ 或 $A = 0$。

⑥ 按"MODE"将测试方式设置为 A 方式，拉比色皿架拉杆，使比色皿槽处于"样品"位，仪器自动显示该样本的吸光度，记录数据。

注意：

① 比色皿的粗糙一面为毛面，透明光滑一面为光面，拿比色皿时只能拿毛面部分，光面部分不能用手指接触；每组同学用过后应将比色皿用蒸馏水冲洗干净并用滤纸擦干。

② 波长改变后要重新调零用。

③ 比色室内应保持干燥，不要把液体滴入其中。

④ 最后用完的同学应将分光光度计擦干，并关闭电源。

2.10.2　pHS-3C 型精密 pH 计的使用

酸度计实质就是一个电位计，既可测量电池的电动势，也可直接利用对 H^+ 有选择性响应的玻璃电极或复合电极，直接测 pH。

(1) 概述　pHS-3C 型精密 pH 计是精密数字显示 pH 计，它采用 3 位半十进制 LED 数字显示。该仪器适用于测定水溶液的 pH 和电位（mV）值。此外，还可配上离子选择性电极，测出该电极的电极电位。

(2) 仪器结构

① 仪器外形　结构见图 2-31。

② 仪器后面板　见图 2-32。

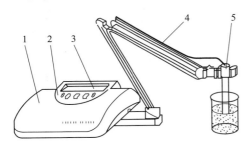

图 2-31　仪器外形结构
1—机箱；2—键盘；3—显示屏；
4—多功能电极；5—电极架

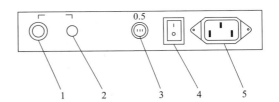

图 2-32　仪器后面板
1—测量电极插座；2—参比电极接口；
3—熔丝；4—电源开关；5—电源插座

③ 仪器键盘说明

a. "pH/mV"键：此键为 pH、mV 选择键，按一次进入"pH"测量状态；再按一次进入"mV"测量状态。

b. "定位"键：此键为定位选择键，按此键上部"△"为调节定位数值上升；按此键下部"▽"为调节定位数值下降。

c. "斜率"键：此键为斜率选择键，按此键上部"△"为调节斜率数值上升；按此键下部"▽"为调节斜率数值下降。

d. "温度"键：此键为温度选择键，按此键上部"△"为调节温度数值上升；按此键下部"▽"为调节温度数值下降。

e. "确认"键：此键为确认键，按此键为确认上一步操作；此键的另外一种功能是如果仪器因操作不当出现不正常现象时，可按住此键，然后将电源开关打开，使仪器恢复初始状态。

(3) 仪器附件（雷磁 E-201-C 型 pH 复合电极）

① 用途　雷磁 E-201-C 型 pH 复合电极（见图 2-33）是玻璃电极和参比电极组合在一起的塑壳可充式复合电极，是 pH 测量元件，用于测量水溶液的 pH（氢离子活度）。其 pH 测量范围为 0~14，测量温度为 0~60℃，响应时间为≤2min。

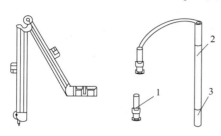

图 2-33　雷磁 E-201-C 型 pH 复合电极
1—Q9 短路插；2—E-201-C 型 pH 复合电极；3—电极保护套

② 特点

a. 碰撞不破，电极的易碎部分用塑料栅保护，测量时可作搅拌棒用。

b. 电极为可充式：电极上端有充液小孔，配有小橡胶塞，在测量时应把小橡胶塞取下。

c. 抗干扰性能强：电极为全屏蔽式，防止测量时外电场干扰。

d. 本电极下端配有电极保护帽，取下帽后，可以立即使用。

(4) 操作步骤

pHS-3C 操作流程图见图 2-34。

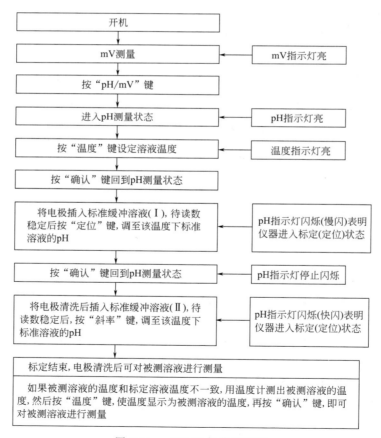

图 2-34　pHS-3C 操作流程图

① 开机前的准备

a. 将多功能电极架插入多功能电极架插座中。

b. 将 pH 复合电极安装在电极架上。

c. 将 pH 复合电极下端的电极保护套拔下，并且拉下电极下端的橡胶套，使其露出下端小孔。

d. 用蒸馏水清洗电极。

② 标定　仪器使用前首先要标定。一般情况下仪器在连续使用时，每天要标定一次。

a. 在测量电极插座处拔掉 Q9 短路插头。

b. 在测量电极插座处插入复合电极。

c. 如不用复合电极，则在测量电极插座处插入玻璃电极插头，参比电极接入参比电极接口处。

d. 打开电源开关，按"pH/mV"按钮，使仪器进入 pH 测量状态。

e. 按"温度"按钮，使显示为溶液温度（此时温度指示灯亮），然后按"确认"键，仪器确定溶液温度后回到 pH 测量状态。

f. 把用蒸馏水清洗过的电极插入 pH=6.86 的标准缓冲溶液中，待读数稳定后按"定位"键（此时 pH 指示灯慢闪烁，表明仪器在定位标定状态），使读数为该溶液当时温度下的 pH（例如混合物磷酸盐 10℃时，pH=6.92），然后按"确认"键，仪器进入 pH 测量状态，pH 指示灯停止闪烁。标准缓冲溶液的 pH 与温度关系对照表见表 2-10。

表 2-10　标准缓冲溶液的 pH 与温度关系对照表

温度/℃	0.05mol·kg^{-1} 邻苯二甲酸氢钾	0.025mol·kg^{-1} 混合物磷酸盐	0.01mol·kg^{-1} 四硼酸钠
5	4.00	6.95	9.39
10	4.00	6.92	9.33
15	4.00	6.90	9.28
20	4.00	6.88	9.23
25	4.00	6.86	9.18
30	4.01	6.85	9.14
35	4.02	6.84	9.11
40	4.03	6.84	9.07
45	4.04	6.84	9.04
50	4.06	6.83	9.03
55	4.07	6.83	8.99
60	4.09	6.83	8.97

g. 把用蒸馏水清洗过的电极插入 pH=4.00（或 pH=9.18）的标准缓冲溶液中，待读数稳定后按"斜率"键（此时 pH 指示灯快闪烁，表明仪器在斜率标定状态），使读数为该溶液当时温度下的 pH（例如邻苯二甲酸氢钾 10℃时，pH=4.00），然后按"确认"键，仪器进入 pH 测量状态，pH 指示灯停止闪烁，标定完成。

h. 用蒸馏水清洗电极后即可对被测溶液进行测量。

如果在标定过程中操作失误或按键按错而使仪器测量不正常，可关闭电源，然后按住

"确认"键再开启电源，使仪器恢复初始状态，重新标定。

注意：经标定后，"定位"键及"斜率"键不能再按，如果触动此键，此时仪器 pH 指示灯闪烁，请不要按"确认"键，而是按"pH/mV"键，使仪器重新进入 pH 测量即可，而无须再进行标定。

标定的缓冲溶液一般第一次用 pH＝6.86 的溶液，第二次用接近被测溶液 pH 的缓冲液，如被测溶液为酸性时，缓冲溶液应选 pH＝4.00；如被测溶液为碱性时，则选 pH＝9.18 的缓冲溶液。

一般情况下，在 24h 内仪器不需再标定。

③ 测量 pH　经标定过的仪器，即可用来测量被测溶液，被测溶液与标定溶液温度是否相同，所引起的测量步骤也有所不同。具体操作步骤如下。

a. 被测溶液与定位溶液温度相同时，测量步骤如下：用蒸馏水清洗电极头部，再用被测溶液清洗一次；把电极浸入被测溶液中，用玻璃棒搅拌溶液，使溶液均匀，在显示屏上读出溶液的 pH。

b. 被测溶液和定位溶液温度不同时，测量步骤如下：用蒸馏水清洗电极头部，再用被测溶液清洗一次；用温度计测出被测溶液的温度；按"温度"键，使仪器显示为被测溶液温度，然后按"确认"键；把电极插入被测溶液内，用玻璃棒搅拌溶液，使溶液均匀后读出该溶液的 pH。

④ 测量电极电位（mV）

a. 把离子选择性电极（或金属电极）和参比电极夹在电极架上。

b. 用蒸馏水清洗电极头部，再用被测溶液清洗一次。

c. 把离子电极的插头插入测量电极插座处。

d. 把参比电极接入仪器后部的参比电极接口处。

e. 把两种电极插在被测溶液内，将溶液搅拌均匀后，即可在显示屏上读出该离子选择电极的电极电位（mV），还可自动显示电极极性。

f. 如果被测信号超出仪器的测量范围，或测量端开路时，显示屏会不亮，作超载报警。

g. 使用金属电极测量电极电位时，用带夹子的 Q9 插头，Q9 插头接入测量电极插座处，夹子与金属电极导线相接；或用电极转换器，电极转换器的一头接测量电极插座处，金属电极与转换器接续器相连接。参比电极接入参比电极接口处。

（5）缓冲溶液的配制方法（见图 2-35）

① pH＝4.00 溶液：称邻苯二甲酸氢钾（G. R.）10.12g，溶解于 1000mL 高纯去离子水中。

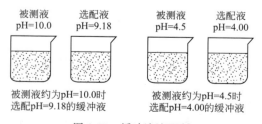

图 2-35　缓冲溶液配制

② pH＝6.86 溶液：称磷酸二氢钾（G. R.）3.387g、磷酸氢二钠（G. R.）3.533g，溶解于 1000mL 高纯去离子水中。

③ pH＝9.18 溶液：称四硼酸钠（G. R.）3.80g，溶解于 1000mL 高纯去离子水中。

注意：配制②、③溶液所用的水，应预先煮沸 15～30min，除去溶解的二氧化碳；在冷却过程中应避免与空气接触，以防止二氧化碳的污染。

（6）电极使用与维护的注意事项

① 电极在测量前必须用已知 pH 的标准缓冲溶液进行定位校准，其 pH 愈接近被测溶液 pH 愈好。

② 取下电极护套后，应避免电极的敏感玻璃泡与硬物接触，因为任何破损或擦毛都能使电极失效。

③ 测量结束，及时将电极保护套套上，电极套内应放少量外参比补充液，以保持电极球泡的湿润，切忌浸泡在蒸馏水中。复合电极的外参比补充液为 3mol·L^{-1} 氯化钾溶液，补充液可以从电极上端小孔加入，复合电极不使用时，拉上橡胶套，防止补充液干涸。

④ 电极的引出端必须保持清洁干燥，绝对防止输出两端短路，否则将导致测量失准或失效。

⑤ 电极应与输入阻抗较高的 pH 计（≥10^{12}Ω）配套，以使其保持良好的特性。

⑥ 电极应避免长期浸在蒸馏水、蛋白质溶液和酸性氟化物溶液中。

⑦ 电极避免与有机硅油接触。

⑧ 电极经长期使用后，如发现斜率略有降低，则可把电极下端浸泡在 4% HF（氢氟酸）中 3～5s，用蒸馏水洗净，然后在 0.1mol·L^{-1} 盐酸溶液中浸泡，使之复新。

⑨ 被测溶液中如含有易污染敏感球泡或堵塞液接界的物质而使电极钝化，会出现斜率降低、显示读数不准现象。如发生该现象，则应根据污染物质的性质，用适当溶液清洗，使电极复新（见图 2-36）。

硬物　　　有机硅油　　　长期浸泡　　用毕及时套上

图 2-36　电极使用

注意：

① 选用清洗剂时，不能用四氯化碳、三氯乙烯、四氢呋喃等能溶解聚碳酸酯的清洗液，因为电极外壳是用聚碳酸酯制成的，其溶解后极易污染敏感玻璃球泡，从而使电极失效。也不能用复合电极去测上述溶液。

② pH 复合电极的使用，最容易出现的问题是外参比电极的液接界处，液接界处的堵塞是产生误差的主要原因。

（7）污染物质和清洗剂参考

① 污染物：无机金属氧化物、有机油脂类物质、树脂高分子物质、蛋白质沉淀物、颜料类物质。

② 清洗剂：低于 1mol·L^{-1} 稀酸、稀洗涤剂（弱碱性）、酒精、丙酮、乙醚、5% 胃蛋白酶+0.1mol·L^{-1} HCl 溶液、稀漂白液、过氧化氢。

2.10.3 比重计的使用

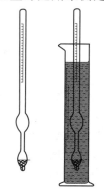

比重计是用来测定溶液相对密度的仪器。它是一支中空的玻璃浮柱，上部有标线，下部为一重锤，内装铅粒。根据溶液相对密度的不同而选用相适应的比重计。通常将比重计分为两种。一种是测量相对密度大于1的液体，称作重表；另一种是测量相对密度小于1的液体，称作轻表。

测定液体相对密度时，将欲测液体注入大量筒中，然后将清洁干燥的比重计慢慢放入液体中。为了避免比重计在液体中上下沉浮和左右摇动与量筒壁接触以至打破，故在浸入时，应该用手扶住比重计的上端，并让它浮在液面上，待比重计不再摇动而且不与器壁相碰时，即可读数，读数时视线要与凹液面最低处相切。用完比重计要清洗干净，擦干，放回盒内。由于液体相对密度不同，可选用不同量程的比重计。测定相对密度的方法如图2-37所示。

图2-37　比重计和液体相对密度的测定

2.11　化学实验中的误差与数据处理

化学是一门实验科学，常进行许多定量的测定，然后由测得的数据，经过计算得到分析结果。分析结果是否可靠是一个十分重要的问题，不准确的分析结果往往会导致错误的结论。但是在实际测定过程中，即使采用最可靠的分析方法、使用最精密的仪器、由技术很熟练的分析人员进行测定，也不可能得到绝对准确的结果。同一个人在相同的条件下对同一个试样进行多次测定，所得结果也不会完全相同。这表明，分析过程中的误差是客观存在的，应根据实际情况正确测定、记录并处理实验数据，使分析结果达到一定的准确度。所以树立正确的误差及有效数字的概念，掌握分析和处理实验数据的科学方法十分必要。

2.11.1 准确度和精密度

2.11.1.1 准确度与误差

准确度表示测量或测量结果（x_i）与真实值（x_T）接近的程度。准确度的好坏可以用误差（E）表示。分析结果与真实值之间的差别叫误差。误差可用绝对误差和相对误差两种方式表示，二者均可以表示准确度的高低。绝对误差表示测量值与真实值之差，相对误差是指绝对误差在真实结果中所占的百分比。

$$绝对误差（E）= x_i - x_T$$

$$相对误差（RE）= \frac{x_i - x_T}{x_T} \times 100\%$$

绝对误差具有与测定值相同的量纲，相对误差无量纲。绝对误差越小，说明准确度越高。相对误差是绝对误差在真实值中所占的百分比，因它与真实值和绝对误差的大小有关，故能更准确地反映准确度。绝对误差和相对误差都有正值和负值之分，正值表示测定值偏高，负值表示测定值偏低。

根据误差性质不同，可把误差分为系统误差、随机误差和过失误差三类。

由所用仪器、实验方法、试剂、实验条件的控制及实验者本人的一些主观因素造成的误差，称为系统误差。这类误差的性质：①在多次测量中会重复出现；②所有的测定结果或者都偏高，或者都偏低，即具有单向性；③由于误差来源于某个固定的原因，因此数值基本恒定不变。实验系统误差可以通过校正仪器、改善方法、提纯药品等措施来减少或消除。

随机误差是由某些难以预料的偶然因素引起的。这类误差的性质：由于来源于随机因素，误差数值不定，且方向也不固定，有时为正误差，有时为负误差。这种误差在实验中无法避免，从表面上看也没有什么规律可循，但是通常可以采用"多次测定，取平均值"的方法来减少。

过失误差是由工作失误造成的误差。对确知因过失差错而引进误差时，在数据处理过程中应剔除该次测量的数据。通常只要实验者加强责任感，对工作认真细致，过失误差是完全可以避免的。

2.11.1.2　精密度与偏差

精密度表示各次测定值相互接近的程度，说明测定数据的重现性，常用偏差来表示。偏差分为绝对偏差和相对偏差两种。精密度高有时又称为再现性好。单次测量结果的偏差，用单次测定值（x_i）与几次测定平均值（$\bar{x}$）之间的差来计算，其绝对偏差与相对偏差可表示如下：

$$绝对偏差(d)=x_i-\bar{x}$$

$$相对偏差(\mathrm{Rd})=\frac{x_i-\bar{x}}{\bar{x}}\times 100\%$$

准确度和精密度是两个不同的概念，它们是实验结果好坏的主要标志。精密度是保证准确度的先决条件，精密度差，所得结果不可靠。但是精密度高的测定结果不一定准确，这往往是由系统误差造成的，只有在消除了系统误差之后，精密度高的测定结果才是既精密又准确的。因此对初学者来说，在实验中首先要做到使精密度达到规定的标准。

2.11.2　数据记录、有效数字及其运算法则

2.11.2.1　数据记录与有效数字

为获得准确的实验结果，正确记录测定结果是必要的。读数时，一般都要在仪器最小刻度（精度）后再估读一位。例如，常量滴定管最小刻度为 0.1mL，读数应该到小数点后第二位，若读数在 22.6～22.7mL 之间，这时根据液面所在 0.6～0.7 间的位置再估读一位，如读数为 22.65mL 等。读数 22.65mL 中的 22.6 是可靠的，最后一位数字"5"是可疑的，可能有正、负一个单位的误差，即液体实际体积是在 22.65mL±0.01mL 范围的某一个数值，其绝对误差为 ±0.01mL，相对误差为（±0.01/22.65）×100%＝±0.04%，若将上述测量结果读为 22.5mL，意味着液体实际体积在 22.6mL±0.1mL 范围内某一数值，其绝对误差为 ±0.1mL，相对误差为 ±0.4%。这样就将测量精度无形中缩小为原来的十分之一。一个准确记录的数字中，可靠数字是测量中的准确部分，是有效的。可疑数字（末位数字）是测量中的估计部分，虽不准确，但毕竟接近准确，也是有实际意义的，但估计数字后的数显然是没有实际意义的。因此，由可靠数字和一位可疑数字所组成的测量值称为有效数字。有效数字反映了测量的精度，记录有效数字时应注意如下两点。

①"0"在数据中具有双重意义。其一，"0"表示小数点位数时，只起定位作用，不是

有效数字。如滴定管读数为 22.65mL，也可写成 0.02265L 或 0.00002265m^3 时，在"2"前面的"0"是起定位作用的，不是有效数字，有效数字仍只有 4 位。其二，"0"在有效数字中间或末尾时均为有效数字，末尾的"0"说明仪器的最小刻度。如滴定管读数为 20.50mL，两个"0"都属有效数字，末尾的"0"是可疑的，它的存在说明滴定管的最小刻度为 0.1mL，该"0"必须有，但在可疑数字之后不可任意添"0"，如果将 20.50mL 写成 20.500mL 从数学角度关系不大，而在化学实验中绝不能将 20.50mL 和 20.500mL 等同起来，否则就夸大了仪器的精度。由此可见，实验数据具有特殊的物理意义，它既包含了量的大小、误差，又反映了仪器精度，不同于纯数学的数值。

② 在表示绝对误差和相对误差时，只取一位有效数字，记录数据时，有效数字的最后一位与误差的最后一位在位数上应对齐。如 22.65±0.01 的表示是正确的，而 22.65±0.001 则是错误的。

2.11.2.2　数字修约规则

实验中所测得的各个数据，因测量的精度可能不同，而导致其有效数字的位数也可能不同。在进行运算时，应弃去多余的数字，进行修约。修约时应依我国国家标准（GB）使用下列规则。

① 在拟舍弃的数字中，末位为 4 以下（含 4）则舍弃；为 6 以上（含 6）则进。

② 在拟舍弃的数字中，末位为 5 时，且 5 后的数字不全为"0"，则进；全为零时，所保留的末位数是奇数则进；是偶数（含"0"）则舍弃。

③ 修约时，当拟舍数字在两位以上时，不得连续进行多次修约，应一次修约到位。

2.11.2.3　有效数字运算

（1）加减运算　进行加减运算时，它们的和或差的有效数字的保留应以小数点后位数最少的数据为根据，将其他多余数字按照修约规则修约后，再进行加减运算。

例如，将 0.0121、25.64 及 1.05782 三数相加，其中 25.64 为绝对误差最大的数据，所以应以其为修约标准，将其他数字进行修约后再计算，即 0.0121+25.64+1.05782，以 25.64 为基准，修约后运算为 0.01+25.64+1.06=26.71。

（2）乘除运算　在参与乘除运算的数据中，所得结果的有效数字的位数取决于相对误差最大的那个数，即以有效数字的位数最少的数据为基准进行修约后，再进行乘除运算，运算结果的有效数字位数也应与有效数字位数最少的相同。如 0.07726×12.1÷6.68，以 12.1 为基准（即 3 位有效数字），修约后为 0.0773×12.1÷6.68=0.140。

（3）对数运算　对数的整数部分只起定位作用，不算有效数字，其有效数字的位数仅取决于小数点后数字的位数。例如，氢离子的物质的量浓度为 0.020mol·L^{-1}，其对数值 lg[H$^+$] 应为 2.30，而不是 2.3 或 2.300。

（4）倍数或分数数字的表示规则　在化学计算中表示倍数或分数的数字，因其都是自然数而非测量值，故不应看作只有 1 位有效数字，而应认为是无限多位有效数字。误差一般取 1 位有效数字，最多取 2 位有效数字。

2.11.2.4　实验结果数据处理

对物理量进行测定之后，应校正系统误差和剔除可疑数据，再计算实验结果可能达到的准确范围。具体做法：首先，按统计学规则（如 Q 检验或其他规则）对可疑数据进行取舍，然后计算数据的平均值、平均偏差与标准偏差，最后按要求的置信度求出平均值的置信区间（具体见分析化学或无机及分析化学教材）。

2.11.3 化学实验中数据的表达方法

化学实验数据表达方法主要有列表法、图解法和数学方程式法三种。现将常用的列表法和图解法分别简述如下。

2.11.3.1 列表法

把实验数据按照自变量和因变量一一对应的关系排列成表格，使得全部数据一目了然，便于进一步处理、运算和检查。一张完整的表格应包含如下内容：表格的顺序号、名称、项目、说明及数据来源。表格的横排称为行，竖排称为列。

列表时要注意以下几点：

① 每张表都有含义明确的完整名称。

② 每个变量占表中一行，一般先列自变量，后列因变量。每一行的第一列应写出变量的名称和量纲。

③ 每一行所记数据应注意其有效数字位数。同一列数据的小数点要对齐，数据应按自变量递增或递减的次序排列，以显示出变化规律。

④ 处理方法和运算公式要在表下注明。

2.11.3.2 作图法

实验数据通常要作图处理，其特点是能直接显示数据的特点及其变化规律，能简明直观地揭示各变量之间的关系，从图上很容易找出数据的极大值、极小值、转折点及周期性等。利用图形可以求得斜率、截距、内插值、外推值及切线等。根据多次实验测量数据所描绘的图像一般具有"平均"的意义，由此可以发现和消除一些偶然误差。

作图步骤：

① 准备材料 作图需要应用直角坐标纸、铅笔（以 1H 的硬铅笔为好）、透明直角三角板、曲线尺等。

② 选取坐标轴 在坐标轴上画出两条互相垂直的直线，一条是横轴，一条是纵轴，分别代表实验数据的两个变量，习惯上以自变量为横坐标，因变量为纵坐标。

③ 坐标轴上比例尺的选择

a. 从图上读出的各种量的准确度和测量得到的准确度要一致，即使图上的最小分度与仪器的最小分度一致，最好能表示出全部有效数字。

b. 每一格所对应的数值要易读，有利于计算。例如，每单位坐标格应代表 1、2 或 5 的倍数，而不要采用 3、6、7、9 的倍数；还应把数字标示在逢五或逢十的粗线下面。

c. 坐标纸的大小必须能包括所有必需的数据且略有宽裕，这样可使图形布局匀称，既不使图形过大，甚至不能画出某些测量数据，也不使图形太小而偏于一角。

d. 若所作图形为直线，则应使直线与横坐标的夹角在 45°左右，切勿使角度太大或太小。不一定把变量的零点作为原点。

e. 标定坐标点根据实验测得的数据在坐标纸上画出相应的点，用符号○、×、△、□等表示清楚，若在同一图纸上画几条直（曲）线时，则每条线的代表点需用不同的符号表示。

④ 线的描绘 用均匀光滑的曲线或直线连接坐标点，要求这条线尽可能接近或贯穿大多数的点，并使各点均匀地分布在曲线或直线两侧。若有的点偏离太大，则连线时可不考虑。这样描出的曲线或直线就能近似地反映被测量的平均变化情况。

在曲线的极大、极小或转折点附近应多取些点，以保证曲线所表示规律的可靠性。对个别远离曲线的点，要分析原因，若是偶然的过失误差造成的，可不考虑这一点；若重复实验情况不变，则应在此区间进行反复仔细测量，搞清是否存在某些规律，切不可轻易舍去远离曲线的点。

⑤ 标注数据及条件　图作好后，要写上图的名称，注明坐标轴代表的量的名称、所用单位、数值大小以及主要的测量条件。

第 3 章

无机化学实验（基础训练）部分

3.1 无机化合物的提纯和制备的基本操作

3.1.1 蒸发（浓缩）、结晶和固体干燥

物质的提纯是把混合物中的杂质除去，以得到纯物质的过程。物质的提纯方法有蒸发、结晶、升华、萃取、固体干燥、色谱等，下面简单介绍一下主要的基本操作。

（1）蒸发（浓缩） 蒸发是液体表面的气化现象，也是通过改变温度或气压条件使得物质从液态变为气态的过程，化工行业经常用蒸发来减少溶剂的量，从而使得溶质的浓度增加，即浓缩。浓缩是从溶液中除去部分溶剂的单元操作，是溶质和溶剂部分分离的过程。浓缩过程中，水分在物料内部借对流扩散作用从液相内部到达液相表面后除去。实验室通常用蒸发皿浓缩溶液，所加入溶液的量不得超过蒸发皿的 2/3，以防液体溅出，如果溶液较多，可分次添加。依物质加热的稳定性可用煤气灯、酒精灯直接加热，也可用水浴间接加热。

（2）结晶 热的饱和溶液冷却后，溶质以晶体的形式析出，这一过程叫结晶。重结晶是将晶体溶于溶剂或熔融以后，又重新从溶液或熔体中结晶的过程。重结晶可以使不纯净的物质获得纯化，或使混合在一起的盐类彼此分离。利用溶剂对被提纯物质及杂质的溶解度不同，可以使被提纯物质从过饱和溶液中析出，而让杂质全部或大部分仍留在溶液中，从而达到分离、提纯之目的。

当溶液蒸发到一定浓度时，冷却后会有晶体析出，有时加入一小粒晶体或搅动溶液，会促成晶体的析出。析出晶体颗粒的大小与冷却快慢有关。若缓慢冷却溶液，可得到较大颗粒的晶体；若迅速冷却溶液，则得到较细颗粒的晶体。如果第一次结晶所得的物质纯度不合要求，可重新加入尽可能少的去离子水使其溶解，再进行蒸发和结晶（不得蒸干）。重结晶后的晶体纯度一般较高。

结晶和重结晶的一般过程为：

① 选择适宜溶剂，制成热的饱和溶液。
② 热过滤，除去不溶性杂质（包括脱色）。
③ 将滤液冷却，使结晶析出。
④ 抽滤、洗涤、干燥，除去附着的母液和溶剂。

（3）固体的干燥技术 制备无机盐时过滤所得的晶体，总会含有一定的水分，需要干燥处理。常用的干燥方法有烘干、晾干和用吸水物质吸干等。

对热较稳定的固体可放在表面皿上，在电热干燥箱中烘干。也可放在蒸发皿中，用水浴、沙浴或酒精灯加热烘干。

晶粒较大或受热易分解的固体，可用滤纸轻压吸去水分或置于表面皿中晾干（硝酸钾制备中就是这样做的），也可用有机溶剂如乙醇等洗涤后晾干，借助有机溶剂的挥发将吸附在晶体表面的水分带走。

有些易吸水潮解或需要长时间保持干燥的固体，可放在干燥器内保存。

3.1.2 过滤操作

（1）常压过滤（普通过滤） 沉淀物生成后，一般可先用倾析法（见图3-1）洗涤，除去表面杂质，再用常压过滤法进行"固-液"分离。把一圆形或方形滤纸对折两次成扇形（方形滤纸要剪成扇形），展开成圆锥形，一边为三层，一边为一层（见图3-2），放入干燥、洁净的漏斗中，看滤纸是否完全贴在漏斗壁上，若使用的是标准漏斗，其内角是60°，滤纸会与漏斗相密合。若漏斗的角度略大于或小于60°，应适当改变滤纸折叠的角度，使其与漏斗壁相密合。用食指把滤纸按住，用少量去离子水润湿，轻压四周，赶去滤纸与漏斗壁之间的气泡，纸紧贴在漏斗壁上（见图3-3）。滤纸边缘应略低于漏斗边缘。把贴好滤纸的漏斗放在漏斗架上，使漏斗末端紧靠接收滤液容器的内壁。

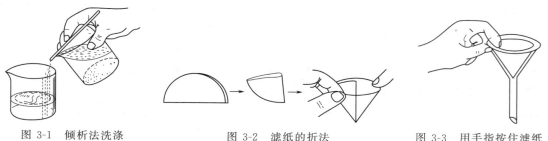

图 3-1　倾析法洗涤　　　　图 3-2　滤纸的折法　　　　图 3-3　用手指按住滤纸

过滤时先将大部分溶液沿着玻璃棒慢慢地倾入漏斗中，玻璃棒接触三层滤纸下（见图3-4），然后将剩下的溶液连同沉淀一起倒入滤纸上，再用少量去离子水洗涤烧杯内壁，将洗涤液与剩余沉淀全部转入漏斗中。

（2）减压过滤（吸滤或抽气过滤） 减压过滤装置见图3-5，包括吸滤瓶、布氏漏斗、安全瓶和水压真空吸滤泵（水吸滤泵）。吸滤泵一般装在自来水龙头上，起着带走空气的作用，因而使吸滤瓶内减压，吸滤瓶用于承接滤液。

安全瓶的作用是当关闭抽气管或水流量突然减小时，防止自来水倒灌入吸滤瓶中。

吸滤用的滤纸应比布氏漏斗的内径略小，以能恰好盖住瓷板上所有的孔为宜。放好滤纸后先以少量去离子水润湿，再打开水龙头，减压使滤纸贴在瓷板上。转移溶液与沉淀的步骤同常压过滤，布氏漏斗中的液体不得超过漏斗容积的2/3。

停止吸滤时，应先拆下吸滤瓶上的橡胶管，然后关闭水龙头，以防止倒灌。

过滤完毕，取下布氏漏斗，将漏斗的颈口朝上，轻轻敲打漏斗边缘，即可使沉淀物脱离漏斗。

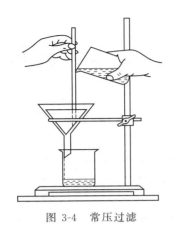

图 3-4 常压过滤

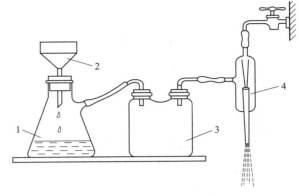

图 3-5 减压过滤

1—吸滤瓶；2—布氏漏斗或玻璃砂芯漏斗；3—安全瓶；4—水吸滤泵

（3）离心分离 少量溶液与沉淀的分离常用离心分离法。离心机分手摇和电动两种（图 3-6 和图 3-7）。

离心分离时，将盛有沉淀的试管放入离心机的套管内。为使离心机保持平衡，防止高速旋转时引起震动而损坏离心机，试管要对称地放置（有时需用装有同体积水的试管），然后慢慢启动离心机，逐渐加速。用电动离心机时，变速器调到 $2\sim3$ 挡即可。旋转 $2\sim3\min$ 后，切断电源，让离心机自然停止，切勿用手或其他方法强行停止。

离心分离后，沉淀沉入试管的底部，用一干净的滴管，将清液吸出，注意滴管插入溶液的深度，尖端不应接触沉淀（图 3-8）。

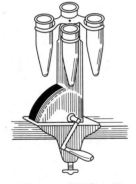

图 3-6 手摇离心机

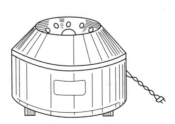

图 3-7 电动离心机

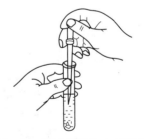

图 3-8 用滴管吸取上层清液

如果沉淀物需要洗涤，加入少量去离子水，搅拌，再离心分离。

3.2 基础实验

实验一 仪器的熟悉、洗涤和干燥

一、实验目的

1. 熟悉无机化学实验规则和要求。

2. 熟悉无机化学实验常用仪器及其名称、规格和用途，了解使用注意事项。

3. 学习常用仪器的洗涤和干燥方法。

二、实验仪器

试管，离心试管，烧杯，蒸发皿，漏斗，布氏漏斗，量筒，烧瓶，容量瓶，锥形瓶，吸滤瓶，毛刷。

三、实验内容

1. 熟悉仪器

① 参照表 2-2，熟悉常用仪器的名称、用途及使用时的注意事项。

② 按仪器单逐个认识无机化学实验中的常用仪器，并按下表的格式填写。

仪器名称	用途	注意事项
（此处要求标出规格）		

2. 洗涤仪器

用水和去污粉或洗衣粉将仪器洗涤干净，抽取两件交老师检查。将洗净的仪器合理地摆放整齐。

洗涤方法参见第 2 章 2.6.1 玻璃仪器的洗涤。

3. 干燥仪器

参见第 2 章 2.6.2 仪器的干燥。

将所需干燥的仪器按正确的干燥方法干燥后，取干燥后的两支试管交给老师检查。

注意：带有刻度的计量仪器，例如移液管、滴定管不能用加热的方法干燥，因为会影响仪器的精度。

四、思考题

1. 烤干试管时，为什么试管口要略向下倾斜？

2. 带有刻度的计量仪器能否用加热的方法进行干燥？

实验二 简单玻璃工操作

一、实验目的

1. 了解酒精喷灯的构造及正确使用方法。

2. 学会玻璃管（棒）的截断、弯曲、拉制、熔光、圆口等简单的玻璃加工操作。

二、实验仪器和材料

仪器 挂式酒精喷灯，薄片小砂轮或三角锉刀，石棉网，隔热瓷盘。

材料 直径 8～12mm 的薄壁玻璃管，直径 7mm 的玻璃管，直径 3mm 的玻璃管，直径 5mm 的玻璃棒，直尺（学生自备），火柴。

三、实验内容

1. 挂式酒精喷灯的使用

将挂式喷灯酒精储罐挂在适当的高度，先打开酒精储罐下口开关，并在预热盘中注入适量的酒精，然后关闭酒精储罐下口开关，点燃盘中的酒精，以加热灯管，待盘中酒精快要燃完时，重新打开酒精储罐下口开关，上提升空气阀，打开气门，这时由于酒精在灼热的灯管内气化，并与来自气孔的空气混合，即燃烧并形成高温火焰（温度可达 700～1000℃）。调节酒精的流量及空气阀门的高度，可以控制火焰的大小。用毕，降下空气阀门、关闭挂式喷灯酒精储罐下口开关即可使灯熄灭。

说明：① 在重新打开挂式喷灯酒精储罐下口开关，提升空气阀，点燃管口气体以前，必须充分灼热灯管，否则酒精不能全部气化，会有液体酒精由管口喷出，导致"火雨"（尤其是挂式喷灯），甚至引起燃烧事故。当一次预热不能点燃喷灯时，可在火焰熄灭后重新往预热盘添加酒精，重复上述操作点燃。但连续两次预热后仍不能点燃时，则需要用探针疏通酒精蒸气出口，让出气顺畅后，方可再预热。

② 挂式喷灯酒精储罐出口至灯具进口之间的橡胶管要连接好，不得有漏液现象，否则容易失火。

2. 制作玻璃棒及玻璃钉

取直径 5mm、长 1m 的玻璃棒一根，制成下列用品：

① 切割成两根 17～18cm 及一根 12cm 长的玻璃棒，两端在火焰中烧圆，供手工搅拌用。

② 截取长 5～6cm 的玻璃棒一段，一端在火中烧软后在石棉网上按成大玻璃钉，供过滤时挤压滤饼或研磨晶体用。

3. 制作滴管和弯管

用直径 7mm、长 0.7m 的玻璃管两根，制成两根滴管和三支弯管。其中滴管长度约 15cm，粗端内径为 7mm、长为 10cm，细端内径为 1.5～2mm、长为 5～6cm。三支玻璃弯管的角度分别为 120°、90°、60°。

4. 沸点管的制作

首先取一根内径为 3～4mm 的细玻璃管，截成长为 7～8cm。在其一端封闭，先拉出尾管，然后将尾管顶端加热融化，不断用镊子将尾管拉去，再把底部烧圆，作为沸点管的外管。另取直径 8～12mm 的薄壁玻璃管，制作 3 根长 8cm、内径 1mm 左右的毛细管，将其一端封闭，作为沸点管内管。

5. 玻璃沸石

取上述拉过的不合格玻璃管(棒)在火焰中对接，反复熔拉多次，再拉成比熔点管略粗的玻璃棒，冷至室温后截成长约 3mm 的小段，即成沸石，放在瓶中备用。

6. 减压毛细管

用一根玻璃管，先将一端用灯焰加热软化后拉成直径约 2mm 的毛细管，再用小火将靠粗端一侧的毛细管烧软，迅速地向两面拉伸成头发丝状，截下所需的长度，并用小试管盛少许丙酮或乙醚，将毛细管插入其中，吹入空气，若毛细管能冒出一连串细小的气泡，即可用于减压蒸馏。

实验三　粗食盐的提纯

一、实验目的

1. 学会用化学方法提纯粗食盐，同时为进一步精制成试剂级纯度的氯化钠提供原料。

2. 熟练台秤的使用以及常压过滤、减压过滤、蒸发浓缩、结晶和干燥等基本操作。

3. 了解沉淀溶解平衡原理的应用。

4. 学习在分离提纯物质过程中，定性检验某些物质是否已经除去的方法。

二、实验原理

氯化钠（NaCl）试剂或氯碱工业用的食盐水，都是以粗食盐为原料进行提纯的。粗食盐中含有泥沙等不溶性杂质及溶于水中的 K^+、Ca^{2+}、Mg^{2+} 和 SO_4^{2-} 等。将粗食盐溶于水后，用过滤的方法可以除去不溶性杂质。易溶杂质 Ca^{2+}、Mg^{2+}、SO_4^{2-} 等需要用化学方法除去。有关的离子方程式如下：

$$SO_4^{2-} + Ba^{2+} \xlongequal{} BaSO_4(s)$$
$$Ca^{2+} + CO_3^{2-} \xlongequal{} CaCO_3(s)$$
$$Ba^{2+} + CO_3^{2-} \xlongequal{} BaCO_3(s)$$
$$2Mg^{2+} + CO_3^{2-} + 2OH^- \xlongequal{} Mg(OH)_2 \cdot MgCO_3(s)$$

三、实验仪器和试剂

仪器 台秤，烧杯（250mL），普通漏斗，漏斗架，布氏漏斗，吸滤瓶，蒸发皿，量筒（10mL、50mL），抽气管（或真空泵）。

试剂 $HCl(2.0 \text{mol} \cdot L^{-1})$，$NaOH(2.0 \text{mol} \cdot L^{-1})$，$Na_2CO_3(1.0 \text{mol} \cdot L^{-1})$，$(NH_4)_2C_2O_4$（$0.50 \text{mol} \cdot L^{-1}$），$BaCl_2(1.0 \text{mol} \cdot L^{-1})$，粗食盐，$BaCO_3(s)$。

其他 镁试剂（对硝基偶氮间苯二酚，碱性条件下遇 Mg^{2+} 产生蓝色沉淀），pH 试纸，滤纸。

四、实验内容

1. 粗食盐的提纯

在台式天平（台秤）上称量 5.0g 粗食盐，放入 250mL 烧杯中，加 30mL 去离子水。加热、搅拌使盐溶解（不溶性杂质沉于底部，留待下一步过滤除去）。

2. 化学处理

（1）SO_4^{2-} 的除去　在煮沸的粗食盐溶液中，边搅拌边逐滴加入 $1.0 \text{mol} \cdot L^{-1}$ $BaCl_2$ 溶液（约需加 2mL $BaCl_2$ 溶液），为了检验沉淀是否完全，可将酒精灯移开，待沉淀下降后，在上层清液中加入 $1 \sim 2$ 滴 $BaCl_2$，观察是否有浑浊现象，如无浑浊，说明 SO_4^{2-} 已沉淀完全，如有浑浊，则要继续滴加 $BaCl_2$ 溶液，直到沉淀完全为止。然后小火加热 5min，以使沉淀颗粒长大而便于过滤。用普通漏斗过滤，保留滤液，弃去沉淀。

（2）Ca^{2+}、Mg^{2+}、Ba^{2+} 等的除去　在滤液中加入 1mL $2.0 \text{mol} \cdot L^{-1}$ NaOH 溶液和 3mL $1.0 \text{mol} \cdot L^{-1}$ Na_2CO_3 溶液，加热至沸腾（检测此时溶液的 pH）。同上法用 Na_2CO_3 溶液检验沉淀是否完全。继续煮沸 5min。用普通漏斗过滤，保留滤液，弃去沉淀。

（3）多余 CO_3^{2-} 的除去　在滤液中逐滴加入 $2.0 \text{mol} \cdot L^{-1}$ HCl 溶液，充分搅拌，并用玻璃棒蘸取溶液在 pH 试纸上检验，直到溶液呈微酸性（pH＝$4 \sim 5$）为止。

将溶液转移到蒸发皿中，用小火加热，蒸发浓缩至溶液呈稀粥状为止（注意：切不可将溶液蒸干）。

3. 结晶、减压过滤、干燥

让浓缩液冷却至室温，用布氏漏斗减压过滤。再将晶体转移到蒸发皿中，在石棉网上用小火加热，以干燥产品。冷却后，称其质量，计算产率。

4. 产品质量的检验

取粗食盐和产品各少许，分别溶于去离子水中。定性检验 SO_4^{2-}、Ca^{2+} 和 Mg^{2+} 的存在，比较实验结果。

5. 选做实验

尝试用固体 $BaCO_3$ 代替 $BaCl_2$ 和 Na_2CO_3，再结合 NaOH，自行设计除去粗食盐中 Ca^{2+}、Mg^{2+}、SO_4^{2-} 的实验方案；并与前一种提纯方法对比，写出评述性报告。

五、思考题

1. 过量的 Ba^{2+} 如何除去？

2．粗食盐提纯过程中，为什么要加 HCl 溶液？K^+ 在哪一步除去？

3．怎样检验 Ca^{2+}、Mg^{2+}？

4．能否用氯化钙代替毒性大的氯化钡来除去粗食盐中的 SO_4^{2-}？

实验四　二氧化碳摩尔质量的测定

一、实验目的

1．学习分析天平的正确使用。

2．学习测定气体摩尔质量的一种方法及其原理。

二、实验原理

根据阿伏伽德罗定律，同温同压下同体积任何气体都含有相同数目的分子。因此，在同温同压下，两种同体积的不同气体的质量之比等于它们的摩尔质量之比：

$$\frac{m_1}{m_2}=\frac{M_1}{M_2}$$

式中，m_1 代表第一种气体的质量；M_1 代表第一种气体的摩尔质量；m_2 代表同温同压下同体积的第二种气体的质量；M_2 代表第二种气体的摩尔质量。如果以 D 表示气体的相对密度，则：

$$D=\frac{m_1}{m_2}=\frac{M_1}{M_2} \text{或 } M_1=DM_2$$

所以一种气体的摩尔质量等于该气体对另一种气体的相对密度乘以后一种气体的摩尔质量。如果以 $D_{空气}$ 表示气体对空气的相对密度，则该气体的摩尔质量（M_a）可从下式求得：

$$M_a=29.00×D_{空气}$$

因此，在实验室中只要测出一定体积二氧化碳的质量，并根据实验时的大气压和温度，计算出同体积空气的质量，即可求出二氧化碳对空气的相对密度，从而求出二氧化碳的摩尔质量。

三、实验仪器和试剂

仪器　碘量瓶（150mL），分析天平（精度 0.1mg），台秤（精度 0.1g），二氧化碳钢瓶。

试剂　浓硫酸，二氧化碳气体。

四、实验内容

1．将 150mL 碘量瓶洗净、烘干。

2．分析天平上称出其质量 m_1。

3．拿去磨口塞，通入二氧化碳约 5min 后，放上磨口塞再称量。重复进行这一操作，直至两次称量的结果相差不超过 ±0.002g 为止。记下充满二氧化碳的碘量瓶的质量 m_2。

4．碘量瓶容积的测定：将碘量瓶装满水，再将磨口塞塞上，尽量擦干瓶外的水，然后在台秤上称量 m_3。（m_3-m_1）即为水的质量（空气的质量忽略不计）。由水的质量即可求出碘量瓶的容积（水的密度 $D_水$，可根据实验时的温度从附录中查出）。

5．观察并记录实验时的室温和气压计的读数。

五、数据记录和处理

用分析天平称装满空气的碘量瓶和塞子的质量 m_1/g		
用分析天平称装满 CO_2 的碘量瓶和塞子的质量 m_2/g	第一次 $m_2(1)$	
	第二次 $m_2(2)$	
	第三次 $m_2(3)$	

续表

在台秤上称装满水的碘量瓶和塞子的质量 m_3/g	
碘量瓶的容积 $V = \dfrac{m_3 - m_1}{D_水}/\text{mL}$	
实验时的室温 $T/℃$	
实验时的大气压 p/Pa	
按公式 $pV = \dfrac{m_{空气}}{M_{空气}}RT$，求出碘量瓶内空气的质量 $m_{空气}/g$	
空瓶的质量为 $(m_1 - m_{空气})/g$	
求出碘量瓶中 CO_2 的质量 $m_{CO_2} = m_2 - (m_1 - m_{空气})/g$	
二氧化碳对空气的相对密度 $D_{空气} = \dfrac{m_{CO_2}}{m_{空气}}$	
二氧化碳的摩尔质量 $M_{CO_2} = 29.00 D_{空气}/(\text{g} \cdot \text{mol}^{-1})$	
误差/% $= \dfrac{\vert M_{理论} - M_{CO_2} \vert}{M_{理论}}$	

六、注意事项

1. 由二氧化碳钢瓶出来的二氧化碳先经过一只 1000mL 的缓冲瓶，然后分几路导出，同时供几个学生使用。每一路导管都装有旋塞，使用时打开，不用时关闭。二氧化碳的流速可以从浓硫酸中冒出的气泡的快慢来控制。流速不宜太大，否则钢瓶内二氧化碳迅速蒸发而产生低温，使出来的二氧化碳温度过低，以致在称量时，由于温度的变化，称量不准确。

2. 在往碘量瓶中通二氧化碳时一定要控制好气体的流速和通气时间。

3. 测定碘量瓶的容积时一定要装事先在室温下放置 1d 以上的水，不能直接装由水龙头接的自来水。

七、思考题

1. 为什么装满二氧化碳的碘量瓶和塞子的质量要在分析天平上称，而装满水的碘量瓶和塞子的质量可以在台秤上称量？

2. 哪些物质可以用此方法测摩尔质量？为什么？

实验五　摩尔气体常数的测定

一、实验目的

1. 了解一种测定摩尔气体常数的方法。

2. 熟悉分压定律与气体状态方程的应用。

3. 练习分析天平的使用与测量气体体积的操作。

二、实验原理

气体状态方程式的表达式为：

$$pV = nRT = \frac{m}{M_r}RT \tag{1}$$

式中，p 为气体的压力或分压，kPa；V 为气体体积，L；n 为气体的物质的量，mol；m 为气体的质量，g；M_r 为气体的摩尔质量，$\text{g} \cdot \text{mol}^{-1}$；$T$ 为气体的温度，K；R 为摩尔气体常数（文献值：$8.31\text{Pa} \cdot \text{m}^3 \cdot \text{K}^{-1} \cdot \text{mol}^{-1}$ 或 $8.31\text{J} \cdot \text{K}^{-1} \cdot \text{mol}^{-1}$）。

可以看出，只要测定一定温度下给定气体的体积 V、压力 p 与气体的物质的量 n 或质量 m，即可求得 R 的数值。

本实验利用金属（如 Mg、Al 或 Zn）与稀酸置换出氢气的反应，求取 R 值。例如：

$$Mg(s) + 2H^+(aq) = Mg^{2+}(aq) + H_2(g)$$

$$\Delta_r H^{\ominus}_{m,298} = -466.85 kJ \cdot mol^{-1} \qquad (2)$$

将已精确称量的一定量镁与过量稀酸反应，用排水集气法收集氢气。氢气的物质的量可根据式（2）由金属镁的质量求得：

$$n_{H_2} = \frac{m_{H_2}}{M_{H_2}} = \frac{m_{Mg}}{M_{Mg}}$$

由量气管可测出在实验温度与大气压力下，反应所产生的氢气体积。由于量气管内所收集的氢气是被水蒸气所饱和的，根据分压定律，氢气的分压为 p_{H_2}，应是混合气体的总压 p（以 100kPa 计）与水蒸气分压 p_{H_2O} 之差：

$$p_{H_2} = p - p_{H_2O} \qquad (3)$$

将所测得的各项数据代入式（1）可得：

$$R = \frac{p_{H_2} V}{n_{H_2} T} = \frac{(p - p_{H_2O}) V}{n_{H_2} T}$$

三、实验仪器和试剂

仪器 分析天平，称量纸（蜡光纸或硫酸纸），量筒（10mL），漏斗，温度计（公用），砂纸，测定摩尔气体常数的装置（量气管、水准瓶、试管、滴定管夹、铁架、铁夹、铁圈、橡胶塞、橡胶管、玻璃导气管），气压计（公用），烧杯（100mL、400mL）。

试剂 硫酸 H_2SO_4（3mol·L^{-1}），镁条（纯）。

四、实验内容

1. 镁条称量

取两根镁条，用砂纸擦去其表面氧化膜，然后在分析天平上分别称出其质量，并用称量纸包好，记下质量，待用（也可由实验室老师预备）。

镁条质量以 0.0300～0.0400g 为宜。镁条质量若太小，会增大称量及测定的相对误差；质量若太大，则产生氢气的体积可能超过量气管的容积而无法测量。称量要求准确至 ±0.0001g。

2. 仪器的装置和检查

按图 3-9 装置仪器。注意应将铁圈装在滴定管夹的下方，以便可以自由移动水准瓶（漏斗）。打开量气管的橡胶塞，从水准瓶注入自来水，使量气管内液面略低于刻度"0"（若液面过低或过高，会有什么影响？）。上下移动水准瓶，以赶尽附着于橡胶管和量气管内壁的气泡，然后塞紧量气管的橡胶塞。

为了准确量取反应中产生的氢气体积，整个装置不能有泄漏之处。检查漏气的方法如下：塞紧装置中连接处的橡胶管，然后将水准瓶（漏斗）向下（或向上）移动一段距离，使水准瓶内液面低于（或高于）量气管内液面；若水准瓶位置固定后，量气管内液面仍不断下降（或上升），表示装置漏气（为什么？），则应检查各连接处是否严密（注意橡胶塞及导气管间连接是否紧密）。务必使装置不再

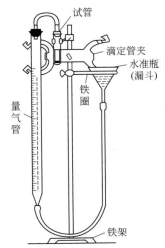

图 3-9 摩尔气体常数的测定装置

漏气，然后将水准瓶放回检漏前的位置。

3. 金属与稀酸反应前的准备

取下反应用试管，将 $4 \sim 5$ mL 3 mol·L^{-1} H_2SO_4 溶液通过漏斗注入试管中（将漏斗移出试管时，千万不能让酸液沾在试管壁上！为什么？）。稍稍倾斜试管，将已称好质量（勿忘记录）的镁条按压平整后蘸少许水贴在试管壁上部，如图 3-10 所示，确保镁条不与硫酸接触，然后小心固定试管，塞紧（旋转）橡胶塞（动作要轻缓，谨防镁条落入稀酸溶液中）。

镁条
稀硫酸

再次检查装置是否漏气。若不漏气，可调整水准瓶位置，使其液面与量气管内液面保持在同一水平面，然后读出量气管内液面的弯月面最低点读数。要求读准至 ± 0.01 mL，并记下读数（为使液面读数尽量准确，可移动铁圈位置，设法使水准瓶与量气管位置尽量靠近）。

图 3-10　镁条贴在试管壁上半部

4. 氢气的发生、收集和体积的量度

松开铁夹，稍稍抬高试管底部，使稀硫酸与镁条接触（切勿使酸碰到橡胶塞），待镁条落入稀酸溶液中后，再将试管恢复原位。此时反应产生的氢气会使量气管内液面开始下降。为了不使量气管内因气压增大而引起漏气，在液面下降的同时应慢慢向下移动水准瓶，使水准瓶内液面随量气管内液面一齐下降，直至反应结束，量气管内液面停止下降（此时能否读数？为什么？）。

待反应试管冷却至室温（约需 10min），再次移动水准瓶，使其与量气管的液面处于同一水平面，读出并记录量气管内液面的位置。每隔 $2 \sim 3$ min，再读数一次，直到读数不变为止。记下最后的液面读数及此时的室温和大气压力。从附录查出相应于室温时水的饱和蒸气压。

打开试管口的橡胶塞，弃去试管内的溶液，洗净试管，并取另一份镁条重复进行一次实验。记录实验结果。

五、数据记录和处理

实验编号	I	II
镁条质量 m_{Mg}/g		
反应后量气管内液面的读数 V_2/mL		
反应前量气管内液面的读数 V_1/mL		
反应置换出 H_2 的体积 $V = (V_2 - V_1) \times 10^{-6}$/$m^3$		
室温 T/K		
大气压力 p/Pa		
室温时水的饱和蒸气压 p_{H_2O}/Pa		
氢气的分压 $p_{H_2} = (p - p_{H_2O})$/Pa		
氢气的物质的量 $n_{H_2} = \dfrac{m_{Mg}}{M_{Mg}}$/mol		
摩尔气体常数 $R = \dfrac{p_{H_2} V}{n_{H_2} T}$/(J·$K^{-1}$·$mol^{-1}$)		
R 的实验平均值 $= \dfrac{R_1 + R_2}{2}$/(J·K^{-1}·mol^{-1})		
相对误差（RE）$= \dfrac{R_{实验值} - R_{文献值}}{R_{文献值}} \times 100\%$		

分析产生误差的原因。

六、注意事项

1. 量气管的容量不应小于 50mL，读数可估计到 0.01mL 或 0.02mL，可用碱式滴定管代替。

2. 为简化起见，本实验中用短颈（或者长颈）漏斗代替水准瓶。

七、思考题

1. 本实验中置换出的氢气的体积是如何量度的？为什么读数时必须使水准瓶内液面与量气管内液面保持在同一水平面？

2. 量气管内气体的体积是否等于置换出氢气的体积？量气管内气体的压力是否等于氢气的压力？为什么？

实验六　硫代硫酸钠的制备

一、实验目的

1. 掌握硫代硫酸钠的制备方法。

2. 学习 SO_3^{2-} 与 SO_4^{2-} 的半定量比浊分析法。

二、实验原理

硫代硫酸钠是一种常见的化工原料和试剂，可以用 Na_2SO_3 氧化单质硫来制备，反应式为：

$$Na_2SO_3 + S \Longrightarrow Na_2S_2O_3$$

常温下从硫代硫酸钠溶液中结晶出来的是 $Na_2S_2O_3 \cdot 5H_2O$。它在 40～45℃ 时熔化、48℃ 时分解，因此，要制备 $Na_2S_2O_3 \cdot 5H_2O$，只能采用低温真空干燥。

$Na_2S_2O_3$ 一般易含有 SO_3^{2-} 与 SO_4^{2-} 杂质，可用比浊分析法来半定量分析 SO_3^{2-} 与 SO_4^{2-} 的总含量。先用 I_2 将 SO_3^{2-} 和 $S_2O_3^{2-}$ 分别氧化为 SO_4^{2-} 与 $S_4O_6^{2-}$，然后与过量 $BaCl_2$ 反应生成难溶的 $BaSO_4$ 沉淀，溶液变浑浊，且溶液的浊度与样品中 SO_3^{2-} 与 SO_4^{2-} 的总含量成正比。

三、实验仪器和试剂

仪器　台秤，烧杯，布氏漏斗，吸滤瓶，量筒，蒸发皿，容量瓶，比色管。

试剂　$Na_2SO_3(s)$，铁粉，乙醇，碘水溶液（$0.05mol \cdot L^{-1}$），$HCl(0.1mol \cdot L^{-1})$，硫粉，$BaCl_2$（25%），SO_4^{2-} 标准溶液（$100g \cdot L^{-1}$，由 Na_2SO_4 配制）。

四、实验内容

1. 硫代硫酸钠的制备

称取 2g 硫粉，研磨后置于 100mL 烧杯中，加 1mL 乙醇使其润湿，再加入 6g Na_2SO_3 固体和 30mL 水。加热此混合物并不断搅拌，待溶液沸腾后改用小火加热，并继续保持微沸状态不少于 40min，直至硫粉溶解（反应过程中注意适当补加水，保持溶液体积不少于 20mL），趁热过滤。

将滤液转移至蒸发皿中，小火加热蒸发至有晶体析出为止，冷却至室温，减压过滤，用少量乙醇洗涤晶体，抽干，用滤纸将水吸干，称量，计算产率。

2. 硫酸盐和亚硫酸盐的半定量分析

将 1g 产品溶于 25mL 水中，先加入 30mL $0.05mol \cdot L^{-1}$ 碘水溶液，然后滴加碘水至溶液呈浅黄色。将其转移至 100mL 容量瓶中，用水稀释至标线并摇匀。从中吸取 10.00mL 至

25mL 比色管中，再加入 1mL 0.1mol·L^{-1} HCl 溶液及 3mL 25％的 BaCl$_2$ 溶液，加水稀释至 25mL，摇匀，放置 10min。加入 1 滴 0.1mol·L^{-1} 的 Na$_2$S$_2$O$_3$ 溶液，摇匀，立即与 SO$_4^{2-}$ 标准溶液进行比浊。根据浊度确定产品等级。

用吸量管吸取 100g·L^{-1} 的 SO$_4^{2-}$ 标准溶液 0.20mL、0.50mL、1.00mL，分别置于 3 支 25mL 比色管中，再分别加入 1mL 0.1mol·L^{-1} HCl 及 3mL 25％BaCl$_2$ 溶液，加水稀释至 25mL，摇匀。这 3 支比色管中 SO$_4^{2-}$ 的含量分别相当于一级（优级纯）、二级（分析纯）和三级（化学纯）试剂 Na$_2$S$_2$O$_3$·5H$_2$O 中的 SO$_4^{2-}$ 含量允许值。

五、思考题

1. 要提高硫代硫酸钠产品的纯度，实验中需要注意哪些问题？
2. 一、二、三级试剂中，杂质 SO$_3^{2-}$ 与 SO$_4^{2-}$ 的质量分数各是多少？

实验七　硫酸亚铁铵的制备

一、实验目的

1. 了解复盐的一般特征和硫酸亚铁铵的制备方法。
2. 练习在水浴上加热，巩固常压过滤、减压过滤、蒸发、结晶等基本操作。
3. 了解目视比色法检验产品质量的方法。

二、实验原理

无机合成技术是实践性化学学科的一项重要内容，可以利用水溶液中的离子反应来制备无机化合物。通过无机化合物的制备和提纯，训练过滤、蒸发、结晶等基本操作。

分子间化合物是由简单化合物按照一定化学计量比结合而成的，制备分子间化合物的操作比较简单。先是由简单化合物在水溶液中相互作用，经过蒸发浓缩、冷却、结晶，最后过滤、洗涤、烘干便可得到产品。如摩尔盐——硫酸亚铁铵的制备。

硫酸亚铁铵的化学式为（NH$_4$）$_2$SO$_4$·FeSO$_4$·6H$_2$O。它是由（NH$_4$）$_2$SO$_4$ 和 FeSO$_4$ 按 1∶1 结合而成的复盐，其溶解度较小，是浅绿色单斜晶体。它在空气中比一般亚铁盐稳定，不易被氧化，溶于水但难溶于乙醇，是常用的含亚铁离子的试剂。

由硫酸铵、硫酸亚铁和硫酸亚铁铵在水中的溶解度数据（见表 3-1）可知，在 0～60℃ 的温度范围内，硫酸亚铁铵在水中的溶解度比组成它的每一组分的溶解度都小。因此，由铁屑与稀硫酸作用得到 FeSO$_4$ 后，根据 FeSO$_4$ 的量加入一定量的（NH$_4$）$_2$SO$_4$，二者相互作用后，经过蒸发浓缩、结晶、冷却、过滤，很容易从浓的硫酸亚铁和硫酸铵混合溶液中制得结晶的摩尔盐。

铁屑与稀硫酸作用，制得硫酸亚铁溶液：
$$Fe + H_2SO_4 === FeSO_4 + H_2(g)$$
硫酸亚铁溶液与硫酸铵溶液作用，生成溶解度较小的硫酸亚铁铵复盐晶体：
$$FeSO_4 + (NH_4)_2SO_4 + 6H_2O === (NH_4)_2SO_4 · FeSO_4 · 6H_2O$$

目视比色法是确定杂质含量的一种常用方法，在确定杂质含量后便能定出产品的级别。将产品配成溶液，与各标准溶液进行比色，如果产品溶液的颜色比某一标准溶液的颜色浅，就确定杂质含量低于该标准溶液中的含量，即低于某一规定的限度，所以这种方法又称为限量分析。本实验仅做摩尔盐中 Fe^{3+} 的限量分析。

三、实验仪器和试剂

仪器　锥形瓶（250mL），烧杯（250mL、400mL），量筒（10mL、50mL），台秤，漏

斗，漏斗架，布氏漏斗，吸滤瓶，抽气管（或真空泵），蒸发皿，表面皿，比色管，比色管架，水浴锅。

试剂　HCl（2.0mol·L^{-1}），H$_2$SO$_4$（3.0mol·L^{-1}），NaOH（1.0mol·L^{-1}），Na$_2$CO$_3$（1.0mol·L^{-1}），KSCN（1.0mol·L^{-1}），K$_3$[Fe(CN)$_6$]（0.1mol·L^{-1}），（NH$_4$）$_2$SO$_4$（s），铁屑。

其他　乙醇（95%），Fe^{3+} 的标准溶液（见注1），pH 试纸，滤纸。

四、实验内容

1. 硫酸亚铁铵的制备

（1）铁屑油污的除去　由机械加工得到的铁屑油污较多，可用碱煮的方法除去。为此称取 2g 铁屑，放入 250mL 锥形瓶，加入 20mL 1.0mol·L^{-1} Na$_2$CO$_3$ 溶液，小火加热约 10min，以除去铁屑表面的油污，用倾析法除去碱液，最后用水将铁屑洗净（如果用纯净的铁屑，可省去这步）。

（2）硫酸亚铁的制备　在盛有洗净铁屑的锥形瓶中，加入 15mL 3.0mol·L^{-1} H$_2$SO$_4$ 溶液，放在水浴上加热，使铁屑与稀硫酸发生反应（最好在通风条件下进行）。在反应过程中要取出锥形瓶振荡和适当地添加去离子水，以补充蒸发掉的水分，直至反应基本完全为止（如何判断？约需 30min）。再加入 1mL 3.0mol·L^{-1} H$_2$SO$_4$ 溶液，继续反应 5min 左右（目的是什么？）。用普通漏斗趁热过滤，滤液盛于蒸发皿中。将锥形瓶和滤纸上的残渣洗净，收集在一起，用滤纸吸干后称其质量（如残渣量极少可不收集）。算出已作用的铁屑的质量。

（3）硫酸亚铁铵的制备　根据已作用的铁屑的质量和反应式中的物质的计量关系，参见表 3-1，计算出所需（NH$_4$）$_2$SO$_4$（s）的质量和常温下配制硫酸铵饱和溶液所需水的体积，自行在烧杯中配制硫酸铵饱和溶液。

将（NH$_4$）$_2$SO$_4$ 饱和溶液倒入盛 FeSO$_4$ 溶液的蒸发皿中，混匀后，用 pH 试纸检验溶液 pH 是否为 1～2，若酸度不够，用 H$_2$SO$_4$ 溶液调节。

在酒精灯上蒸发混合溶液，浓缩至表面出现晶体膜为止（注意蒸发过程中不宜搅动）。静置，让溶液自然冷却，冷至室温时，析出硫酸亚铁铵晶体。减压抽滤至干，再用 5mL 乙醇溶液淋洗晶体，以除去晶体表面上附着的水分。继续抽干，取出晶体，在表面皿上晾干。称其质量并计算产率。

2. 产品检验

（1）NH$_4^+$、Fe^{2+}、SO$_4^{2-}$ 的检验　自行设计实验，检验产品中是否含有 NH$_4^+$、Fe^{2+}、SO$_4^{2-}$。

（2）Fe^{3+} 的限量分析（选做实验）　用烧杯将去离子水煮沸 2min，以除去溶解的氧，盖好，冷却后备用。称取 1.00g 产品，置于比色管中，加 10.0mL 备用的去离子水，以溶解之，再加入 2.0mL 2.0mol·L^{-1} HCl 溶液和 0.5mL 1.0mol·L^{-1} KSCN 溶液，最后以备用的去离子水稀释到 25.00mL，摇匀。与标准溶液进行目测比色，以确定产品等级。

五、数据记录和处理

已作用的铁的质量/g	（NH$_4$）$_2$SO$_4$ 饱和溶液		FeSO$_4$·（NH$_4$）$_2$SO$_4$·6H$_2$O			
	（NH$_4$）$_2$SO$_4$ 质量/g	水的体积/mL	理论产量/g	实际产量/g	产率/%	级别

六、思考题

1. 为什么硫酸亚铁溶液和硫酸亚铁铵溶液都要保持较强的酸性？

2. 进行目视比色时，为什么用含氧较少的去离子水来配制硫酸亚铁铵溶液？

3. 制备硫酸亚铁铵时，为什么采用水浴加热法？

4. 如何计算 $(NH_4)_2SO_4 \cdot FeSO_4 \cdot 6H_2O$ 的理论产量和反应所需 $(NH_4)_2SO_4$ 的质量？

注1：Fe^{3+} 标准溶液的配制（实验室配制）。先配制 $0.01mg \cdot mL^{-1}$ Fe^{3+} 标准溶液，用吸量管吸取 Fe^{3+} 的标准溶液 $5.00mL$、$10.00mL$、$20.00mL$，分别放入 3 支比色管中，然后各加入 $2.00mL$ $2.0mol \cdot L^{-1}$ HCl 溶液和 $0.5mL$ $1.0mol \cdot L^{-1}$ KSCN 溶液。用备用的含氧较少的去离子水将溶液稀释到 $25.00mL$，摇匀，得到符合三个级别的标准溶液：25mL 溶液中含 Fe^{3+} $0.05mg$、$0.10mg$ 和 $0.20mg$，分别为Ⅰ级、Ⅱ级和Ⅲ级试剂中 Fe^{3+} 的最高允许含量。

若 $1.00g$ 摩尔盐试样溶液的颜色，与Ⅰ级试剂的标准溶液的颜色相同或略浅，便可确定为Ⅰ级产品，其中 Fe^{3+} 的质量分数 $w_{Fe^{3+}} = \dfrac{0.05mg}{1.00g \times 1000} \times 100\% = 0.05\%$，Ⅱ级和Ⅲ级产品依此类推。

注2：几种盐的溶解度数据见表3-1。

表 3-1　几种盐的溶解度数据　　　　单位：g·100g⁻¹

盐的种类	10℃	20℃	30℃	40℃
$(NH_4)_2SO_4(132.1)$①	73.0	75.4	78.0	81.0
$FeSO_4 \cdot 7H_2O(277.9)$	37	48.0	60	73.3
$FeSO_4 \cdot (NH_4)_2SO_4 \cdot 6H_2O(392.1)$		36.5	45.0	53

① 括号中所示内容为盐的分子量。

实验八　弱电解质的解离平衡

一、实验目的

1. 了解弱电解质解离的特点和影响平衡移动的因素。

2. 掌握缓冲溶液的配制及缓冲作用。

3. 巩固 pH 概念，掌握酸碱指示剂、pH 试纸的使用方法。

4. 学习使用 pH 计（酸度计）测定溶液 pH 的方法。

二、实验原理

弱电解质在水中存在解离平衡，如醋酸 HAc 为弱电解质，其水溶液存在下列平衡：

$$HAc \Longrightarrow H^+ + Ac^-$$

起始浓度/$(mol \cdot L^{-1})$　　　　c　　　0　　　0

平衡浓度/$(mol \cdot L^{-1})$　　$c-c\alpha$　　$c\alpha$　　$c\alpha$

α 为解离度，则 HAc 的解离平衡常数 $K_a^{\ominus}$ 为：

$$K_a^{\ominus} = \frac{[H^+][Ac^-]}{[HAc]} = \frac{[H^+]^2}{(c-[H^+])}([H^+] \approx [Ac^-])$$

若已知弱电解质的初始浓度并测量出解离平衡时氢离子浓度，可计算出弱电解质的解离平衡常数。

弱电解质溶液中加入含有相同离子的另一强电解质时，弱电解质的解离程度降低的效应称为同离子效应。

盐类水解可改变溶液的 pH，因为水解时可释放出 H^+ 和 OH^-，生成弱电解质。如 $BiCl_3$ 固体溶于水时就能产生 BiOCl 白色沉淀，同时溶液酸性增强。

$$BiCl_3 + H_2O \rightleftharpoons 2HCl + BiOCl(s)$$

两种水解酸、碱性相反的盐混合时，将加剧其水解，如将 $Al_2(SO_4)_3$ 溶液与 $NaHCO_3$ 溶液混合时会发生这种现象。反应的离子方程式为：

$$Al^{3+} + 3HCO_3^- \Longrightarrow Al(OH)_3 + 3CO_2(g)$$

缓冲溶液指的是浓度较大且浓度相近的弱酸（碱）及其盐的混合溶液，当将其稀释或向其中加入少量的酸或碱时，溶液的 pH 基本不变或改变很少。缓冲溶液的 pH（以 HAc 和 NaAc 为例）可用下式计算：

$$pH = pK_a^\ominus - \lg \frac{c(酸)}{c(盐)} = pK_a^\ominus - \lg \frac{c(HAc)}{c(Ac^-)}$$

c（酸）、c（盐）、c（HAc）、c（Ac^-）均指平衡时的物质的浓度。

三、实验仪器和试剂

仪器　pH 计，小烧杯（50mL），烧杯（500mL），量筒（100mL），精密 pH 试纸（3.8～5.4），广范 pH 试纸（1～14）。

试剂　NaOH（0.1mol·L^{-1}），HCl（0.1mol·L^{-1}、2.0mol·L^{-1}），HAc（0.1mol·L^{-1}、1mol·L^{-1}），$NH_3·H_2O$（0.1mol·L^{-1}），NaAc（0.1mol·L^{-1}、1mol·L^{-1}），NH_4Cl（0.1mol·L^{-1}），NH_4Ac（0.1mol·L^{-1}），NaCl（0.1mol·L^{-1}），$BiCl_3$（0.1mol·L^{-1}），$Fe(NO_3)_3$（0.1mol·L^{-1}），$Al_2(SO_4)_3$（0.1mol·L^{-1}），$NaHCO_3$（0.5mol·L^{-1}），酚酞溶液，$NH_4Ac(s)$，$NH_4Cl(s)$。

四、实验内容

1. 酸碱溶液的 pH

用广范 pH 试纸测定 0.1mol·L^{-1} HCl、0.1mol·L^{-1} HAc、蒸馏水、0.1mol·L^{-1} NaOH、0.1mol·L^{-1} $NH_3·H_2O$ 的 pH 并与计算值相比较，说明原因（注意 pH 试纸的使用方法）。

溶液	0.1mol·L^{-1} HCl	0.1mol·L^{-1} HAc	蒸馏水	0.1mol·L^{-1} NaOH	0.1mol·L^{-1} $NH_3·H_2O$
pH 测定值					
pH 计算值					

2. 同离子效应

① 在试管中加入 5 滴 0.1mol·L^{-1} HAc 溶液和 1 滴甲基橙指示剂，摇匀，溶液呈现什么颜色？再加入少许 $NH_4Ac(s)$，振摇使其溶解，溶液的颜色有何变化？说明其原因。

② 在试管中加入 5 滴 0.1mol·L^{-1} $NH_3·H_2O$ 溶液和 1 滴酚酞溶液，摇匀，溶液呈现什么颜色？如何实现 $NH_3·H_2O$ 解离平衡移动？加入少许 $NH_4Cl(s)$ 效果如何？解释原因。

3. 盐类的水解及其影响因素

（1）盐溶液的 pH（注意 pH 试纸的使用方法）

溶液	pH 计算值	pH 测定值	解释（写出水解方程式）
0.1mol·L^{-1} NaAc			
0.1mol·L^{-1} NH_4Cl			

续表

溶液	pH 计算值	pH 测定值	解释(写出水解方程式)
$0.1mol \cdot L^{-1} NH_4Ac$			
$0.1mol \cdot L^{-1} NaCl$			
$0.1mol \cdot L^{-1} Al_2(SO_4)_3$			

（2）温度对水解平衡的影响

① 在试管中加入 1mL $1mol \cdot L^{-1}$ NaAc 溶液和 1 滴酚酞溶液，摇匀，溶液呈现什么颜色？再将溶液加热至沸（注意试管口的朝向），溶液的颜色有何变化？说明原因。

② 在两支试管中分别加入 2mL 去离子水和 3 滴 $0.1mol \cdot L^{-1}$ $Fe(NO_3)_3$ 溶液，摇匀。将一支试管用小火加热，观察溶液颜色变化，说明原因。

（3）溶液酸度对水解平衡的影响　在试管中加入几滴 $0.1mol \cdot L^{-1}$ $BiCl_3$ 溶液，加入 2mL 去离子水，溶液呈现什么现象？接着加入 $2.0mol \cdot L^{-1}$ HCl 溶液，又有何变化？说明原因。再用水稀释又有何变化？解释有关现象。在配制 $BiCl_3$ 溶液时应该注意什么问题？还能找出类似的盐类吗？

（4）能水解的盐类间的相互作用　在试管中加入 1mL $0.1mol \cdot L^{-1}$ $Al_2(SO_4)_3$ 溶液，然后加入 1mL $0.5mol \cdot L^{-1}$ $NaHCO_3$ 溶液，有何现象？用水解平衡观点解释，写出反应方程式并说明该反应的实际应用。

4. 缓冲溶液的配制和性质

① 配制 pH 为 5.00 的缓冲溶液 30mL（事先计算 $1mol \cdot L^{-1}$ NaAc 和 $1mol \cdot L^{-1}$ HAc 溶液的体积，用量筒量取置于洁净的烧杯中混匀）。分别用广范 pH 试纸、精密 pH 试纸、pH 计测定其值 pH。

② 在两支盛有约 5mL 上述缓冲溶液的试管中分别加入几滴 $0.1mol \cdot L^{-1}$ HCl 溶液和 $0.1mol \cdot L^{-1}$ NaOH 溶液，用精密 pH 试纸测定其 pH；并与两支盛蒸馏水的试管中进行同样实验的结果进行比较（实验室提供的蒸馏水 pH 是 7 吗？）。

③ 取配制好的上述缓冲溶液约 1mL 注入试管中，用去离子水稀释 1～2 倍后，测定其 pH，观察有无变化。

将以上实验的测定值列表进行比较，并对缓冲溶液的性质作出结论。

5. 趣味实验（自制指示剂，选做）

由于许多植物的花、果、茎、叶都含有色素，这些色素在酸性溶液或碱性溶液中显示不同的颜色，可以用作酸碱指示剂。

首先，制备花瓣色素的酒精溶液：取一些花瓣（或植物叶子等），在研钵中捣烂，加入 5mL 酒精溶液，搅拌；用四层纱布过滤（由于条件限制可用滤纸），所得滤液装入试管中待用。在点滴板的孔穴中分别滴入一些稀盐酸、稀 NaOH 溶液、蒸馏水，再各自滴 3 滴花瓣色素的酒精溶液，观察现象。

五、思考题

1. 同离子效应对弱电解质的电离度有什么影响？

2. 如何配制 Sn^{2+}、Sb^{3+}、Fe^{3+} 等盐的水溶液？

3. 为什么 $NaHCO_3$ 水溶液呈碱性，而 $NaHSO_4$ 水溶液呈酸性？

4. 哪些类型的盐会产生水解？怎样使水解平衡移动？怎样防止盐类水解？盐类水解后溶液的 pH 怎样计算？请举例说明。

实验九 配位化合物的形成和性质

一、实验目的

1. 了解几种不同类型的配合物的生成及其性质。

2. 比较配合物与简单化合物、复盐的区别。

3. 掌握影响配位平衡移动的因素。

4. 掌握离心机和离心试管的使用方法，以及分离混合离子的方法。

二、实验原理

由中心离子（正离子或中性原子）和一定数目的配位体（中性分子或阴离子）以配位键结合（配位体按一定几何位置排布在中心离子周围）而形成的复杂离子称为配离子。配离子在晶体和溶液中都能稳定存在，它和弱电解质一样，在溶液中会有一定的解离，形成解离与配位的平衡状态，如 $[Cu(NH_3)_4]^{2+}$ 在溶液中存在下列平衡：

$$[Cu(NH_3)_4]^{2+} \rightleftharpoons Cu^{2+} + 4NH_3$$

$$\frac{c_{Cu^{2+}} \times c_{NH_3}^4}{c_{[Cu(NH_3)_4]^{2+}}} = K_{不稳} \qquad \frac{c_{[Cu(NH_3)_4]^{2+}}}{c_{Cu^{2+}} \times c_{NH_3}^4} = K_{稳}$$

平衡常数 $K_{不稳}$ 与 $K_{稳}$ 互为倒数，$K_{不稳}$ 愈大（$K_{稳}$ 愈小），表示该配离子的稳定程度愈小，配离子易解离，反之亦然。

配离子的解离是一种化学平衡，当改变某物质的浓度时，平衡会发生移动。解离平衡移动的方向：向着生成 $K_{稳}$ 更大（更难离解）的配离子方向移动。

配合物形成时其性质会发生变化，如酸碱度等。例如：

$$H_3BO_3 + 2\underset{\substack{| \\ CH_2-OH}}{\overset{\substack{CH_2-OH \\ |}}{CH-OH}} \Longrightarrow \left[\begin{array}{c} CH_2-O \quad O-CH_2 \\ HC-O \quad\overset{B}{}\quad O-CH \\ CH_2-OH \ HO-CH_2 \end{array}\right]^- + 3H_2O + H^+$$

$$2HgCl_2 + SnCl_2 \Longrightarrow Hg_2Cl_2 + SnCl_4$$

$$Hg_2Cl_2 + SnCl_2 + 2Cl^- \Longrightarrow 2Hg(s) + [SnCl_6]^{2-}$$

螯合物是中心离子与多基配体键合而成的具有环状结构的配合物。很多金属螯合物具有特征颜色，且难溶于水而易溶于有机溶剂。有些特征反应常用来作为金属离子的鉴定反应。配位反应常用来分离和鉴定某些离子。

三、实验仪器和试剂

仪器 离心机，离心试管，小烧杯，pH 试纸，试管，试管架。

试剂 H_2SO_4（2.0mol·L^{-1}），H_3BO_3（0.1mol·L^{-1}），$NH_3 \cdot H_2O$（6.0mol·L^{-1}、2.0mol·L^{-1}），NaOH（0.1mol·L^{-1}，2.0mol·L^{-1}），Na_2S（0.1mol·L^{-1}），$(NH_4)_2C_2O_4$（饱和），$FeCl_3$（0.1mol·L^{-1}），KSCN（0.1mol·L^{-1}），NaCl（0.1mol·L^{-1}），KBr（0.1mol·L^{-1}），KI（0.1mol·L^{-1}，2.0mol·L^{-1}），$AgNO_3$（0.1mol·L^{-1}），$Na_2S_2O_3$（饱和，0.1mol·L^{-1}），NH_4F（2.0mol·L^{-1}），$CuSO_4$（0.1mol·L^{-1}），$BaCl_2$（0.1mol·L^{-1}），$K_4[Fe(CN)_6]$（0.1mol·L^{-1}），$HgCl_2$（0.1mol·L^{-1}）、$SnCl_2$（0.1mol·L^{-1}），$FeSO_4$（0.1mol·L^{-1}），铁氰化钾（0.1mol·L^{-1}），硫酸亚铁铵（0.1mol·L^{-1}）。

其他 甘油，CCl_4，0.25%邻菲罗啉。

四、实验内容

1. 配合物的生成

（1）含阳离子的配合物 往试管中加入 10 滴 0.1mol·L^{-1} $CuSO_4$ 溶液，逐滴加入 2.0mol·L^{-1} NH_3·H_2O 溶液，至产生沉淀后继续滴加氨水，直至变为深蓝色溶液为止（保留此溶液供下面的实验用）。写出离子反应方程式。

（2）含阴离子的配合物 往试管中加入 3 滴 0.1mol·L^{-1} $HgCl_2$ 溶液，逐滴加入 0.1mol·L^{-1} KI 溶液。注意，最初有沉淀生成，后来变为配合物而溶解（保留此溶液供下面实验用），写出离子反应方程式。

2. 配位化合物与简单化合物、复盐的区别

① 把实验内容 1（1）中所得溶液分成两份，往第一支试管中滴 2 滴 0.1mol·L^{-1} NaOH 溶液，第二支试管中滴入 3 滴 0.1mol·L^{-1} $BaCl_2$ 溶液，观察现象，写出离子反应方程式。

另取两支试管各加 5 滴 0.1mol·L^{-1} $CuSO_4$ 溶液，在一支试管中滴 2 滴 0.1mol·L^{-1} NaOH 溶液，另一支试管中滴入 3 滴 0.1mol·L^{-1} $BaCl_2$ 溶液，比较两次实验的结果，并简单解释。

② 向实验内容 1（2）中所得的溶液中滴入 0.1mol·L^{-1} NaOH 溶液，观察现象，写出离子反应方程式。

另取一支试管，加 2 滴 0.1mol·L^{-1} $HgCl_2$ 溶液，再滴入 2 滴 0.1mol·L^{-1} NaOH 溶液，比较两次实验的结果，并简单解释。

③ 自行设计实验，证明铁氰化钾是配合物、硫酸亚铁铵是复盐，写出实验步骤并进行实验。

3. 配位平衡的移动

（1）配合物的取代反应 取 1mL 0.1mol·L^{-1} $FeCl_3$ 溶液，滴加 2 滴 0.1mol·L^{-1} KSCN 溶液，溶液呈何颜色？然后滴加 2.0mol·L^{-1} NH_4F 溶液至溶液变为无色，再滴加饱和（NH_4)$_2$$C_2O_4$ 溶液，至溶液变为黄绿色，写出离子反应方程式，并解释。

（2）配位平衡与沉淀溶解平衡 在一支离心试管中加入 3 滴 0.1mol·L^{-1} $AgNO_3$ 溶液，然后按下列次序进行实验，并写出每一步骤的反应方程式（操作中注意：凡是生成沉淀的步骤，沉淀量要少，即到刚生成沉淀为宜。凡是使沉淀溶解的步骤，加入溶液量越少越好，即使沉淀刚溶解为宜。因此，溶液必须逐滴加入，且边滴边摇，若试管中溶液量太多，可在生成沉淀后，先离心分离，弃去清液，再继续进行实验）。

① 滴加 1 滴 0.1mol·L^{-1} NaCl 溶液至刚生成沉淀。

② 加入 6.0mol·L^{-1} NH_3·H_2O 至沉淀刚溶解。

③ 加入 1 滴 0.1mol·L^{-1} KBr 溶液至刚生成沉淀。

④ 加入 0.1mol·L^{-1} $Na_2S_2O_3$ 溶液，边滴边剧烈振荡至沉淀刚溶解。

⑤ 加入 1 滴 0.1mol·L^{-1} KI 溶液至刚生成沉淀。

⑥ 加入饱和 $Na_2S_2O_3$ 溶液至沉淀刚溶解。

⑦ 加入 0.1mol·L^{-1} Na_2S 溶液至刚生成沉淀。

根据以上实验，分析生成的物质，并比较几种配合物的稳定性和几种沉淀溶度积的大小。从几种沉淀的溶度积和几种配离子的稳定常数大小加以解释。

（3）配位平衡与氧化还原反应的关系

① 在 $0.1\,mol\cdot L^{-1}$ $HgCl_2$ 溶液中，滴加 2 滴 $0.1\,mol\cdot L^{-1}$ $SnCl_2$（新配）溶液，有何现象？再多加几滴 $0.1\,mol\cdot L^{-1}$ $SnCl_2$ 溶液，稍等一会儿，又有何现象？写出反应方程式。

② 在 $0.1\,mol\cdot L^{-1}$ $HgCl_2$ 溶液中，滴加 $2.0\,mol\cdot L^{-1}$ KI 溶液到生成的沉淀又溶解，再过量几滴，然后滴加 $0.1\,mol\cdot L^{-1}$ $SnCl_2$ 溶液，和实验①比较，有何不同？

（4）配位平衡和酸碱反应　取半条（长约 1.5cm）pH 试纸，在它的一端蘸上半滴甘油（或甘露醇），记下被甘油润湿处的 pH，待甘油不再扩散时，在距离甘油扩散边缘 0.5～1.0cm 试纸处，蘸上半滴 $0.1\,mol\cdot L^{-1}$ H_3BO_3 溶液，等 H_3BO_3 溶液扩散到甘油区形成重叠时，记下重叠与未重叠处的 pH，说明 pH 变化的原因，写出反应方程式。

4. 螯合物的形成

Fe^{2+} 与邻菲罗啉在微酸性溶液中反应，生成橘红色的配离子。

在白瓷点滴板上滴 1 滴 $0.1\,mol\cdot L^{-1}$ $FeSO_4$ 溶液和 3 滴 0.25% 邻菲罗啉溶液，观察现象。此反应可作为 Fe^{2+} 的鉴定反应。

5. 利用配位反应分离混合离子

某溶液中可能含有 Fe^{3+}、Ag^+ 和 Cu^{2+}，试分离并鉴定之，画出分离过程示意图，写出有关反应方程式。

五、注意事项

$HgCl_2$ 毒性很大，使用时要注意安全。切勿使其入口或与伤口接触，用完试剂后必须洗手，剩余的废液不能随便倒入下水道。

六、思考题

1. 配合物与复盐的主要区别是什么？

2. 为什么硫化钠溶液不能使亚铁氰化钾溶液产生硫化亚铁沉淀，而饱和的硫化氢溶液能使铜氨配合物的溶液产生硫化铜沉淀？

3. 本实验涉及几种溶液中的解离平衡？它们有何共性？有哪些因素影响配位平衡？

实验十　钴氨配合物的制备及分裂能的测定

一、实验目的

1. 掌握二氯化一氯五氨合钴（Ⅲ）的制备方法，了解合成氨配合物的一般方法。

2. 学习分光光度计的使用。

3. 了解吸收光谱的绘制，掌握分裂能的测定方法。

二、实验原理

1. 配合物的合成

水溶液中不含配合剂时，将二价钴盐氧化成三价是不容易的，这是因为

$$[Co(H_2O)_6]^{3+} + e^- \rightleftharpoons [Co(H_2O)_6]^{2+} \qquad \varphi^{\ominus} = 1.84V$$

如果有配合剂，形成配合物时，三价钴的稳定性就大大增加，这是因为

$$[Co(NH_3)_6]^{3+} + e^- \rightleftharpoons [Co(NH_3)_6]^{2+} \qquad \varphi^{\ominus} = 0.1V$$

因此，三价钴的配合物常用氧化二价钴的配合物来制备。例如，在含有氨、铵盐和活性炭（作表面活性氧化剂）的 CoX_2（X＝Cl、Br 或 NO_3^-）溶液中加入 H_2O_2 或通入氧气就可得到六氨合钴（Ⅲ）配合物。没有活性炭时，常常发生取代反应，得到取代的氨合钴配合物。

本实验要求以 $CoCl_2$ 和 H_2O_2 为主要原料，制取 $[Co(NH_3)_5Cl]Cl_2$ 和 $[Co(NH_3)_5(H_2O)]Cl_3$ 并测定其组成和配离子的分离能 Δ_o。

$[Co(NH_3)_6]Cl_3$ 的制备：因为钴的简单化合物中通常以 Co(Ⅱ) 存在，故制备 Co(Ⅲ) 的配合物一般从 Co(Ⅱ) 盐开始，用空气或其他氧化剂将其氧化成 Co(Ⅲ)。

如果在含有二氯化钴、氨和氯化铵的水溶液中通入空气，则需 12h 才能将钴完全氧化，而且还含有难以分离的钴氨配合物，如 $[Co(NH_3)_5Cl]Cl_2$ 等。若用过氧化氢作氧化剂，活性炭为催化剂，反应只需 30min 就可完成，而且产量高。在制备过程中，先将固体二氯化钴和氯化铵制成混合溶液，然后加入氨水和 H_2O_2，冷却后即结晶出 $[Co(NH_3)_6]Cl_3$。将其分离、洗涤、干燥，制得橘红色的 $[Co(NH_3)_6]Cl_3$ 晶体。

合成反应的化学反应式：

$$2CoCl_2 + 8NH_3 \cdot H_2O + 2NH_4Cl + H_2O_2 = 2[Co(NH_3)_5(H_2O)]Cl_3 + 8H_2O$$

$$[Co(NH_3)_5(H_2O)]Cl_3 = [Co(NH_3)_5Cl]Cl_2 + H_2O$$

$[Co(NH_3)_5Cl]Cl_2$ 为紫红色晶体，$[Co(NH_3)_5(H_2O)]Cl_3$ 为砖红色晶体，而 $[Co(NH_3)_6]Cl_3$ 为橘红色晶体。

2. 分裂能 Δ_o 的测定

Co^{3+} 的电子层结构为 $[Ar]3d^6$，作为六配位八面体配合物的中心离子时，其中 6 个 3d 电子处于能量较低的 t_{2g} 轨道，当它们吸收一定波长的可见光时，就会在分裂后的 d 轨道之间跃迁，即由 t_{2g} 轨道跃迁至 e_g 轨道，称为 d-d 跃迁。3d 电子所吸收的能量等于 e_g 轨道和 t_{2g} 轨道之间的能量差（$E_{e_g} - E_{t_{2g}}$），即等于配离子分裂能 Δ_o 的大小：

$$E_{e_g} - E_{t_{2g}} = \Delta E = h\nu = h\frac{c}{\lambda} = hc\bar{\nu} = \Delta_o$$

式中，h 为普朗克常数；c 为光速。可见，分裂能 Δ_o 的大小取决于波数 $\bar{\nu}$。因此习惯上就直接用 $\bar{\nu} = \frac{1}{\lambda}$（单位 nm^{-1} 或 cm^{-1}）表示分裂能的大小。

选取一定浓度的配合物溶液，用分光光度计测出在不同波长 λ 下的吸光度 A，以 A 为纵坐标，λ 为横坐标，画出吸收曲线，由此曲线最高峰所对应的 λ 值，求得配离子的最大吸收波长 λ_{max}，即可求出 $\Delta_o \propto \frac{1}{\lambda_{max}}$。

三、实验仪器和试剂

仪器 磁力搅拌器，电子天平（或光电天平），托盘天平，触点温度计，250mL 烧杯，25mL 烧杯（5 只），减压抽滤装置，721 分光光度计，烘箱，量筒（100mL、10mL）。

试剂 $NH_4Cl(s)$，$CoCl_2 \cdot 6H_2O$（$0.84mol \cdot L^{-1}$），浓氨水（$14.7mol \cdot L^{-1}$），H_2O_2（30%），浓 HCl（$12mol \cdot L^{-1}$），乙醇（95%），丙酮。

四、实验内容

1. $[Co(NH_3)_5(H_2O)]Cl_3$ 的制备

取 250mL 烧杯，加入 15mL $0.84mol \cdot L^{-1}$ $CoCl_2$ 溶液，置于磁力搅拌器上面，插上触点温度计，同时打开加热和搅拌开关，加入 0.6g NH_4Cl 固体和 33mL 浓 $NH_3 \cdot H_2O$ 搅拌。待固体溶解后，在通风情况下不断搅拌，缓慢逐滴加入 15mL 30% H_2O_2，反应剧烈放热，同时产生气泡。在磁力搅拌器上加热至 70℃，直至不再有气泡析出（大约 20min），停止加热，把烧杯移开，冷却至室温。将其再放到磁力搅拌器上，只打开搅拌开关，把加热旋钮拧到最小，在通风的情况下向其中缓慢加入 60mL 浓 HCl（注意要慢加，否则不出结晶），将溶液自然冷却至室温，再在冷却水中冷却约 10min，然后进行减压抽滤，得到砖红色固体产物，最后用 95％乙醇 15mL 分数次洗涤沉淀。取出固体产品，自然风干后在台秤上称出其质量，并计算产率。

2. $[Co(NH_3)_5Cl]Cl_2$ 的制备

将上述制得的 $[Co(NH_3)_5(H_2O)]Cl_3$ 晶体大部分放在白色瓷盘中，放入 120℃烘箱中烘烤 2h 取出，此时含水配合物全部转化为紫红色的 $[Co(NH_3)_5Cl]Cl_2$ 配合物（该步骤用时较长，为了节约时间，要求学生把剩余的产品回收至白色瓷盘中，由实验室统一处理、烘干）。

3. 测定分裂能

① 用托盘天平（台秤）分别称取自制的 $[Co(NH_3)_5(H_2O)]Cl_3$ 和实验室准备的 $[Co(NH_3)_5Cl]Cl_2$ 各 0.1g，分别放入 25mL 烧杯中，加入 20mL 去离子水配成溶液。

② 以去离子水为参比，用分光光度计在波长 380～480nm 范围内分别测定上述两种溶液的吸光度。测定时，每隔 5nm 测一次吸光度数据，记录全部数据。

③ 以吸光度 A 为纵坐标，以波长为横坐标，画出两种配合物的吸收曲线。

④ 分别在两条吸收曲线上找出曲线最高点所对应的最大波长，分别计算两种配合物的分裂能 Δ_o。

由实验得出结论：哪一种配体引起的分裂能大？为什么？

五、数据记录和处理

自行设计实验报告并进行数据处理。

六、思考题

1. 为了提高 $[Co(NH_3)_5(H_2O)]Cl_3$ 的产率，应注意哪些关键操作步骤？为什么？

2. 用分光光度计测吸光度时，每改变一次波长都要用空白液调一次透光率到 100％，为什么？

3. Δ_o 的单位通常是什么？

实验十一　沉　淀　反　应

一、实验目的

1. 了解沉淀的生成及溶解的条件。

2. 学习液体与固体分离（离心分离法及过滤法）等基本操作。

3. 利用沉淀反应分离混合离子。

4. 培养观察实验现象和分析、解决问题的能力。

二、实验原理

在一定温度下难溶电解质的饱和溶液中，未溶解的难溶电解质和溶液中相应的离子之间会建立多相离子平衡，也称沉淀溶解平衡。多相离子平衡也是水溶液中一类十分重要的平衡。它也遵循化学平衡的一般规律，每个多相离子平衡都具有一个特征的平衡常数，称为化合物的溶度积常数，以 K_{sp} 表示。例如：

$$PbI_2\ (s) \rightleftharpoons Pb^{2+} + 2I^-$$

其溶度积常数的表达式为：

$$K_{sp} = c_{Pb^{2+}} c^2_{I^-}$$

溶度积的大小与物质的溶解度有关。利用溶度积规则，可以进行沉淀与溶解的相互转化。还可以利用溶度积的差异，控制适当条件（如控制 pH 等），达到分离离子的目的等。

例如，在 Ag^+、Ba^{2+}、Mg^{2+} 的混合溶液中，可先加入 HCl 使 Ag^+ 生成 AgCl 沉淀从溶液中析出来。分离 AgCl 沉淀后，再在清液中加入稀 H_2SO_4，使 Ba^{2+} 生成 $BaSO_4$ 沉淀，从溶液中分离出来，而 Mg^{2+} 的仍留在溶液中。这样就达到了分离三种离子的目的。

若溶液中有数种离子都能与加入的同一种离子生成沉淀，可以通过溶度积原理来判别生成沉淀的顺序。

使一种难溶电解质转化为另一种难溶电解质，即把一种沉淀转化为另一种沉淀的过程称为沉淀的转化，一般来说，溶度积大的难溶电解质容易转化为溶度积小的难溶电解质。

三、实验仪器和试剂

仪器 离心机，小烧杯，试管，离心管。

试剂 HCl（$2.0mol \cdot L^{-1}$、$6.0mol \cdot L^{-1}$），NaOH（$0.2mol \cdot L^{-1}$），$Pb(NO_3)_2$（$0.1mol \cdot L^{-1}$），Na_2S（$0.1mol \cdot L^{-1}$），$BaCl_2$（$0.1mol \cdot L^{-1}$），$CaCl_2$（$0.1mol \cdot L^{-1}$），Na_2CO_3（饱和、$0.1mol \cdot L^{-1}$），$FeCl_3$（$0.1mol \cdot L^{-1}$），NaCl（$0.4mol \cdot L^{-1}$），KI（$0.1mol \cdot L^{-1}$、$0.0001mol \cdot L^{-1}$），$AgNO_3$（$0.1mol \cdot L^{-1}$），K_2CrO_4（$0.05mol \cdot L^{-1}$、$0.1mol \cdot L^{-1}$），$Fe(NO_3)_3$（$0.1mol \cdot L^{-1}$），$Al(NO_3)_3$（$0.1mol \cdot L^{-1}$），草酸铵溶液（饱和），硫代乙酰胺溶液。

其他 pH 试纸等。

四、实验内容

1. 沉淀的生成

① 在试管中加 2 滴 $0.1mol \cdot L^{-1}$ $Pb(NO_3)_2$ 溶液，然后加 2 滴 $0.1mol \cdot L^{-1}$ KI 溶液，观察有无沉淀生成。试以溶度积规则解释。

② 在试管中加 2 滴 $0.1mol \cdot L^{-1}$ $Pb(NO_3)_2$，然后加 2 滴 $0.0001mol \cdot L^{-1}$ KI 溶液，观察有无沉淀生产。试以溶度积规则解释。

③ 在离心管中加 5 滴 $0.1mol \cdot L^{-1}$ Na_2S 溶液和 5 滴 $0.1mol \cdot L^{-1}$ K_2CrO_4 溶液，加蒸馏水 5mL 稀释，再加 5 滴 $0.1mol \cdot L^{-1}$ $Pb(NO_3)_2$ 溶液，首先生成的沉淀是黑色还是黄色？离心分离，再在离心液中滴加 $0.1mol \cdot L^{-1}$ $Pb(NO_3)_2$ 溶液会出现什么颜色的沉淀？根据相关溶度积规则加以说明。

2. 沉淀的溶解

① 取 5 滴 $0.1mol \cdot L^{-1}$ $BaCl_2$ 溶液，加 3 滴饱和草酸铵溶液，此时有白色沉淀生成，离心分离，弃去清液，在沉淀上滴加 $6mol \cdot L^{-1}$ HCl 溶液，有何现象？写出反应式。

② 取 5 滴 $0.1mol \cdot L^{-1}$ $FeCl_3$ 溶液，加 5 滴 $0.2mol \cdot L^{-1}$ NaOH 溶液，生成 $Fe(OH)_3$ 沉淀。另取 5 滴 $0.1mol \cdot L^{-1}$ $CaCl_2$ 溶液，加 5 滴 $0.1mol \cdot L^{-1}$ Na_2CO_3 溶液，生成 $CaCO_3$ 沉淀。分别在沉淀上滴加 $6mol \cdot L^{-1}$ HCl，观察现象，写出反应式。

3. 沉淀的转化

① 取 5 滴 $0.1mol \cdot L^{-1}$ $Pb(NO_3)_2$ 溶液，加 3 滴 $0.4mol \cdot L^{-1}$ NaCl 溶液，有白色沉淀生成，再加 5 滴硫代乙酰胺溶液，缓慢加热，有何现象？写出反应式。

② 取 2 滴 $0.1mol \cdot L^{-1}$ $AgNO_3$ 和等量 $0.05mol \cdot L^{-1}$ K_2CrO_4 溶液置于一试管中，观察溶液和沉淀的颜色。再往其中加入 $0.4mol \cdot L^{-1}$ NaCl 溶液，边加边振荡，直至砖红色沉

淀消失，白色沉淀生成为止。试解释所观察到的现象，由此可得出什么结论？计算本转化反应的综合平衡常数。

4. 混合离子的分离

混合浓度均是 $0.1 \mathrm{mol} \cdot \mathrm{L}^{-1}$ $AgNO_3$、$Fe(NO_3)_3$、$Al(NO_3)_3$ 溶液，自行设计，利用沉淀反应使 Ag^+、Fe^{3+}、Al^{3+} 分离，实验并写出分离过程示意图。

五、思考题

计算 $CaSO_4$ 沉淀与 Na_2CO_3 溶液（饱和）反应的平衡常数。试用平衡移动原理解释 $CaSO_4$ 沉淀转化为 $CaCO_3$ 沉淀的原因。

实验十二　氧化还原反应与电化学

一、实验目的

1. 了解电对的氧化型或还原型物质的浓度、介质的酸度等因素对电极电势、氧化还原反应的方向、产物、速率的影响。

2. 加深对温度、反应物浓度与氧化还原反应的关系的理解。

3. 了解原电池的组成及其电动势的粗略测定。

二、实验原理

1. 电对的氧化型或还原型物质的浓度、介质的酸度等因素对电极电势的影响

对于电极反应：

$$氧化态(Ox) + ne^- \rightleftharpoons 还原态(Red)$$

根据能斯特公式，有：

$$\varphi = \varphi^\ominus + \frac{RT}{nF} \ln \frac{[氧化型]}{[还原型]} = \varphi^\ominus + \frac{0.05915\mathrm{V}}{n} \lg \frac{[氧化型]}{[还原型]}$$

其中，$R = 8.314 \mathrm{J} \cdot \mathrm{mol}^{-1} \cdot \mathrm{K}^{-1}$，$T = 298.15\mathrm{K}$，$F = 96485\mathrm{C} \cdot \mathrm{mol}^{-1}$。

电极电势的大小与 $\varphi^\ominus$（电极本性）、氧化态和还原态的浓度、溶液的温度以及介质酸度等有关。

对于电池反应：

$$a\mathrm{A} + b\mathrm{B} \rightleftharpoons c\mathrm{C} + d\mathrm{D}$$

对应的能斯特方程：

$$E_池 = E_池^\ominus - \frac{0.05915\mathrm{V}}{n} \lg \frac{[\mathrm{C}]^c[\mathrm{D}]^d}{[\mathrm{A}]^a[\mathrm{B}]^b}$$

电极电势愈大，表明电对中氧化态氧化能力愈强，而还原态还原能力愈弱，电极电势大的氧化态能氧化电极电势比它小的还原态。$\varphi_+ > \varphi_-$ 是氧化还原反应自发进行的判据。

在实际应用中，若 $\varphi_+^\ominus$ 与 $\varphi_-^\ominus$ 的差值大于 $0.5\mathrm{V}$，可以忽略浓度、温度等因素的影响，直接用 $E_池^\ominus$ 数值的大小来确定该反应进行的方向。

当有 H^+ 或 OH^- 参加电极反应时，介质的酸碱性对含氧酸盐电极电势和氧化性的影响很大。例如，$KMnO_4$ 在酸性、中性、碱性介质中被还原剂还原的产物各不相同，$KMnO_4$ 的氧化性随介质酸性减弱而减弱。

2. 原电池组成和电动势

利用氧化还原反应产生电流的装置叫原电池。原电池应该由电解质溶液、正电极、负电极和盐桥组成。对于用两种不同金属所组成的原电池，一般来说较活泼的金属（电极电势低的）为负极，相对不活泼的金属（电极电势高的）为正极。放电时，负极上发生氧化反应，不断给出电子，通过外电路流入正极，正极上发生还原反应，不断得到电子。在外电路中接上电压表，可粗略测得原电池的电动势 E。

三、实验仪器和试剂

仪器 滴管，废液杯，烧杯，捆有铜丝的铜棒和锌棒，电压表，盐桥。

试剂 H_2SO_4（$6.0mol \cdot L^{-1}$），$NH_3 \cdot H_2O$（$6.0mol \cdot L^{-1}$），$NaOH$（$2.0mol \cdot L^{-1}$），KBr（$0.10mol \cdot L^{-1}$），$ZnSO_4$（$0.5mol \cdot L^{-1}$），$CuSO_4$（$0.5mol \cdot L^{-1}$），KI（$0.10mol \cdot L^{-1}$），$KMnO_4$（$0.1mol \cdot L^{-1}$），Na_2SO_3（$0.1mol \cdot L^{-1}$），Na_2S（$0.1mol \cdot L^{-1}$），$Fe_2(SO_4)_3$（$0.10mol \cdot L^{-1}$），NH_4F（$2.0mol \cdot L^{-1}$），$Pb(NO_3)_2$（$0.5mol \cdot L^{-1}$）。

其他 淀粉溶液，砂纸，铅粒，锌片，CCl_4。

四、实验内容

1. 氧化还原反应和电极电势

① 在分别盛有 0.5mL $0.5mol \cdot L^{-1}$ $Pb(NO_3)_2$ 溶液和 0.5mL $0.5mol \cdot L^{-1}$ $CuSO_4$ 溶液的两支试管中，各放入一小块用砂纸擦净的锌片，放置一段时间后，观察锌片表面颜色有无变化。

② 在分别盛有 0.5mL $0.5mol \cdot L^{-1}$ $ZnSO_4$ 溶液和 0.5mL $0.5mol \cdot L^{-1}$ $CuSO_4$ 溶液的两支试管中，各放入一表面用砂纸擦净的铅粒，放置一段时间后，观察铅粒表面颜色有无变化。

根据①、②的实验结果，比较 Zn、Pb、Cu 的还原性强弱次序。

③ 根据所提供的药品〔KI溶液（$0.10mol \cdot L^{-1}$）、$FeCl_3$ 溶液（$0.10mol \cdot L^{-1}$）、KBr 溶液（$0.10mol \cdot L^{-1}$）、CCl_4 溶液〕及附录中的标准电极电势值，自行设计实验，定性比较 Br_2/Br^-、I_2/I^-、Fe^{3+}/Fe^{2+} 三个电对的电极电势的相对大小，并指出哪个电对的氧化态是最强的氧化剂，哪个电对的还原态是最强的还原剂。说明电极电势与氧化还原反应的关系。

2. 介质酸度对氧化还原反应的影响

① 取 3 支试管各加入少量 $0.01mol \cdot L^{-1}$ $KMnO_4$ 溶液，分别加入 $6.0mol \cdot L^{-1}$ H_2SO_4 或 $0.1mol \cdot L^{-1}$ NaOH 或 H_2O，使 $KMnO_4$ 在不同介质条件下分别与少量 $0.1mol \cdot L^{-1}$ Na_2SO_3 溶液作用。观察有何不同现象（注意碱性条件下 Na_2SO_3 溶液的用量要尽可能少，同时碱溶液用量不宜过多。为什么？）。证明 $KMnO_4$ 在酸性、中性、碱性介质中被还原产物的不同。写出有关反应方程式。酸性介质能否用盐酸？

② 用 $0.10mol \cdot L^{-1}$ KI 溶液代替 Na_2SO_3 溶液，进行上述同样的实验，根据电极电势值分析反应能否进行，并用实验证明，写出有关反应方程式。

3. 浓度对氧化还原反应速率的影响

取两支试管，分别加入 5 滴 $0.10mol \cdot L^{-1}$ $Fe_2(SO_4)_3$ 溶液和 0.5mL CCl_4。其中一支试管中加入 5 滴 KI 溶液（$0.10mol \cdot L^{-1}$）；另一支试管中加入 5 滴 $2.0mol \cdot L^{-1}$ NH_4F 溶液后，再加入 5 滴 KI 溶液。充分振荡后观察两支试管中 CCl_4 层的颜色有何不同。写出离子反应方程式并解释实验现象。

4. 原电池组成和电动势的粗略测定

在分别盛有 20mL $0.5mol \cdot L^{-1}$ $ZnSO_4$ 和 $0.5mol \cdot L^{-1}$ $CuSO_4$ 溶液的两只 50mL 烧杯

中，Cu 棒插入 CuSO$_4$ 溶液中，Zn 棒插入 ZnSO$_4$ 溶液中。放入盐桥，通过导线将 Cu 棒与 Zn 棒与简易电压表相连（Cu 棒、Zn 棒需用砂纸打磨，保证接触良好），观察指针变化，记录数据，测量其电动势。

在 ZnSO$_4$ 溶液中滴加 6.0mol·L^{-1} 氨水，生成沉淀或直至沉淀完全溶解生成透明溶液，测量其电动势。

再在 CuSO$_4$ 溶液中加入 0.1mol·L^{-1} Na$_2$S，观察指针如何变化，测量其电动势。说明两次变化的原因。

比较以上三次测量的结果，说明浓度对电极电势的影响。

五、思考题

1. KMnO$_4$ 在不同酸度下被还原的产物各是什么？用电极电势予以说明。

2. 在铜锌原电池中，如何使 Zn^{2+}、Cu^{2+} 浓度减小？电动势又如何变化？为什么？

实验十三　明矾的制备

一、实验目的

1. 了解从 Al 制备明矾（硫酸铝钾）的原理及过程。

2. 进一步认识 Al 及 Al(OH)$_3$ 的两性。

3. 熟练掌握称量、抽滤等基本操作。

二、实验原理

硫酸铝同碱金属的硫酸盐（K$_2$SO$_4$）生成硫酸铝钾复盐 KAl(SO$_4$)$_2$·12H$_2$O（俗称明矾）。它是一种无色晶体，易溶于水并水解生成 Al(OH)$_3$ 胶状沉淀，具有强的吸附性能，是工业上重要的铝盐，可作为净水剂、媒染剂、造纸填充剂等。

本实验利用金属铝溶于氢氧化钠溶液，生成可溶性的四羟基铝酸钠：

$$2Al + 2NaOH + 6H_2O \Longrightarrow 2Na[Al(OH)_4] + 3H_2\uparrow$$

金属铝中其他杂质则不溶，随后用 H$_2$SO$_4$ 调节此溶液的 pH 为 8~9，即有 Al(OH)$_3$ 沉淀产生，分离后在沉淀中加入 H$_2$SO$_4$ 致使 Al(OH)$_3$ 转化为 Al$_2$(SO$_4$)$_3$：

$$2Al(OH)_3 + 3H_2SO_4 \Longrightarrow Al_2(SO_4)_3 + 6H_2O$$

在 Al$_2$(SO$_4$)$_3$ 溶液中加入等量的 K$_2$SO$_4$，即可制得硫酸铝钾：

$$Al_2(SO_4)_3 + K_2SO_4 + 24H_2O \Longrightarrow 2KAl(SO_4)_2·12H_2O$$

三、实验仪器和试剂

仪器　烧杯，托盘天平，吸滤瓶，布氏漏斗。

试剂　铝屑，K$_2$SO$_4$(s)，H$_2$SO$_4$(3mol·L^{-1}、1:1)，NaOH(s)。

四、实验内容

（1）Al(OH)$_3$ 的生成　称取 4.5g NaOH 固体，置于 250mL 烧杯中，加入 60mL 去离子水溶解。称 2g 铝屑，分批放入溶液中（反应剧烈，为防止溅出，应在通风橱内进行）。至不再有气泡产生，说明反应完毕，然后加入去离子水，使体积约为 80mL，趁热抽滤。将滤液转入 250mL 烧杯中，加热至沸，在不断搅拌下，滴加 3mol·L^{-1} H$_2$SO$_4$，调溶液的 pH 值为 8~9，继续搅拌煮沸数分钟，抽滤，并用沸水洗涤沉淀，直至洗涤液 pH 值降至 7 左右，抽干。

（2）Al$_2$(SO$_4$)$_3$ 的制备　将制得的 Al(OH)$_3$ 沉淀转入烧杯中，加入约 16mL 1:1 H$_2$SO$_4$，并不断搅拌，小火加热使沉淀溶解，得 Al$_2$(SO$_4$)$_3$ 溶液。

（3）明矾的制备　将 Al$_2$(SO$_4$)$_3$ 溶液与 6.5g K$_2$SO$_4$ 配成的饱和溶液相混合，搅拌均匀，充分冷却后，减压抽滤，尽量抽干，产品称重，计算产率。保留产品待用［注意：制备 $KAl(SO_4)_2 \cdot 12H_2O$ 大晶体时，要遵循慢、搅、稀、热、沉原则］。

（4）性质实验　用实验证实硫酸铝钾溶液中存在 Al^{3+}、K^+、SO_4^{2-}，并写出有关反应方程式。

五、思考题

1. 铝屑中的杂质是如何除去的？
2. 为什么要称 6.5g K_2SO_4 与 $Al_2(SO_4)_3$ 溶液相混合？
3. 如何制得 $KAl(SO_4)_2 \cdot 12H_2O$ 大晶体？

实验十四　主族元素（一）——金属元素及其化合物的性质

一、实验目的

1. 了解某些金属单质的还原性。
2. 掌握主族金属元素氢氧化物的酸碱性。
3. 掌握铝、锡、铅、锑、铋等离子及化合物的有关氧化还原性及硫化物的溶解性，掌握某些金属离子的分离方法。

二、实验原理

主族元素分为 s 区、p 区。Al、Sn、Pb、Bi 分别是周期表中第ⅢA、ⅣA、ⅤA 族中的金属元素，总称为 p 区金属元素，它们的化学性质主要表现为以下几个方面。

1. 金属单质的化学性质

p 区金属元素主要表现为还原性，如铝是一种较活泼的金属，在空气中由于表面生成一层氧化物保护膜而稳定。若使铝汞齐化（形成铝汞合金），破坏这层氧化膜就能引起铝的迅速氧化（电化学腐蚀），生成蓬松的氧化铝水合物，并伴随大量热放出。

2. 氢氧化物的酸碱性

$$
\begin{array}{lll}
Al^{3+} & Al(OH)_3 \downarrow (白) & AlO_2^- + H_2O \\
Sn^{2+} & Sn(OH)_2 \downarrow (白) & SnO_2^{2-} + H_2O \\
Pb^{2+} \xrightarrow[\text{适量}]{OH^-} & Pb(OH)_2 \downarrow (白) \xrightarrow[\text{过量}]{OH^-} & PbO_2^{2-} + H_2O \\
Sb^{3+} & Sb(OH)_3 \downarrow (白) & SbO_3^{3-} + H_2O \\
Bi^{3+} & Bi(OH)_3 \downarrow (白) &
\end{array}
$$

3. 硫化物

$$
\begin{array}{ll}
Al^{3+} & \\
Sn^{2+} & SnS \downarrow (褐)，溶于 6mol \cdot L^{-1} \text{ 的热 HCl} \\
Sn^{4+} \xrightarrow[{[H^+]=0.3mol \cdot L^{-1}}]{H_2S} & SnS_2 \downarrow (黄)，溶于 6mol \cdot L^{-1} \text{ 的热 HCl} \\
Pb^{2+} & PbS \downarrow (黑)，溶于稍浓的 HNO_3 \\
Sb^{3+} & Sb_2S_3 \downarrow (橙)，溶于浓、热的 HCl \\
Bi^{3+} & Bi_2S_3 \downarrow (黑)，溶于热的 HNO_3
\end{array}
$$

Al^{3+} 在 H_2S 溶液中不生成硫化物或氢氧化物沉淀，因为 Al_2S_3 在水中完全水解，生成 $Al(OH)_3$ 和 H_2S，$Al(OH)_3$ 又被酸性的溶液所溶解。若在 Al^{3+} 中加入 $(NH_4)_2S$ 溶液，则可生成白色的 $Al(OH)_3$ 沉淀。

在上述金属硫化物的沉淀中，SnS_2、Sb_2S_3 偏酸性，因此，它们可溶于过量的 NaOH、Na_2S 或 $(NH_4)_2S$ 溶液中生成硫代酸盐。

$$SnS_2 \xrightarrow{Na_2S} Na_2SnS_3$$
$$Sb_2S_3 \qquad Na_3SbS_3$$
$$SnS_2 \xrightarrow{NaOH} Na_2SnS_3 + Na_2SnO_3 + H_2O$$
$$Sb_2S_3 \qquad Na_3SbS_3 + Na_3SbS_3 + H_2O$$

据此性质，可使 SnS_2、Sb_2S_3 与 PbS、Bi_2S_3 等进行分离。硫代酸盐在酸性溶液中不稳定，一旦遇酸，则又将析出硫化物沉淀。

$$SnS_3^{2-} \xrightarrow{H^+} SnS_2 \downarrow + H_2S$$
$$SbS_3^{3-} \qquad Sb_2S_3 \downarrow + H_2S$$

有时，在 Na_2S 溶液中 SnS 也能溶解，这是因为久置的 Na_2S 溶液中常常存在部分 Na_2S_x，而 S_x^{2-} 具有氧化性，可将 SnS 氧化成 SnS_3^{2-} 而溶解，因此，欲分解 SnS 和 SnS_2，需要用新鲜配制的 Na_2S 溶液。另外，SnS 也能完全溶于（$NH_4)_2S_x$ 溶液中形成 SnS_3^{2-}。

4. 氧化还原性

在这些元素中，$Sn(II)$ 具有较强的还原性，其中 $SnCl_2$ 是常见的还原剂。$Pb(IV)$、$Bi(V)$ 具有较强的氧化性，常以 PbO_2、$NaBiO_3$ 作氧化剂。

在酸性介质中，Sn^{2+} 与少量 $HgCl_2$ 反应，可出现白色沉淀渐变灰黑的现象。

$$SnCl_2 + 2HgCl_2 = SnCl_4 + Hg_2Cl_2 \downarrow （白）$$
$$SnCl_2 + Hg_2Cl_2 = SnCl_4 + 2Hg \downarrow （黑）$$

据此反应，可鉴定 Sn^{2+} 或 Hg^{2+}。

$Sn(OH)_4^{2-}$ 也可作还原剂与 Bi^{3+} 反应，生成黑色的 Bi 沉淀。

$$3[Sn(OH)_4]^{2-} + 2Bi^{3+} + 6OH^- = 3[Sn(OH)_6]^{2-} + 2Bi \downarrow （黑）$$

据此反应，可鉴定 Bi^{3+}。

$NaBiO_3$ 和 PbO_2 在酸性介质中是强氧化剂，可以氧化 Mn^{2+}，生成 MnO_4^-。

$$2Mn^{2+} + 5NaBiO_3 + 14H^+ = 2MnO_4^- + 5Na^+ + 5Bi^{3+} + 7H_2O$$
$$2Mn^{2+} + 5PbO_2 + 4H^+ = 2MnO_4^- + 5Pb^{2+} + 2H_2O$$

依据溶液中 MnO_4^- 特征的紫红色的出现可以鉴定 Mn^{2+}。

5. 水解性

Sn^{2+}、Sb^{3+}、Bi^{3+} 的盐都易水解：

$$SnCl_2 + H_2O = Sn(OH)Cl \downarrow （白）+ HCl$$
$$SbCl_3 + H_2O = SbOCl \downarrow （白）+ 2HCl$$
$$Bi(NO_3)_3 + H_2O = BiONO_3 \downarrow （白）+ 2HNO_3$$

因此，在配制这些盐溶液时，为了防止水解作用，通常要加些相应的酸。

三、实验仪器和试剂

仪器　烧杯（250mL），试管（10mL），滴管，小刀，镊子，坩埚，坩埚钳，离心机，玻璃棒，废液杯。

试剂　HCl（浓、6.0mol·L^{-1}、1.0mol·L^{-1}），HNO$_3$（浓、6.0mol·L^{-1}），饱和 H$_2$S（0.1mol·L^{-1}），NaOH（2.0mol·L^{-1}、6.0mol·L^{-1}），BaCl$_2$（0.1mol·L^{-1}），NH$_3$·H$_2$O（0.1mol·L^{-1}）；HgCl$_2$（0.1mol·L^{-1}），CaCl$_2$（0.1mol·L^{-1}），AlCl$_3$（0.1mol·L^{-1}），SnCl$_2$（0.1mol·L^{-1}），Pb（NO$_3$)$_2$（0.1mol·L^{-1}），NH$_4$Cl（饱和），SbCl$_3$（0.1mol·L^{-1}），MgCl$_2$（0.1mol·L^{-1}），SnCl$_4$（0.1mol·L^{-1}），Bi（NO$_3$)$_3$（0.1mol·L^{-1}），

$(NH_4)_2S_x$（$1.0mol \cdot L^{-1}$），$(NH_4)_2S$（新配，$1.0mol \cdot L^{-1}$、$0.5mol \cdot L^{-1}$），Na_2SO_4（$0.1mol \cdot L^{-1}$），$MnSO_4$（$0.1mol \cdot L^{-1}$），$NaAc$（s），$NaBiO_3$（s）。

其他 铝片，滤纸条，蒸馏水，淀粉-KI试纸，酒精灯，砂纸。

四、实验内容

1. 金属单质的还原性

取一片铝片，用砂纸擦净，在铝表面上滴1滴$HgCl_2$溶液（$0.1mol \cdot L^{-1}$），当出现灰色（什么物质？）后，用滤纸碎片（或脱脂棉）轻轻将铝片上的残留液滴吸干。然后将此铝片置于空气中，观察白色絮状物（什么物质？）的生成，并注意铝片的发热。擦去此絮状物，将该铝片放入试管内，再将该试管装满水置于水槽（烧杯）中。观察现象并说明原因。

2. 钙、钡、铝、锡、铅、锑、铋的氢氧化物的溶解性

① 在7支试管中，分别加入浓度均为$0.1mol \cdot L^{-1}$的$CaCl_2$、$BaCl_2$、$AlCl_3$、$SnCl_2$、$Pb(NO_3)_2$、$SbCl_3$、$Bi(NO_3)_3$溶液各5滴，均加入等体积新配制的$2.0mol \cdot L^{-1}$ $NaOH$溶液，观察沉淀的生成并写出反应方程式。把以上沉淀分成2份，分别加入$6.0mol \cdot L^{-1}$ $NaOH$溶液和$6.0mol \cdot L^{-1}$ HCl溶液，观察沉淀是否溶解，写出反应方程式。

② 在2支试管中，分别盛有$0.5mL$ $0.1mol \cdot L^{-1}$ $MgCl_2$、$0.5mL$ $0.1mol \cdot L^{-1}$ $AlCl_3$，加入等体积$0.1mol \cdot L^{-1}$ $NH_3 \cdot H_2O$，观察反应生成物的颜色和状态。往有沉淀的试管中加入饱和NH_4Cl溶液，又有何现象？为什么？写出有关反应方程式。

3. 锡、铅、锑和铋的难溶盐

（1）硫化物

① 硫化亚锡、硫化锡的生成和性质 在2支试管中分别注入5滴$0.1mol \cdot L^{-1}$ $SnCl_2$溶液和$0.1mol \cdot L^{-1}$ $SnCl_4$溶液，分别注入少许饱和硫化氢水溶液，观察沉淀的颜色有何不同。分别试验沉淀物与$1.0mol \cdot L^{-1}$ HCl、$1mol \cdot L^{-1}$ $(NH_4)_2S$和$1.0mol \cdot L^{-1}$ $(NH_4)_2S_x$溶液的反应。通过硫化亚锡、硫化锡的实验得出什么结论？写出有关反应方程式。

② 铅、锑、铋的硫化物 在3支试管中分别加入5滴$0.1mol \cdot L^{-1}$ $Pb(NO_3)_2$、$SbCl_3$、$Bi(NO_3)_3$，然后各加入少许$0.1mol \cdot L^{-1}$饱和硫化氢水溶液，观察沉淀的颜色有何不同。分别试验沉淀物与浓盐酸、$2.0mol \cdot L^{-1}$ $NaOH$、$0.5mol \cdot L^{-1}$ $(NH_4)_2S$、$1mol \cdot L^{-1}$ $(NH_4)_2S_x$、浓硝酸溶液的反应。

（2）铅的难溶盐

① 氯化铅 在$0.5mL$蒸馏水中滴入5滴$0.1mol \cdot L^{-1}$ $Pb(NO_3)_2$溶液，再滴入$3\sim5$滴稀盐酸，即有白色氯化铅沉淀生成。将所得白色沉淀连同溶液一起加热，沉淀是否溶解？再把溶液冷却，又有什么变化？说明氯化铅的溶解度与温度的关系。

取以上白色沉淀少许，加入浓盐酸，观察沉淀溶解情况。

② 硫酸铅 在$0.5mL$蒸馏水中滴入5滴$0.1mol \cdot L^{-1}$ $Pb(NO_3)_2$溶液，再滴入几滴$0.1mol \cdot L^{-1}$ Na_2SO_4溶液，即得白色$PbSO_4$沉淀。加入少许固体$NaAc$，微热，并不断搅拌，沉淀是否溶解？解释上述现象，写出有关反应方程式。

③ 其他实验 自行设计$Pb^{2+} \rightarrow PbCl_2 \rightarrow PbSO_4 \rightarrow PbS \rightarrow Pb^{2+}$转化的实验方案，记录实验现象，写出反应方程式，并比较铅的难溶性盐的溶解度大小。

4. PbO_2以及$NaBiO_3$的氧化性

① 用$6.0mol \cdot L^{-1}$ HCl、$6.0mol \cdot L^{-1}$ HNO_3和少量固体$NaBiO_3$，自行设计实验证明

$NaBiO_3$ 的氧化性并写出反应方程式。

② 取极少量二氧化铅，加入 1mL $6.0mol \cdot L^{-1}$ HNO_3 及 1 滴 $0.1mol \cdot L^{-1}$ 硫酸锰溶液，微热，观察现象。写出反应的方程式。

5. 可能含有 Pb^{2+}、Al^{3+}、Ba^{2+}（不含其他金属离子）的混合溶液的分离

取上述混合液，设计实验方案（包括分离步骤、所需试剂），进行实验。提示：根据 $Pb(OH)_2$、$Al(OH)_3$ 为两性氢氧化物，结合一些常见难溶物的溶度积设计实验。

五、思考题

1. 铝在空气中为什么能稳定存在？

2. 锡、铅、锑、铋的硫化物在酸、碱和多硫化物溶液中的溶解情况有何异同？它们与相应的氢氧化物的酸碱性有何联系？

3. 今有未贴标签无色透明的氯化亚锡、四氯化锡溶液各一瓶，试设法鉴别。

实验十五　主族元素（二）——非金属元素及其化合物的性质

一、实验目的

1. 掌握 H_2O_2、H_2S 及硫化物的主要性质及其应用。

2. 掌握 S、N、P 主要含氧酸和盐的性质及其应用。

3. 掌握卤素含氧酸及其盐的性质。

4. 巩固元素性质实验及定性分析的基本操作。

二、实验原理

1. 氮、磷盐的性质

氮和磷是周期表 VA 族元素，为电负性比较大的元素。

亚硝酸和亚硝酸盐在酸性介质中既有氧化性又有还原性。大多数亚硝酸盐是易溶的，其中浅黄色的 $AgNO_2$ 不溶于 H_2O，可以溶于酸。

NO_3^- 在浓 H_2SO_4 介质中与 $FeSO_4$ 发生下列反应：

$$3Fe^{2+} + NO_3^- + 4H^+ \Longrightarrow 3Fe^{3+} + 2H_2O + NO$$

$$NO + Fe^{2+} \Longrightarrow [Fe(NO)]^{2+}$$

$[Fe(NO)]SO_4$ 为棕色，如果上述反应在浓 H_2SO_4 与含 NO_3^- 溶液的界面上进行，就会出现美丽的棕色环，故称棕色环法，用于鉴定 NO_3^-。NO_2^- 也有类似反应。

磷酸是非挥发性的中等强度的三元酸，它可以有三种形式的盐，其中磷酸二氢盐易溶于水，其余两种磷酸盐除了钠、钾、铵盐以外一般都难溶于水，但可以溶于盐酸。碱金属的磷酸盐如 Na_3PO_4、Na_2HPO_4、NaH_2PO_4 溶于水后，由于水解程度不同，溶液呈现不同的 pH。Na_3PO_4 溶液和 Na_2HPO_4 溶液均显碱性，前者碱性强一些。

PO_4^{3-}、PO_3^-、$P_2O_7^{4-}$ 与 Ag^+ 生成的盐难溶于水，但可溶于 HNO_3、$NH_3 \cdot H_2O$，其中 $Ag_4P_2O_7$ 不溶于 HAc。

2. 氧和硫

氧和硫是周期表 ⅥA 族元素，为电负性比较大的元素。

氧的常见氧化值是 -2。H_2O_2 分子中 O 的氧化值为 -1，介于 0 与 -2 之间，因此既有氧化性又有还原性。H_2O_2 在酸性介质中是一种强氧化剂，它可以与 S^{2-}、I^-、Fe^{2+} 等多种还原剂反应，甚至将许多硫化物氧化为硫酸盐。H_2O_2 自身不稳定，可渐渐分解出氧气和水，MnO_2 等可催化其分解；遇到 $KMnO_4$ 等强氧化剂表现出还原性（被氧化成氧气）。在碱性介质中，H_2O_2 可以使 Mn^{2+} 转化为 MnO_2，CrO_2^- 氧化为黄色 CrO_4^{2-}；酸性中可将 $Cr_2O_7^{2-}$ 氧化成蓝色 CrO_5（水中分解，可被乙醚、戊醇等萃取），此性质可作为 H_2O_2 与铬离子的相互鉴定依据。

S 的常见氧化值是 -2、0、$+4$、$+6$。H_2S 和硫化物中的 S^{2-} 的氧化值是 -2，它是较强的还原剂，可被氧化剂 $KMnO_4$、$K_2Cr_2O_4$、I_2 及三价铁盐等氧化生成 S 或 SO_4^{2-}。

碱金属和铵的硫化物是易溶的，而其余大多硫化物难溶于水，并且有特征颜色，溶解性差异较大，据此，可用稀盐酸、浓盐酸、硝酸、王水等不同溶剂来选择性溶解不同硫化物。

亚硫酸盐遇酸分解产生 SO_2，酸性亚硫酸盐（$SO_2 \cdot H_2O$）遇 S^{2-} 被还原为 S，呈氧化性，遇 $Cr_2O_7^{2-}$ 被氧化为 SO_4^{2-}，呈还原性。亚硫酸盐还原性强于氧化性。硫代硫酸盐呈还原性和酸不稳定性，遇酸分解为 S、SO_2，遇氧化剂被氧化成 SO_4^{2-}、$S_4O_6^{2-}$ 等，与银离子可生成沉淀，也可生成配合物。过二硫酸盐具强氧化性，但需有银催化和加热，可将 Mn^{2+} 氧化成 MnO_4^-，是鉴定锰离子的重要反应。

$S_2O_3^{2-}$ 中两个 S 原子的平均氧化值为 $+2$，是中等强度的还原剂，与 I_2 反应被氧化生成 $S_4O_6^{2-}$：

$$2S_2O_3^{2-} + I_2 \Longrightarrow S_4O_6^{2-} + 2I^-$$

这个反应在滴定分析中用来定量测碘。

$S_2O_3^{2-}$ 有很强的配合性，不溶性的 AgBr 不能溶于 $AgNO_3$-NH_3 溶液，可以溶于过量的 $Na_2S_2O_3$ 溶液中：

$$2S_2O_3^{2-} + AgBr \Longrightarrow [Ag(S_2O_3)_2]^{3-} + Br^-$$

当 $S_2O_3^{2-}$ 与过量 Ag^+ 反应，生成 $Ag_2S_2O_3$ 白色沉淀，并水解，沉淀颜色逐步变成黄色、棕色以至黑色的 Ag_2S 沉淀。即：

$$2Ag^+ + S_2O_3^{2-} \Longrightarrow Ag_2S_2O_3 \downarrow （白）$$
$$Ag_2S_2O_3 + H_2O \Longrightarrow Ag_2S \downarrow （黑）+ H_2SO_4$$

当溶液中不存在 S^{2-} 时，上述反应是检验 $S_2O_3^{2-}$ 的一个有效方法。

3. 卤素性质

氯、溴、碘是周期表 ⅦA 族元素，原子的价电子构型为 ns^2np^5，因此氧化数通常是 -1。但在一定条件下，也可生成氧化数为 $+1$、$+3$、$+5$、$+7$ 的化合物。氯的水溶液叫作氯水。在氯水中存在下列平衡：

$$Cl_2 + H_2O \Longrightarrow HCl + HOCl$$

因此将氯通入冷的碱溶液中，可使上述平衡向右移动，生成次氯酸盐。次氯酸和次氯酸盐都是强氧化剂。

氯酸盐在中性溶液中没有明显的氧化性，但在酸性介质中表现出明显的氧化性。

三、实验仪器和试剂

仪器 离心机，试管，滴管，离心管，烧杯，玻璃棒，废液杯。

试剂 HCl（$6mol \cdot L^{-1}$、$2mol \cdot L^{-1}$、$1mol \cdot L^{-1}$），HNO_3（热，$6mol \cdot L^{-1}$），H_2SO_4（$1mol \cdot L^{-1}$、$2mol \cdot L^{-1}$、$3mol \cdot L^{-1}$、$6mol \cdot L^{-1}$），$KMnO_4$（$0.01mol \cdot L^{-1}$），王水（$V_{浓HNO_3} : V_{浓HCl} = 1 : 3$），$NH_3 \cdot H_2O$（$2.0mol \cdot L^{-1}$），$FeCl_2$（$0.1mol \cdot L^{-1}$），KI（$0.1mol \cdot L^{-1}$），$Pb(Ac)_2$（$0.1mol \cdot L^{-1}$），$Na_2S$（$0.1mol \cdot L^{-1}$），$K_2Cr_2O_7$（$0.1mol \cdot L^{-1}$），$ZnSO_4$（$0.1mol \cdot L^{-1}$），$CuSO_4$（$0.1mol \cdot L^{-1}$），$Na_2SO_3$（$0.5mol \cdot L^{-1}$），$Na_2S_2O_3$

（0.2mol・L^{-1}、0.1mol・L^{-1}），AgNO$_3$（0.2mol・L^{-1}、0.1mol・L^{-1}），NaNO$_2$（1.0mol・L^{-1}、0.1mol・L^{-1}），Na$_3$PO$_4$（0.1mol・L^{-1}），NaH$_2$PO$_4$（0.1mol・L^{-1}），Na$_2$HPO$_4$（0.1mol・L^{-1}），CaCl$_2$（0.1mol・L^{-1}），KBr（0.1mol・L^{-1}），FeCl$_3$（0.1mol・L^{-1}），KClO$_3$（饱和），KIO$_3$（饱和），硫代乙酰胺溶液（0.1mol・L^{-1}），H$_2$O$_2$（3％），乙醚，氯水，饱和氯水，碘水，CCl$_4$ 溶液。

其他　pH 试纸，淀粉-KI 试纸，蓝色石蕊试纸。

四、实验内容

1. H$_2$O$_2$ 的氧化性和不稳定性

① 利用 3％H$_2$O$_2$、2mol・L^{-1} H$_2$SO$_4$ 溶液、0.01mol・L^{-1} KMnO$_4$ 溶液和浓度均为 0.1mol・L^{-1} FeCl$_2$、KI、Pb(Ac)$_2$、Na$_2$S 溶液，设计一系列实验，验证 H$_2$O$_2$ 氧化性与还原性的相对强弱。

提示：由于试剂浓度、介质对氧化还原反应进行的程度有影响，所以，若实验现象不明显，可以微热或控制介质的酸碱性；为使 S^{2-} 被 H$_2$O$_2$ 氧化的反应现象明显，可以采取由 PbS 和 H$_2$O$_2$ 反应，PbS 自制。

② 往试管中加 0.5mL 0.1mol・L^{-1} K$_2$Cr$_2$O$_7$，然后加 1mL 1mol・L^{-1} H$_2$SO$_4$ 酸化，加 0.5mL 乙醚和 2mL 3％ H$_2$O$_2$，观察乙醚层和溶液颜色有何变化。此特征反应可用鉴定哪些离子？

2. 硫化物的溶解性

① 取 3 支离心试管，分别加入 3～5 滴 0.1mol・L^{-1} ZnSO$_4$、CuSO$_4$ 和 AgNO$_3$ 溶液，然后分别加入 0.5～1mL 0.1mol・L^{-1} Na$_2$S，搅拌，观察硫化物颜色，离心分离并弃去清液，用少量去离子水洗涤硫化物 2 次。

② 用 1mol・L^{-1} HCl、6mol・L^{-1} HCl、6mol・L^{-1} HNO$_3$（热）和王水分别进行实验 ZnS、CuS、Ag$_2$S 的可溶性。根据实验结果，对金属硫化物的溶解情况作出结论，写出有关的反应方程式。

3. 亚硫酸盐、硫代硫酸盐的性质

（1）亚硫酸盐的性质　往试管中加入 2mL 0.5mol・L^{-1} Na$_2$SO$_3$ 溶液，用 3mol・L^{-1} H$_2$SO$_4$ 酸化，观察有无气体产生。将润湿的 pH 试纸移近管口，有何现象？然后将溶液分为两份，一份滴加 0.1mol・L^{-1} 硫代乙酰胺溶液，另一份滴加 3％H$_2$O$_2$ 溶液，观察现象，说明亚硫酸盐具有什么性质，写出有关的反应方程式。

（2）硫代硫酸盐的性质　用氯水、碘水、0.2mol・L^{-1} Na$_2$S$_2$O$_3$、3mol・L^{-1} H$_2$SO$_4$、0.2mol・L^{-1} AgNO$_3$ 设计实验，验证 Na$_2$S$_2$O$_3$ 在酸中的不稳定性、Na$_2$S$_2$O$_3$ 的还原性对其还原产物的影响、Na$_2$S$_2$O$_3$ 的配位性。

由以上实验总结硫代硫酸盐的性质，写出反应方程式。

4. 亚硝酸及其盐的性质

① 用 1.0mol・L^{-1}Na$_2$NO$_2$ 和 6mol・L^{-1} H$_2$SO$_4$ 制备少量的 HNO$_2$，放在冷水或冰水中冷却，观察溶液和溶液上方气体颜色。写出反应方程式，显示了 HNO$_2$ 的何种性质？

② 0.1mol・L^{-1} Na$_2$NO$_2$ 在酸性介质中（取何种酸酸化？为什么？）分别与下列试剂反应：0.01mol・L^{-1} KMnO$_4$ 溶液，0.1mol・L^{-1} KI 溶液，0.1mol・L^{-1} Na$_2$S$_2$O$_3$ 溶液。

由实验现象写出离子反应式，并且说明 NaNO$_2$ 在上述各反应中显示了何种性质。

5. 磷酸盐性质

① 用 pH 试纸检验 $0.1mol \cdot L^{-1}$ 的 Na_3PO_4、Na_2HPO_4、NaH_2PO_4 溶液的酸碱性，取每种试液 2～3 滴，再加 2 滴 $0.1mol \cdot L^{-1}$ $AgNO_3$，观察有无沉淀生成以及 pH 有无变化。比较 3 种形式磷酸盐溶液的 pH，结论填入下表中。

② 在 3 支试管中各加入 10 滴 $0.1mol \cdot L^{-1}$ $CaCl_2$ 溶液，然后分别加入等量的 $0.1mol \cdot L^{-1}$ Na_3PO_4、$0.1mol \cdot L^{-1}$ NaH_2PO_4、$0.1mol \cdot L^{-1}$ Na_2HPO_4 溶液，观察各试管中是否有沉淀生成。当加入 $2.0mol \cdot L^{-1}$ $NH_3 \cdot H_2O$ 时有无变化？加入 $2mol \cdot L^{-1}$ HCl 溶液后，又有何变化？说明磷酸的 3 种钙盐的溶解性，并说明它们之间的相互转化条件，结论填入下表中。

试液	pH	加 $AgNO_3$ 后产物的状态、颜色及 pH 变化	加 $CaCl_2$ 后产物的状态、颜色	加 $NH_3 \cdot H_2O$ 后的变化	加 HCl 后的变化
Na_3PO_4					
Na_2HPO_4					
NaH_2PO_4					

6. 卤素单质及含氧酸盐的性质

① 2 支试管中分别加入 0.5mL 浓度均为 $0.1mol \cdot L^{-1}$ 的 KI 和 KBr 溶液，再加入 2 滴 $0.1mol \cdot L^{-1}$ $FeCl_3$ 溶液和 0.5mL CCl_4 溶液，充分振荡，观察两试管中 CCl_4 层的颜色有无变化，并解释实验现象。

② 将 $FeCl_3$ 溶液换成饱和氯水溶液，重复实验①，观察 CCl_4 层颜色变化，并予说明。

③ 取 1～2 滴 $0.1mol \cdot L^{-1}$ KI，用 $3mol \cdot L^{-1}$ H_2SO_4 酸化，然后分别滴加 $KClO_3$ 与 KIO_3 饱和溶液，每滴加 1～2 滴后，剧烈振荡，观察溶液变化，写出每步变化的离子方程式，试比较 KIO_3 与 $KClO_3$ 的氧化性强弱。

五、思考题

1. 某同学用 KI-淀粉试纸检验 $KClO_3$ 与浓 HCl 反应所产生的 Cl_2 时，发现试纸变蓝，但放置一段时间后，蓝色消失，试解释此现象。

2. 有 Na_2SO_4、Na_2SO_3、$Na_2S_2O_3$、$Na_2S_4O_6$ 4 种试剂，其标签已脱落，请设计一简便方法鉴别它们。

实验十六　副族元素（一）——d 区元素

一、实验目的

1. 熟悉 d 区元素主要氢氧化物和硫化物的沉淀与溶解。

2. 掌握沉淀生成及溶解、配离子的形成与解离，以及沉淀、配合物及某些离子的特征颜色。

3. 初步分离、鉴定铬、锰、铁、钴、镍混合金属离子。

4. 进一步练习离心分离操作。

二、实验原理

d 区元素的价电子构型：$(n-1)d^{1～9}ns^{1～2}$。除 ns 电子参与成键外，内层的 $(n-1)d$ 电子也可能参与成键，d 区元素绝大多数具有多种价态，水溶液中离子多数有颜色。d 区元素的离子极化能力较强，故其难溶盐也较多，水溶液中的高价离子往往以含氧酸根的形式存在。

Cr、Mn 和铁系元素（Fe、Co、Ni）分别为第四周期的 ⅥB、ⅦB、Ⅷ 族元素，它们的氢氧化物的颜色及酸碱性如表 3-2 所示。

表 3-2　d 区几种代表性金属的氢氧化物的颜色及酸碱性

项目	$Cr(OH)_3$	$Mn(OH)_2$	$Fe(OH)_2$	$Co(OH)_2$	$Ni(OH)_2$	$Fe(OH)_3$
颜色	灰绿	白	白	粉红	绿	红褐
酸碱性	两性	碱性	极弱两性	极弱两性	碱性	弱两性

水溶液中的 Cr(Ⅵ) 有两种存在形式：

$$2CrO_4^{2-}（黄）+2H^+ \rightleftharpoons Cr_2O_7^{2-}（橙）+H_2O$$

在酸性介质中，$Cr_2O_7^{2-}$ 与 H_2O_2 反应生成蓝色过氧化铬 CrO_5，可用于 Cr(Ⅵ) 或 Cr(Ⅲ) 的鉴定。

在碱性介质中，白色 $Mn(OH)_2$ 易被空气氧化为棕色二氧化锰水合物 $MnO(OH)_2$。酸性介质中 Mn^{2+} 很稳定，只有很强的氧化剂（如 PbO_2、$NaBiO_3$、$S_2O_8^{2-}$）才能将其氧化为 MnO_4^-。

MnO_4^- 具有强的氧化性，它的还原产物与溶液的酸碱性有关。MnO_4^- 在酸性、中性、强碱性介质中的还原产物依次是 Mn^{2+}、MnO_2、MnO_4^{2-}。

铁系金属的二价强酸盐几乎都溶于水，如硫酸盐、硝酸盐和氯化物。它们的水溶液由于水解作用，呈不同程度的酸性。铁系元素的碳酸盐、磷酸盐及硫化物等弱酸盐在水中都是难溶的。铁系元素的氢氧化物和氧化物不溶于水，易溶于强酸。$Co(OH)_2$ 和 $Ni(OH)_2$ 易溶于氨水，在有 NH_4Cl 存在时，溶解度增大。

+2 价态的 Fe、Co、Ni 均具有还原性，且还原性依次减弱。

+3 价态的 Fe、Co、Ni 的氢氧化物均具有氧化性，且氧化性依次增强，特别是在酸性介质中更为明显，除 $Fe(OH)_3$ 外，$Co(OH)_3$、$Ni(OH)_3$ 与 HCl 作用，均能产生 Cl_2。

Fe、Co、Ni 能形成多种配合物，常见配体有 NH_3、CN^-、SCN^-、F^- 等，Fe 无论 +2 或 +3 价均难以形成氨配合物。由于配合物生成，其氧化还原性也发生较大的变化。

此外，Fe、Co、Ni 的一些配合物稳定且有特征颜色，可用于离子鉴定。例如，Fe^{3+} 与 SCN^- 生成血红色的 $[Fe(SCN)]^{2+}$，该反应常用来鉴别 Fe^{3+}。若往 $[Fe(SCN)]^{2+}$ 溶液中加入 F^-，则能转化为无色的 $[FeF_6]^{3-}$。在微碱性溶液中，Ni^{2+} 与丁二酮肟反应生成鲜红色螯合物沉淀，这一反应常用来鉴别 Ni^{2+}。

具体涉及离子的鉴定方法可参见附录 6.6。需要注意的是，针对每一种离子的鉴定方案包括干扰离子的去除以及溶液的酸度、温度及催化剂等反应条件的控制。

三、实验仪器和试剂

仪器　滤纸条，点滴板，离心机，酒精灯。

试剂　H_2SO_4（$3mol \cdot L^{-1}$），HNO_3（$6mol \cdot L^{-1}$），HCl（浓），NaOH（$2mol \cdot L^{-1}$、$6mol \cdot L^{-1}$、40%），$H_2C_2O_4$（$0.1mol \cdot L^{-1}$），$NH_3 \cdot H_2O$（$6mol \cdot L^{-1}$），$MnSO_4$（$0.1mol \cdot L^{-1}$），$FeSO_4$（$0.1mol \cdot L^{-1}$），$CoCl_2$（$0.1mol \cdot L^{-1}$、$0.5mol \cdot L^{-1}$），$NiSO_4$（$0.1mol \cdot L^{-1}$），$CrCl_3$（$0.1mol \cdot L^{-1}$），$K_2Cr_2O_7$（$0.1mol \cdot L^{-1}$），KI（$0.1mol \cdot L^{-1}$），$KMnO_4$（$0.1mol \cdot L^{-1}$、$0.01mol \cdot L^{-1}$），$FeCl_3$（$0.1mol \cdot L^{-1}$），Na_2SO_3（$0.1mol \cdot L^{-1}$），NH_4Cl（$1mol \cdot L^{-1}$），$NiSO_4$（$0.5mol \cdot L^{-1}$），混合液（Cr^{3+}、Mn^{2+}、Fe^{2+}、

Co^{2+}、Ni^{2+}），$MnO_2(s)$，$KNO_2(s)$，$NaBiO_3(s)$，去离子水，溴水，H_2O_2（3%）。

四、实验内容

1. 低价氢氧化物的酸碱性及还原性

用 $0.1mol \cdot L^{-1}$ $FeSO_4$、$0.1mol \cdot L^{-1}$ $CoCl_2$、$0.1mol \cdot L^{-1}$ $MnSO_4$ 分别与 $2mol \cdot L^{-1}$ NaOH 溶液反应，至生成沉淀，并在空气中放置一段时间，试验 Mn（Ⅱ）、Fe（Ⅱ）及 Co（Ⅱ）氢氧化物的酸碱性及在空气中的稳定性。观察沉淀颜色的变化，解释现象，写出反应方程式。

2. 高价氢氧化物的氧化性

用 $0.1mol \cdot L^{-1}$ $CoCl_2$、$0.1mol \cdot L^{-1}$ $NiSO_4$ 溶液、$6mol \cdot L^{-1}$ NaOH 溶液和 Br_2 水溶液制备 $Co(OH)_3$ 和 $Ni(OH)_3$，观察沉淀的颜色，然后向所制取的 $Co(OH)_3$ 和 $Ni(OH)_3$ 中分别滴加浓盐酸，检查是否有氯气产生。写出有关反应方程式。

3. 低价盐的还原性

（1）碱性介质中 Cr（Ⅲ）的还原性　取少量 $0.1mol \cdot L^{-1}$ $CrCl_3$ 溶液，然后滴加 $2mol \cdot L^{-1}$ NaOH 溶液，观察沉淀颜色，继续滴加 NaOH 至沉淀溶解，再加入适量 3% H_2O_2 溶液，加热，观察溶液颜色的变化，写出有关反应方程式。

（2）Mn（Ⅱ）在酸性介质中的还原性　加入 1 滴 $0.1mol \cdot L^{-1}$ $MnSO_4$ 溶液和 1mL $6mol \cdot L^{-1}$ HNO_3，加入少量固体 $NaBiO_3$，微热，观察溶液颜色。写出离子反应方程式。

4. 高价盐的氧化性

（1）Cr（Ⅵ）的氧化性

① 取数滴 $0.1mol \cdot L^{-1}$ $K_2Cr_2O_7$ 溶液，滴加 $3mol \cdot L^{-1}$ H_2SO_4 溶液，再加入少量 $0.1mol \cdot L^{-1}$ Na_2SO_3 溶液，观察溶液颜色变化，写出反应方程式。

② 取 1mL $0.1mol \cdot L^{-1}$ $K_2Cr_2O_7$ 溶液，用 1mL $3mol \cdot L^{-1}$ H_2SO_4 酸化，再滴加少量乙醇，微热，观察溶液由橙色变为何色，写出反应方程式。

（2）Mn（Ⅶ）的氧化性　取 3 支试管，各加入少量 $0.1mol \cdot L^{-1}$ $KMnO_4$ 溶液，然后分别加入 $3mol \cdot L^{-1}$ H_2SO_4、去离子水和 $6mol \cdot L^{-1}$ NaOH 溶液，再在各试管中滴加 $0.1mol \cdot L^{-1}$ $H_2C_2O_4$ 溶液，观察紫红色溶液分别变为何色，写出有关反应方程式。做此实验时，滴加介质及还原剂的先后次序是否影响产物的颜色？为什么？

（3）Fe^{3+} 的氧化性　取数滴 $0.1mol \cdot L^{-1}$ $FeCl_3$ 于试管中，加 $0.1mol \cdot L^{-1}$ KI 数滴，观察现象并写出反应方程式。

5. 锰酸盐的生成及不稳定性

取 10 滴 $0.01mol \cdot L^{-1}$ $KMnO_4$ 溶液，加入 1mL 40% NaOH 溶液，再加入少量 MnO_2 固体，微热，搅拌，静置片刻，离心沉降，取出上层绿色清液（即 K_2MnO_4 溶液）。

① 取少量绿色清液，滴加数滴 $3mol \cdot L^{-1}$ H_2SO_4，观察溶液颜色变化和沉淀的颜色，写出反应方程式。

② 取数滴绿色清液，加入 $6mol \cdot L^{-1}$ 氨水，加热，观察溶液颜色的变化，写出反应方程式。

6. 钴和镍的氨配合物

① 取数滴 $0.5mol \cdot L^{-1}$ $CoCl_2$ 溶液，滴加少量 $1mol \cdot L^{-1}$ NH_4Cl 和过量 $6mol \cdot L^{-1}$

$NH_3 \cdot H_2O$，观察溶液颜色，且注意溶液颜色的变化，写出有关反应方程式。

② 取数滴 $0.5mol \cdot L^{-1}$ $NiSO_4$ 溶液，滴加少量 $1mol \cdot L^{-1}$ NH_4Cl 和过量 $6mol \cdot L^{-1}$ $NH_3 \cdot H_2O$，观察溶液颜色，写出有关反应方程式。

7. Cr^{3+}、Mn^{2+}、Fe^{2+}、Co^{2+}、Ni^{2+} 混合液的分离和鉴定

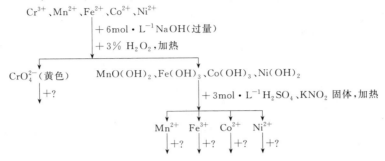

图 3-11　混合液的分离和鉴定流程图

写出鉴定各离子所选用的试剂及浓度，完成图 3-11。

① 写出各步分离与鉴定的反应方程式。

② 记录鉴定结果。

五、思考题

1. 利用 NaOH 和 H_2O_2 溶液分离 Mn^{2+}、Fe^{3+}、Ni^{2+} 与 Cr^{3+} 混合液，写出反应方程式（注意：过量的 H_2O_2 要完全分离）。

2. 鉴定 Co^{2+} 时，除加 KSCN 饱和溶液外，为何还要加入 NaF(s) 和丙酮？什么情况下可以不加 NaF？

实验十七　副族元素（二）——ds 区元素

一、实验目的

1. 掌握铜、银、锌、镉、汞氧化物或氢氧化物的酸碱性和硫化物的沉淀与溶解。

2. 掌握 Cu（Ⅰ）、Cu（Ⅱ）重要化合物的性质及相互转化条件。实验并熟悉铜、银、锌、镉、汞的配位能力，以及 Hg_2^{2+} 和 Hg^{2+} 的转化。

3. 掌握沉淀生成及溶解、配离子的形成与离解，以及沉淀、配合物及某些离子的特征颜色。

4. 进一步练习离心分离操作。

二、实验原理

ds 区元素的价电子构型：$(n-1)d^{10}ns^{1\sim2}$。ds 区元素包括ⅠB族和ⅡB族元素，它们的最大特点是其离子具有较强的极化力和变形性，易于形成配合物，许多性质与 d 区元素相似。

$Cu(OH)_2$ 微显两性，所以既溶于酸，又溶于过量的浓碱溶液中：

$$Cu(OH)_2 + H_2SO_4 = CuSO_4 + 2H_2O$$
$$Cu(OH)_2 + 2NaOH = Na_2[Cu(OH)_4]$$

Cu^+ 在水溶液中不稳定：

$$2Cu^+ = Cu + Cu^{2+}$$

Cu^+ 只能存在于配合物和固体化合物之中，如 $[Cu(NH_3)_2]^+$ 和 CuI、Cu_2O。

AgNO$_3$ 易溶于水，卤化银 AgCl、AgBr、AgI 的颜色依次为白→浅黄→黄，溶解度依次降低，这是由于阴离子按 Cl$^-$→Br$^-$→I$^-$ 的顺序，变形性增大，Ag$^+$ 与它们之间极化作用依次增强。AgF 易溶于水。

ⅡB 族元素的标准电极电势比同周期的 IB 族元素更负，所以锌族元素比铜族元素活泼。铜族与锌族元素的金属活泼次序是 Zn＞Cd＞H＞Cu＞Hg＞Ag＞Au。

锌是两性金属，能溶于强碱溶液中：

$$Zn + 2NaOH + 2H_2O = Na_2[Zn(OH)_4] + H_2$$

锌溶于氨水：

$$Zn + 4NH_3 + 2H_2O = [Zn(NH_3)_4]^{2+} + H_2 + 2OH^-$$

Zn(OH)$_2$ 呈两性，Cd(OH)$_2$ 呈两性偏碱性。

铜、银、锌的硫化物是具有特征颜色的难溶物，如 CuS 为黑色、Ag$_2$S 为黑色、ZnS 为白色。

ds 区元素的多数化合物难溶或微溶于水，其中许多可用于该元素离子的鉴定。

三、实验仪器和试剂

仪器 试管（10mL），烧杯（250mL），离心机，离心试管，玻璃棒，水浴锅。

试剂 HCl（2mol·L^{-1}、浓），H$_2$SO$_4$（2mol·L^{-1}），HNO$_3$（2mol·L^{-1}、浓），王水，NaOH（2mol·L^{-1}、6mol·L^{-1}、40%），氨水（2mol·L^{-1}、浓），KOH（40%），CuSO$_4$（0.2mol·L^{-1}），ZnSO$_4$（0.2mol·L^{-1}），CdSO$_4$（0.2mol·L^{-1}），AgNO$_3$（0.1mol·L^{-1}、0.2mol·L^{-1}），Hg(NO$_3$)$_2$（0.2mol·L^{-1}），Na$_2$S（1mol·L^{-1}），CuCl$_2$（0.5mol·L^{-1}），SnCl$_2$（0.2mol·L^{-1}），KI（0.2mol·L^{-1}），葡萄糖溶液（10%），KSCN（0.1mol·L^{-1}），Na$_2$S$_2$O$_3$（0.5mol·L^{-1}），NaCl（0.2mol·L^{-1}），KBr（s），铜屑，金属汞，蒸馏水。

其他 pH 试纸。

四、实验内容

1. 铜、银、锌、镉、汞氢氧化物或氧化物的生成和性质

（1）铜、锌、镉氢氧化物的生成和性质 向 3 支分别盛有 0.5mL 0.2mol·L^{-1} CuSO$_4$、ZnSO$_4$、CdSO$_4$ 溶液的离心试管中滴加新配制的 2mol·L^{-1} NaOH 溶液，观察溶液颜色及状态，洗涤并离心分离沉淀。

将各试管中沉淀分成两份：一份加 2mol·L^{-1} H$_2$SO$_4$，另一份继续滴加 2mol·L^{-1} NaOH 溶液。观察现象，写出反应式。

项目	CuSO$_4$ 溶液	ZnSO$_4$ 溶液	CdSO$_4$ 溶液
＋新配制 NaOH 溶液的方程式	Cu^{2+}＋2OH$^-$→	Zn^{2+}＋2OH$^-$→	Cd^{2+}＋2OH$^-$→
＋新配制 NaOH 溶液后的现象			
＋H$_2$SO$_4$ 的溶解情况			
＋NaOH 的溶解情况			

（2）银、汞氧化物的生成和性质

① 氧化银的生成和性质 取 0.5mL 0.1mol·L^{-1} AgNO$_3$ 溶液，滴加 2mol·L^{-1} 新配制的 NaOH 溶液，观察 Ag$_2$O（为什么不是 AgOH？）的颜色和状态。洗涤并离心分离沉淀，将沉淀分成两份：一份加入 2mol·L^{-1} HNO$_3$，另一份加入 2mol·L^{-1} 氨水。观察现象，写出反应方程式。

0.5mL 0.1mol·L⁻¹ AgNO₃ +2mol·L⁻¹ NaOH	现象：	方程式：
2mol·L⁻¹ HNO₃	现象：	方程式：
2mol·L⁻¹ 氨水	现象：	方程式：

② 氧化汞的生成和性质　取 0.5mL 0.2mol·L⁻¹ Hg(NO₃)₂ 溶液，滴加新配制的 2mol·L⁻¹ NaOH 溶液，观察溶液颜色和状态。将沉淀分成两份：一份加入 2mol·L⁻¹ HNO₃，另一份加入 40%NaOH 溶液。观察现象，写出有关反应方程式。

0.5mL 0.2mol·L⁻¹ Hg(NO₃)₂ 滴加新配制的 2mol·L⁻¹ NaOH 溶液	现象：	方程式：
2mol·L⁻¹ HNO₃	现象：	方程式：
40%NaOH 溶液	现象：	方程式：

2. 锌、镉、汞硫化物的生成和性质

往 3 支分别盛有 0.5mL 0.2mol·L⁻¹ ZnSO₄、CdSO₄、Hg(NO₃)₂ 溶液的离心试管中滴加 1mol·L⁻¹ Na₂S 溶液。观察沉淀的生成和颜色。

将沉淀离心分离、洗涤，然后将每种沉淀分成四份，一份加入 2mol·L⁻¹ 盐酸，一份中加入浓盐酸，一份加入浓硝酸，一份加入王水（自配），分别水浴加热。观察沉淀溶解情况。根据实验现象并查阅有关数据，对锌、镉、汞硫化物的溶解情况作出结论，并写出有关反应方程式。

硫化物	颜色	溶 解 性				$K_{sp}^{\ominus}$
		2mol·L⁻¹ 盐酸	浓盐酸	浓硝酸	王水	
ZnS						
CdS						
HgS						

3. 铜、银、锌、汞的配合物

（1）氨合物的生成　往 4 支分别盛有 0.5mL 0.2mol·L⁻¹ CuSO₄、AgNO₃、ZnSO₄、Hg(NO₃)₂ 溶液的试管中滴加 2mol·L⁻¹ 的氨水，观察沉淀的生成。继续加入过量的 2mol·L⁻¹ 氨水，又有何现象发生？写出有关反应方程式。比较 Cu^{2+}、Ag^+、Zn^{2+}、Hg^{2+} 与氨水反应有什么不同。

项目		CuSO₄	AgNO₃	ZnSO₄	Hg(NO₃)₂
加 2mol·L⁻¹ 氨水	现象				
	产物				
继续加过量的 2mol·L⁻¹ 氨水	现象				
	产物				

（2）汞配合物的生成和应用

① 往盛有 0.5mL 0.2mol·L⁻¹ Hg(NO₃)₂ 溶液中，滴加 0.2mol·L⁻¹ KI 溶液，观察沉淀的生成和颜色。再往该沉淀中加入少量碘化钾固体（直至沉淀刚好溶解为止，不要过量），溶液显何色？写出反应方程式。

在所得的溶液中，滴入几滴 40%KOH 溶液，再与氨水反应，观察沉淀的颜色。

0.5mL 0.2mol·L^{-1}Hg(NO$_3$)$_2$滴加 0.2mol·L^{-1}KI 溶液	现象：	方程式：
滴入几滴40%KOH溶液，再与氨水反应	现象：	方程式：

② 往 5 滴 0.2mol·L^{-1}Hg(NO$_3$)$_2$ 溶液中，逐滴加入 0.1mol·L^{-1}KSCN 溶液，最初生成白色 Hg(SCN)$_2$ 沉淀，继续滴加 KSCN 溶液，沉淀溶解生成无色 [Hg(SCN)$_4$]$^{2-}$。再在该溶液中加几滴 0.2mol·L^{-1} ZnSO$_4$ 溶液，观察白色的 Zn[Hg(SCN)$_4$] 沉淀的生成（该反应可定性检验 Zn^{2+}），必要时用玻璃棒摩擦试管壁。提示：涉及反应 Hg(SCN)$_2$(s)+2SCN$^-$⟶[Hg(SCN)$_4$]$^{2-}$；Zn^{2+} + [Hg(SCN)$_4$]$^{2-}$⟶Zn[Hg(SCN)$_4$](s)。

4. 铜、银、汞的氧化还原性

（1）氧化亚铜的生成和性质　取 0.5mL 0.2mol·L^{-1}CuSO$_4$ 溶液，滴加过量的 6mol·L^{-1}NaOH 溶液，使起初生成的蓝色沉淀溶解成深蓝色溶液。然后在溶液中加入 1mL 10%葡萄糖溶液，混匀后微热，有黄色沉淀产生进而变成红色沉淀。写出有关反应方程式。

将沉淀离心分离、洗涤，然后分成两份：一份沉淀与 1mL 2mol·L^{-1} H$_2$SO$_4$ 作用，静置一会，注意沉淀的变化，然后加热至沸，观察有何现象；另一份沉淀中加入 1mL 浓氨水，振荡后，静置一段时间，观察溶液的颜色（放置一段时间后，溶液为什么会变成深蓝色？）。

0.5mL 0.2mol·L^{-1}CuSO$_4$ 溶液，滴加过量的 6mol·L^{-1} NaOH 溶液	现象：	方程式：
加入 1mL 10%葡萄糖溶液	现象：	方程式：
沉淀与 1mL 2mol·L^{-1} H$_2$SO$_4$ 作用	现象：	方程式：
沉淀中加入 1mL 浓氨水	现象：	方程式：

（2）氯化亚铜的生成和性质　取 10mL 0.5mol·L^{-1} CuCl$_2$ 溶液，加入 3mL 浓盐酸和少量铜屑，加热沸腾至其中液体呈深棕色（绿色完全消失）。取几滴上述溶液加入 10mL 蒸馏水中，如有白色沉淀产生，则迅速把全部溶液倾入 100mL 蒸馏水中，将白色沉淀洗涤至无蓝色为止。

取少许沉淀分成两份：一份与 3mL 浓氨水作用，观察有何变化；另一份与 3mL 浓盐酸作用，观察又有何变化。写出有关反应方程式。

10mL 0.5mol·L^{-1} CuCl$_2$ 溶液加入 3mL 浓盐酸和少量铜屑	现象：	方程式：
沉淀加 3mL 浓氨水	现象：	方程式：
沉淀加 3mL 浓盐酸	现象：	方程式：

（3）碘化亚铜的生成和性质　在盛有 0.5mL 0.2mol·L^{-1}CuSO$_4$ 溶液的试管中，边滴加 0.2mol·L^{-1}KI 溶液边振荡，溶液变为棕黄色（CuI 为白色沉淀，I$_2$ 溶于 KI 呈黄色）。再滴加适量 0.5mol·L^{-1} Na$_2$S$_2$O$_3$ 溶液，以除去反应中生成的碘。观察产物的颜色和状态，写出反应式。

0.5mL 0.2mol·L^{-1}CuSO$_4$ 溶液滴加 0.2mol·L^{-1}KI 溶液	现象：	方程式：
滴加适量 0.5mol·L^{-1} Na$_2$S$_2$O$_3$ 溶液	现象：	方程式：

（4）汞（Ⅱ）与汞（Ⅰ）的相互转化

① Hg^{2+} 的氧化性 在盛有 5 滴 $0.2mol \cdot L^{-1}$ $Hg(NO_3)_2$ 溶液的试管中，逐滴加入 $0.2mol \cdot L^{-1}$ $SnCl_2$ 溶液（由适量→过量）。观察现象，写出反应方程式。

5 滴 $0.2mol \cdot L^{-1}$ $Hg(NO_3)_2$ 溶液逐滴加入 $0.2mol \cdot L^{-1}$ $SnCl_2$ 溶液	现象：	方程式：

② Hg^{2+} 转化为 Hg_2^{2+} 和 Hg_2^{2+} 的歧化分解 在 $0.5mL$ $0.2mol \cdot L^{-1}$ $Hg(NO_3)_2$ 溶液中，滴入 1 滴金属汞，充分振荡。用滴管把清液转入两支试管中（余下的汞要回收），在一支试管中加入 $0.2mol \cdot L^{-1}$ $NaCl$，另一支试管中滴入 $2mol \cdot L^{-1}$ 氨水，观察现象，写出反应式（提示：$Hg^{2+} \xrightarrow{0.9083V} Hg_2^{2+} \xrightarrow{0.7955V} Hg$）。

在 $0.5mL$ $0.2mol \cdot L^{-1}$ $Hg(NO_3)_2$ 溶液,滴入 1 滴金属汞	现象：	方程式： 结论：

五、思考题

1. 为什么汞要用水封存？使用时应注意什么？
2. 选用什么试剂可溶解氢氧化铜、硫化铜、溴化铜、碘化银沉淀？

实验十八 综合练习——设计性实验

一、实验目的

利用所学的无机化学理论及无机实验的基本操作，通过查阅资料、设计合理实验方案解决实际问题。比如：废烂板液中铜、铁的回收及利用；工业废渣中镁的回收及利用；煤矸石中硅、铝的回收及利用等。

二、实验仪器和试剂

根据自拟方案自选仪器及药品，包括自行配制的试剂。

三、实验要求

学生根据自己设计的实验方案，完成实验操作并记录实验现象和数据，并将实验结果以小论文形式递交。

小论文要求：包括摘要，前言（主要综述原料来源、主要成分，回收利用的意义，前人回收的方法及利用领域，本人回收原理以及利用领域），实验仪器、试剂（前期实验所用仪器及试剂），实验方案（具体实施途径，包括实验条件的范围），结果与讨论（最佳实验条件的确定以及原理，产物性质的检测及产率等）。

第4章

分析化学实验（基础训练）部分

4.1 滴定分析基本操作训练

4.1.1 滴定分析中的常用玻璃仪器

在分析化学的基本滴定操作中，常使用的玻璃仪器主要是滴定管、锥形瓶、容量瓶和移液管或吸量管，另外天平称量中用到称量瓶，还经常使用烧杯和量筒。下面分别加以介绍。

4.1.1.1 普通玻璃仪器

普通玻璃仪器包括烧杯、量筒或量杯、称量瓶、锥形瓶。

烧杯主要用于配制溶液、溶解试样，也可作为较大量试剂的反应器。有些烧杯带有刻度，其可置于石棉网上加热，但不允许干烧。常用烧杯有 10mL、15mL、25mL、50mL、100mL、250mL。

锥形瓶是纵剖面为三角形的滴定反应器，口小、底大，有利于滴定过程中充分振摇，使反应充分而液体不易溅出。锥形瓶可在石棉网上加热，一般在常量分析中所用的规格为 250mL，是滴定分析中必不可少的玻璃仪器。

称量瓶（图 4-1）是一种具有磨口塞的筒形的玻璃瓶，主要用于使用分析天平时准确称取一定质量的试样，也可用于烘干试样。因其有磨口塞，可以防止瓶中的试样吸收空气中的水分和 CO_2 等，适用于称量易吸潮的试样。

在碘量法滴定分析中常用一种带磨口塞、水封槽的特殊锥形瓶，称为碘量瓶（图 4-2）。使用碘量瓶可减小碘的挥发而引起的测定误差。

图 4-1　称量瓶

图 4-2　碘量瓶

4.1.1.2 容量分析仪器

滴定管、容量瓶、移液管和吸量管是滴定分析中准确测量溶液体积的容量分析仪器。溶液体积测量的准确性将直接影响滴定结果的准确度。通常体积测量的相对误差比天平称量要大，而滴定分析结果的准确度是由误差最大的因素决定的，因此，准确测量溶液体积显得尤为重要。

在滴定分析中，容量分析仪器分为量入式和量出式两种。常见的量入式容量分析仪器（标有 In）有容量瓶，用于测量容器中所容纳的液体体积，该体积称为标称体积；常见的量出式容量分析仪器（标有 Ex）有滴定管、移液管和吸量管，用于测量从容器中排（放）出的液体体积，称为标称容量。

（1）滴定管　滴定管是管身细长、内径均匀、刻有均匀刻度线的玻璃管，管的下端有一玻璃尖嘴（图 4-3），通过玻璃旋塞或橡胶管连接，用以控制液体流出滴定管的速度。常量分析所用的滴定管有 25mL、50mL 两种规格；半微量分析和微量分析中所用的滴定管有 10mL、5mL、2mL、1mL 等规格。本书介绍的滴定管的标称容量为 50mL，其最小刻度为 0.1mL，读数时可估计到 0.01mL。

滴定管有酸式滴定管和碱式滴定管两种（图 4-3）。酸式滴定管下端有玻璃旋塞，用于装酸性溶液和氧化性溶液，不宜装碱性溶液（为什么?）。碱式滴定管下端连接一段橡胶管，管内有一粒大小合适的玻璃珠，以控制溶液的流出。遇长时间不用，碱式滴定管的橡胶管会老化，弹性下降，需及时更换橡胶管。橡胶管下端连接一尖嘴玻璃管。碱式滴定管只能装碱性溶液，不能装酸性或氧化性溶液，以免橡胶管被腐蚀。

（2）移液管和吸量管　移液管和吸量管是用于准确移取一定体积液体的量出式容量分析仪器，如图 4-4 所示。移液管中间部分膨大，管颈上部有一环形刻线，膨大部分标有容积、温度，以及 "Ex" 和 "快" 或 "吹" 等字样，俗称大肚移液管，正规名称为 "单标线吸量管"。常用的移液管有 5mL、10mL、25mL、50mL 等规格。其精密度一般高于分刻度吸量管。

吸量管具有分刻度，正规名称为 "分刻度吸量管"，管上同样标有容积、温度等字样。吸量管常用于移取所需的不同体积，常用有 1mL、2mL、5mL、10mL 等规格。

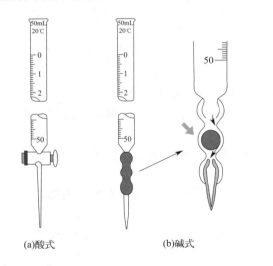

図 4-3　酸碱滴定管

図 4-4　移液管和吸量管

移液管和吸量管分 "快流式" 和 "吹式" 两种。快流式管上标有 "快" 字样，在标明温度下，调节溶液凹液面与刻线相切，再让溶液自然流出，并让移液管尖嘴在接收溶液的容器内壁靠 15s 左右，则溶液体积为管上所标示的容积。放出溶液后移液管和吸量管的尖嘴还留有少量溶液，不必将此残留溶液吹出，因为少量溶液已在仪器校正过程中得以校正。而吹式移液管和吸量管正好相反，管上标有"吹"字样，使用时需要将最后残留在尖嘴的少量溶液全部吹出。注意用移液管或者吸量管移取溶液时，必须有"绕内壁转三圈"和"自转三圈"的操作，这将在其使用操作中介绍。

移液管和吸量管均属精密容量仪器，不得放在烘箱中加热烘烤。

（3）容量瓶　容量瓶是一种细颈梨形的平底玻璃瓶，常带有磨口塞或塑料塞，颈上有标线，瓶上标有容积、温度、"In"等字样，"In"表示容量瓶是量入式容量分析仪器，在标明温度下，当溶液凹液面下沿与标线相切时，溶液体积与标示体积相等。容量瓶一般用来配制标准溶液、试样溶液和定量稀释溶液。常用的容量瓶有 5mL、10mL、25mL、50mL、100mL、250mL、500mL 等规格（图 4-5）。

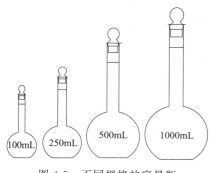

图 4-5　不同规格的容量瓶

容量瓶主要用于配制准确浓度的标准溶液或逐级稀释标准溶液，常和移液管配合使用，可将配成溶液的物质分成若干等份。但其不能用于长久储存溶液，尤其是碱性溶液，不然会导致磨口瓶塞无法打开。

4.1.2　实验室常用溶液的配制及浓度

分析工作离不开溶液，配制溶液的化学试剂或蒸馏水的纯度对于分析结果的准确度影响极大。因此正确地了解各类试剂的性质与用途对合理地选用试剂是完全必要的。

4.1.2.1　溶液配制

溶液是由至少两种物质组成的均一、稳定的混合物，被分散的物质（溶质）以分子或更小的质点分散于另一物质（溶剂）中。在分析化学中如无特指，一般都指水溶液，即以水为溶剂的溶液。

一般液体溶液配制过程：

① 计算：计算配制所需固体溶质的质量或液体浓溶液的体积。

② 称量：用托盘天平称量固体质量或用量筒、移液管量取液体体积。

③ 溶解：在烧杯中溶解或稀释溶质，并使溶液恢复至室温（如不能完全溶解可适当加热）；检查容量瓶是否漏水。

④ 转移：将烧杯内冷却后的溶液沿玻璃棒小心转入一定体积的容量瓶中（玻璃棒下端应靠在容量瓶刻度线以下）。

⑤ 洗涤：用蒸馏水洗涤烧杯和玻璃棒 2～3 次，并将洗涤液转入容器中，振荡，使溶液混合均匀。

⑥ 定容：向容量瓶中加水至刻度线以下 1～2cm 处时，改用胶头滴管加水，使溶液凹面恰好与刻度线相切。

⑦ 摇匀：盖好瓶塞，用食指顶住瓶塞，另一只手的手指托住瓶底，反复上下颠倒，使溶液混合均匀。

4.1.2.2　溶液的浓度

配制溶液最常用的浓度表示是物质的量浓度 c。

$$c = n/V$$

式中，c 为物质的量浓度，$mol \cdot L^{-1}$；n 为物质的量，mol；V 为溶液体积，L。

（1）用液体试剂配制

① 根据稀释前后溶质质量相等原理得公式：

$$\omega_1 \rho_1 V_1 = \omega_2 \rho_2 V_2$$

式中，ω_1 为欲配溶液质量分数；ρ_1 为欲配溶液密度；V_1 为欲配溶液体积；ω_2 为浓溶液质量分数；ρ_2 为浓溶液密度；V_2 为浓溶液所用体积。

例：要制备 20% 的硫酸溶液 1000mL，需要 99% 的浓硫酸多少毫升？

查表知，20% 时 $\rho_1 = 1.139 g \cdot mL^{-1}$；99% 时 $\rho_2 = 1.836 g \cdot mL^{-1}$。代入公式：

$$20\% \times 1.139 g \cdot mL^{-1} \times 1000mL = 99\% \times 1.836 g \cdot mL^{-1} \times V_2$$

得：

$$V_2 = 20\% \times 1.139 g \cdot mL^{-1} \times 1000mL / (99\% \times 1.836 g \cdot mL^{-1}) = 125mL$$

② 根据稀释前后溶质的量相等原则得公式：

$$c_1 V_1 = c_2 V_2$$

式中，c_1 为稀释前的浓度；V_1 为稀释前体积；c_2 为稀释后的浓度；V_2 为稀释后体积。

例：用 $18 mol \cdot L^{-1}$ 的浓硫酸配制 500mL $3 mol \cdot L^{-1}$ 的稀硫酸，需要浓硫酸多少毫升？

代入公式：

$$c_1 V_1 = c_2 V_2$$

$$18 mol \cdot L^{-1} \times V_1 = 3 mol \cdot L^{-1} \times 500mL$$

得：

$$V_1 = 3 mol \cdot L^{-1} \times 500mL / (18 mol \cdot L^{-1}) = 83.3mL$$

③ 根据公式：

$$V_1 \times d \times a = c \times V_2 \times M / 1000$$

式中，V_1 为原溶液体积；V_2 为欲配制溶液体积；d 为原溶液密度；a 为原溶液的质量浓度，%；c 为欲配制溶液的物质的量浓度；M 为试剂的摩尔质量。

例：欲配制 $2.0 mol \cdot L^{-1}$ 的硫酸溶液 500mL，应取质量分数为 98%、$d = 1.84 g \cdot mL^{-1}$ 的硫酸多少毫升？（已知 $M_{硫酸} = 98.07 g \cdot mol^{-1}$）

代入公式：

$$V_1 \times 1.84 g \cdot mL^{-1} \times 98\% = 2.0 mol \cdot L^{-1} \times 500mL \times 98.07 g \cdot mol^{-1} / 1000$$

得：

$$V_1 = 2.0 mol \cdot L^{-1} \times 500mL \times 98.07 g \cdot mol^{-1} \times 1.84 g \cdot mL^{-1} \times 98\% / 1000 = 54mL$$

（2）用固体试剂配制　根据如下公式得：

$$m = c \times V \times M / 1000$$

式中，m 为需称取固体试剂的质量；c 为欲配溶液浓度，V 为欲配溶液体积，M 为固体试剂摩尔质量。

例：欲配制 $0.5 mol \cdot L^{-1}$ 的碳酸钠溶液 500mL，该称取 Na_2CO_3 多少克？（已知 $M_{Na_2CO_3} = 106 g \cdot mol^{-1}$）

代入公式得：

$$m = 0.5 mol \cdot L^{-1} \times 500mL \times 106 g \cdot mol^{-1} / 1000 = 26.5g$$

除以物质的量浓度表示外，表示方式还包括：

① 体积比，即对大多数液态溶质常以溶质体积与溶剂（水）体积的份数之比表示。例如：1∶1 HCl 即表示 1 份某级别浓盐酸与 1 份水等体积混合；1∶10 H_2SO_4 即表示 1 体积浓 H_2SO_4 和 10 体积水混合。

② 质量分数，即以溶质质量与溶液总质量之比表示，常用于浓溶液的表示，如 98% 的 H_2SO_4、37% 的 HCl 或 40% 的 NaOH。

③ 体积分数，即以 100mL 溶液中含溶质的质量表示，常用于稀溶液的表示，如 0.1% 的指示剂，即称 0.1g 溶质稀释至 100mL，用起来很方便。

（3）常用酸、碱试剂的密度和浓度　见表 4-1。

表 4-1　常用酸、碱试剂的密度和浓度

试剂名称	化学式	物质的摩尔质量 /(g·mol^{-1})	密度 ρ /(g·mL^{-1})	质量分数 ω/%	物质的量浓度 c /(mol·mol^{-1})
浓硫酸	H_2SO_4	98	1.84	96	18
浓盐酸	HCl	36.5	1.18	36	12
浓硝酸	HNO_3	63	1.42	72	16
浓磷酸	H_3PO_4	98	1.69	85	15
冰醋酸	CH_3COOH	60	1.05	99	17
高氯酸	$HClO_4$	100	1.67	70	12
浓氢氧化钠	NaOH	40	1.43	40	14
浓氨水	$NH_3·H_2O$	17	0.90	28	15

4.1.2.3　标准溶液的配制方法

标准溶液是指已知准确浓度的试剂溶液，在容量分析中用作滴定剂，以滴定被测物质；或在仪器分析中，用作标准校准系列来测定待测物的含量。标准溶液有两种配制方法：

（1）直接配制法　准确称取一定量的基准试剂，溶解后定量转入容量瓶中，加试剂水稀释至刻度，充分摇匀，根据称取基准物质的质量和容量瓶体积，计算其准确浓度。

该法的要求是基准物质符合试剂要求（即组成与化学式相符、纯度高、稳定），准确称出适量的基准物质，直接溶解后配制、转移到一定体积的容量瓶内。由下式计算应称取的基准物质的质量。

$$m = cVM$$

式中，m 为基准物质的质量；c 和 V 分别为所需配制溶液的物质的量浓度和体积；M 为基准物质的摩尔质量。

例如，配制 1000mL 0.01667mol·L^{-1} 重铬酸钾滴定液（$M_{K_2Cr_2O_7} = 294.18$g·mol^{-1}），则 $m = 0.01667$mol·L^{-1}×1000mL×10^{-3}×294.18g·mol^{-1} = 4.903g。配制过程：取基准重铬酸钾，在 120℃ 干燥至恒重后，称取 4.903g，加水适量使溶解，完全转移至 1000mL 容量瓶中并稀释至刻度，摇匀，即得。

（2）间接配制法　间接配制法又称标定法，由于试剂不符合基准物质的要求，要将要配制的溶液先配制成近似于所需浓度的溶液，然后用基准物或标准溶液准确地测出它的准确浓度。这个过程称为溶液的标定。

本书所选实验的标准溶液大多数都是间接方法配制的，例如 HCl 标准溶液、NaOH 标准溶液以及 EDTA、$Na_2S_2O_3$、$KMnO_4$ 等均属此列。

例如：盐酸标准溶液的配制和标定。

① 配制：根据表 4-2 量取规定体积的盐酸，注入 1000mL 水中，摇匀。

表 4-2　盐酸标准溶液的配制

$c_{HCl}/(mol \cdot L^{-1})$	盐酸体积 V/mL	基准无水碳酸钠质量 m/g
1	90	1.9
0.5	45	0.95
0.1	9	0.2

② 标定：称取表 4-2 中规定量的、于 270～300℃ 高温炉中灼烧至恒重的基准无水碳酸钠，称准至 0.0001g；将其溶于 50mL 水中，加 10 滴溴甲酚绿-甲基红混合指示液，用配制好的盐酸标准溶液滴定至溶液由绿色变为暗红色，煮沸 2min，冷却后继续滴定至溶液再呈暗红色；同时做空白实验。

③ 计算：盐酸标准溶液的浓度 c_{HCl}，按下式计算。

$$c_{HCl} = \frac{m \times 1000}{(V_1 - V_2) \times M}$$

式中，m 为基准无水碳酸钠的质量，g；V_1 为盐酸标准溶液的体积，mL；V_2 为空白实验消耗盐酸标准溶液的体积，mL；M 为基准无水碳酸钠的摩尔质量，$g \cdot mol^{-1}$ [$M(1/2Na_2CO_3)=52.994g \cdot mol^{-1}$]。

（3）注意事项

① 称样时要准确称量，且其量要达到一定数值（一般在 200mg 以上），以减少相对误差。

② 注意"定量转入"操作，要 100% 全部转入，不应有损失。

③ 注意试剂水的纯度要符合要求，避免带入杂质。

④ 摇匀时要塞紧瓶口，并注意瓶塞严密不漏，避免溢漏损失。

4.1.2.4　标准溶液的浓度及储存要求

（1）标准溶液的浓度要求　制备的标准溶液浓度与规定浓度的绝对差值与规定浓度的比值不得大于 5%。直接用标准溶液浓度计算结果时，使用的溶液浓度要求其标定的浓度小数点后第四位数 $X \leqslant 5$（例：0.100X，0.500X，1.000X，0.050X）。如滴定原料、乳制品酸度使用的 NaOH 标准溶液，其浓度应标定在 0.100X。

（2）标准溶液的储存要求　标准溶液在常温（15～250℃）保存时间不得超过 2 个月。浓度等于或低于 0.02mol·L^{-1} 的标准溶液应于临用前通过将浓度高的标准溶液用煮沸并冷却的水稀释而制成，必要时重新标定浓度。

（3）标准溶液的有效期　见表 4-3。

表 4-3　标准溶液的有效期

溶液名称	浓度 $c/(mol \cdot L^{-1})$	有效期	溶液名称	浓度 $c/(mol \cdot L^{-1})$	有效期
各种酸液	各种浓度	3 个月	硫酸亚铁溶液	1；0.64	20 天
氢氧化钠溶液	各种浓度	2 个月	硫酸亚铁溶液	0.1	用前标定
氢氧化钾-乙醇溶液	0.1；0.5	1 个月	亚硝酸钠溶液	0.1；0.25	2 个月
硫代硫酸钠溶液	0.05；0.1	2 个月	硝酸银溶液	0.1	3 个月
高锰酸钾溶液	0.05；0.1	3 个月	硫氰酸钾溶液	0.1	3 个月
碘溶液	0.02；0.1	1 个月	亚铁氰化钾溶液	各种浓度	1 个月
重铬酸钾溶液	0.1	3 个月	EDTA 溶液	各种浓度	3 个月
溴酸钾—溴化钾溶液	0.1	3 个月	锌盐溶液	0.025	2 个月
氢氧化钡溶液	0.05	1 个月	硝酸铅溶液	0.025	2 个月

4.1.3 滴定应掌握的实验技术

滴定分析法作为一种简便、快速和应用广泛的定量分析方法，在常量分析中有较高的准确度。

4.1.3.1 滴定管的操作

滴定管一般分为具塞和无塞两种，也就是习惯上所说的酸式滴定管和碱式滴定管。

（1）使用前准备

① 洗涤 根据沾污的程度，可采用不同的清洗剂（如洗洁精、铬酸洗液、草酸加硫酸溶液等）。新用的滴定管应充分清洗，可用铬酸洗液（注意：切勿溅到皮肤和衣物上）洗。在无水的滴定管中加入 5～10mL 洗液，边转动边将滴定管放平，并将滴定管口对着洗液瓶口，以防洗液洒出。洗净后将一部分洗液从管口放回原瓶，最后打开旋塞，将剩余的洗液从出口管放回原瓶。若滴定管油污较多，必要时可用温热洗液加满滴定管浸泡一段时间。将洗液从滴定管彻底放净后，用自来水冲洗时要注意，最初的洗液应倒入废液缸中，以免腐蚀下水管道。有时，需根据具体情况采用针对性清洗液进行清洗。例如，装过 $KMnO_4$ 的滴定管内壁常有残存的二氧化锰，可用草酸加硫酸溶液进行清洗。用各种清洗液清洗后，都必须用自来水充分洗净，并将管外壁擦干，以便观察内壁是否挂水珠，然后用蒸馏水洗 3 次，最后，将管的外壁擦干。洗净的滴定管倒挂（防止落入灰尘）在滴定管架台上备用。长期不用的滴定管应将旋塞和旋塞套擦拭干净，并夹上薄纸后再保存，防止旋塞和旋塞套之间粘住而不易打开。

如滴定管不净，溶液会沾在壁上影响容积测量的准确性。淌洗时不要用手指堵住管口，以免把手上的油脂带入滴定管中。碱式滴定管洗涤时要注意铬酸洗液不能直接接触橡胶管，洗涤时将橡胶管取下或将玻璃珠往上捏，使其紧贴在碱管的下端，防止洗液腐蚀橡胶管。而在用自来水或蒸馏水清洗碱管时，应特别注意玻璃珠下方死角处的清洗。为此，在捏橡胶管时应不断改变方位，使玻璃珠的四周都清洗到。

② 检查

a. 酸式滴定管 酸式滴定管又称具塞滴定管，它的下端有玻璃旋塞开关，用来装酸性、中性与氧化性溶液，不能装碱性溶液如 NaOH 等，因为碱性溶液能腐蚀玻璃，时间长一些，旋塞便不能转动。

首先检查旋塞转动是否灵活、与旋塞套是否配套，然后检查是否漏水，后者称为试漏。试漏的具体方法：将旋塞关闭，在滴定管中装满自来水至零刻度线以上，静止 2min，用干燥的滤纸检查尖嘴和旋塞两端是否有水渗出；将旋塞旋转 180°，再静止 2min，再次检查是否有水渗出。若不漏水且旋塞转动灵活，即可使用，否则应该在旋塞和旋塞套上再次均匀涂抹凡士林。

涂凡士林是酸式滴定管使用过程中一项重要而基本的操作，先将旋塞套头上的橡胶套取下，将滴定管的旋塞拔出，用滤纸将旋塞和旋塞槽内的凡士林全部擦干净[图 4-6(a)]，然后手指蘸取少许凡士林涂于旋塞孔的两侧[图 4-6(b)]，并使其成为一均匀的薄层。注意在靠近旋塞孔位置的中间一圈不涂凡士林，以免凡士林堵塞旋塞孔。将涂好凡士林的旋塞按照与滴定管平行的方向插入旋塞套中，按紧，然后向同一方向连续旋转旋塞[图 4-6(c)]，直至旋塞上的凡士林成均匀透明的膜。若凡士林涂得不够，会出现旋塞转动不灵活或者明显看到旋塞套上出现纹路；若凡士林涂得太多，则会有凡士林从旋塞槽两侧挤出的现象。若出现上述情况，都必须将旋塞和旋塞槽擦拭干净后重新涂凡士林。凡士林涂抹完成后，为防止滴定过程中旋塞从旋塞套上脱落，必须在旋塞套的小头部分套上一个小橡胶套，在套橡胶套时，要用手指顶住旋塞柄，以防旋塞松动。整个操作进行完后还要重新检查滴定管的漏水情况。

　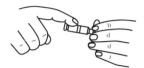　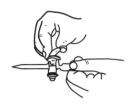

(a)擦干活塞窝　　　　　　　　(b)活塞涂凡士林　　　　　　　　(c)旋转活塞至透明

图 4-6　酸式滴定管旋塞涂凡士林

　　b. 碱式滴定管　碱式滴定管的一端连接橡胶管，管内装有玻璃珠，以控制溶液的流出，橡胶管下端接一尖嘴玻管。碱式滴定管用来装碱性及无氧化性溶液，凡是能与橡胶管起反应的溶液，如高锰酸钾、碘和硝酸银等溶液，都不能装入碱式滴定管。滴定管除无色的外还有棕色的，用以装见光易分解的溶液，如 $AgNO_3$、$Na_2S_2O_3$、$KMnO_4$ 等溶液。

　　检漏的具体方法是先在碱式滴定管中装满水至零刻度线以上，观察尖嘴处是否有水滴渗出。若滴定管尖有水漏出，漏液的可能原因就是橡胶管老化或者是玻璃珠过小。因此更换老化的橡胶管，同时选择合适的玻璃珠是排除碱式滴定管漏水的方法。

　　(2) 标准溶液的装入　为了保证装入滴定管的溶液不被稀释，需要用该种操作溶液润洗滴定管 2～3 次，每次用 5～10mL 标准溶液。润洗方法同于铬酸洗液洗涤滴定管，洗涤完毕的溶液从下管口放出。注意标准溶液应从试剂瓶、容量瓶等直接倒入滴定管，不借助于任何烧杯及漏斗等中间容器，以免溶液的浓度改变。

　　标准溶液润洗进行完后，左手拿滴定管，使滴定管倾斜，右手拿试剂瓶直接往滴定管中倒溶液，直至充满零刻线以上。装满后，检查滴定管尖嘴内是否有气泡，若有气泡，应将气泡排出，否则将造成测量误差。酸式滴定管尖嘴处有气泡时，右手拿滴定管上部无刻度处，左手迅速打开旋塞，使溶液迅速冲走气泡；碱式滴定管有气泡时，将橡胶管向上弯曲，两手指挤压玻璃珠，使溶液从管尖喷出，排除气泡（图 4-7）。注意捏挤橡胶管外侧时不要用力过大，以防止气泡重新进入滴定管中。同时由于溶液有一定的滑腻感，捏挤橡胶管时注意不要上下移动玻璃珠的位置，防止漏液。

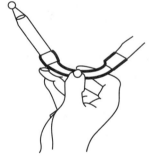

图 4-7　碱式滴定管赶气泡

　　(3) 滴定管的读数　滴定管的读数误差是滴定分析的主要误差来源之一。每一个滴定数据的获得，都需经过 2 次读数，即起始或者零点读数以及滴定结束时的读数。

　　排除气泡后，使标准溶液的液面在滴定管 "0" 刻线以上，仔细调节液面至 "0" 刻线，并记录零点 0.00mL；也可调液面在 "0" 刻线以下作为零点（一般在 1.00mL 范围内），但要记录其实际体积，如 0.28mL 等。读数时应注意：

　　① 读数前应等待 0.5～1min，使附着在滴定管内壁的标准溶液完全流下，液面稳定不变。

　　② 读数时应将滴定管从滴定管架上取下，用拇指和食指握住滴定管上部，使滴定管悬垂。因为在滴定管架上不能确保滴定管处于垂直状态而造成读数误差。

③ 无色和浅色溶液将有清晰的凹液面，读数时应保持视线与凹液面的最低点相切。视线偏高（俯视）将使读数偏小，视线偏低（仰视）将使读数偏大[图 4-8(a)]。颜色较深的溶液（如 $KMnO_4$、I_2 等）无法清晰辨认凹液面，读数时，应读取溶液上沿[图 4-8(b)]。

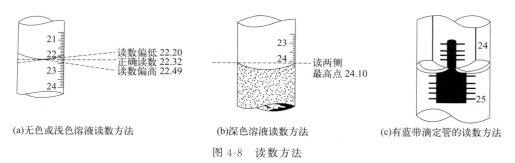

(a)无色或浅色溶液读数方法　　(b)深色溶液读数方法　　(c)有蓝带滴定管的读数方法

图 4-8　读数方法

④ 使用"蓝带"滴定管时，此时凹液面中间被打断，两边凹液面在蓝线上的交点即为读数[图 4-8(c)]。

⑤ 每次读数前均应检查尖嘴是否有气泡、是否有液滴悬挂在尖嘴，并根据滴定管的精密程度准确读数至 0.01mL。

⑥ 由于滴定管的刻度不绝对均匀，因此为减小滴定误差，每一次滴定后应该把滴定管加满后重新开始第二次滴定，保证使用滴定管的相同部位进行读数，这样可以消除因刻度不均匀而引起的误差。

（4）滴定操作　先将装好标准溶液并调好"零点"的（记录起始读数）滴定管垂直地夹在滴定管架上，下面的滴定台应该是白色台面，使滴定过程中的颜色变化更容易观察。滴定开始之前，必须调整好滴定管和滴定台的高度、滴定台和锥形瓶的高度。滴定台的前沿需要距离桌面的前沿 10～15cm，滴定操作可在锥形瓶或烧杯内进行。在锥形瓶中进行滴定时，用右手的拇指、食指和中指拿住锥形瓶，其余两指辅助在下侧，使瓶底离滴定台高约 2～3cm，滴定管下端深入瓶口内约 1cm。左手控制滴定速度，边滴加溶液，边用右手摇动锥形瓶。

使用酸式滴定管时，其手部的动作称为"反扣法"，将活塞套的旋塞部分冲外，用左手控制滴定管的旋塞，大拇指在前，食指及中指在后握住旋塞，无名指和小拇指弯曲靠在尖嘴上。在凡士林涂抹合适的情况下转动活塞时，稍微向手心使劲，这是为了防止滴定过程中旋塞从旋塞套中脱落，并注意手掌不要顶住旋塞，在滴定过程中左手不能离开旋塞（图 4-9）。

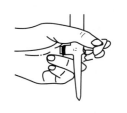

图 4-9　酸式滴定管操作方式

使用碱式滴定管时，左手大拇指在后，食指在前，另三指固定尖嘴，中指和无名指夹住管尖，用手指指尖挤压玻璃珠上半部分右侧橡胶管，使橡胶管内壁和玻璃珠之间形成一条细小的缝隙，溶液即可流出（图 4-10）。注意在挤压玻璃珠时不要挤压玻璃珠的中部，也不要挤压玻璃珠下部橡胶管，以免空气进入尖嘴，造成滴定体积测量误差。

摇动锥形瓶时，右手大拇指在前，食指和中指在后，无名指和小拇指自然微曲靠在锥形瓶后侧，手腕放松，保持锥形瓶瓶口水平；同时也可以使大拇指处于锥形瓶一侧在前，四个手指在后握住锥形瓶。滴定时使滴定管尖嘴伸入锥形瓶 1～2cm 左右为宜，边滴定边摇动锥形瓶，摇动锥形瓶尽量抖动手腕，使锥形瓶里的溶液

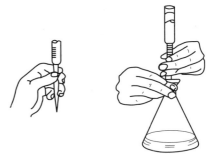

图 4-10　碱式滴定管滴定操作

应在同一方向作圆周运动（常以顺时针为宜）。不要摇动幅度过大，也不要左右振荡，谨防溶液溅出，如果有溶液溅出的情况应进行重新滴定。

滴定速度将直接影响滴定终点的观察和判断，一般情况下，滴定开始时，滴定速度可适当地快一点（视具体滴定不同有差异），其滴定的快慢程度可以用"见滴成线"来说明，但不能使滴定剂成液流线型流出。滴定时，要注意观察滴落点周围颜色变化，不要去看滴定管上的刻度变化。若颜色变化越来越慢则必须放慢滴定速度，需逐滴地滴加滴定剂，滴 1 滴，摇一摇，直至一滴溶液加入后振摇几下颜色才变化回去，此时应半滴半滴地滴加，当溶液颜色有明显变化且 30s 内不褪时，即到达终点，停止滴定。

控制半滴的操作是微微旋转旋塞或稍稍挤压玻璃珠上部橡胶管，使滴定剂慢慢流出，并有半滴溶液悬挂在尖嘴口（注意只要溶液没有落下，即为半滴溶液，同时有大半滴与小半滴之分，应该尽量滴入小半滴溶液），将尖嘴小心伸入锥形瓶，使半滴溶液靠在锥形瓶内壁上，然后慢慢倾斜锥形瓶，使锥形瓶中的溶液将该半滴滴定剂顺入其中，也可用洗瓶以去离子水吹洗冲下或者直接用洗瓶将半滴溶液吹入锥形瓶中。少量的去离子水吹洗不会影响测定的实验误差。

（5）滴定管用后的处理　滴定完毕后，滴定管内剩余的溶液应弃去，不得将其倒回原试剂瓶中，以免沾污整瓶操作溶液。随即洗净滴定管，或者在滴定管中加满蒸馏水，并用盖子盖住管口，夹在滴定台上备用。

4.1.4　移液管、吸量管与容量瓶的使用

4.1.4.1　移液管和吸量管及其使用

移液管和吸量管都是可以准确移取一定体积溶液的量器，但是两者从外观上有差别，移液管是一根中部膨大的细长玻璃管，上有一环形标线，只能移取一个准确体积的溶液，常见的有 5mL、10mL、20mL、25mL、50mL 等规格，最常用的是 25mL 的移液管；吸量管是具有分刻度线的玻璃管，可准确移取小于最大体积的不同体积溶液。使用移液管和吸量管时，一般用右手拿移液管（吸量管），左手拿洗耳球。右手大拇指和中指拿住移液管（吸量管）刻线以上处，食指在管口上方（注意这里坚决不能使用大拇指）以随时准备按住管口，另外两指辅助拿住移液管（吸量管）（图 4-11）。

（1）洗涤　分析化学中所用的玻璃器皿洗涤方式同样适用于移液管和吸量管的洗涤。移液管和吸量管可以吸取少量铬酸洗液洗涤，也可以将移液管和吸量管浸泡在用 500mL 或 1000mL 量筒装的铬酸洗液中洗涤。待铬酸洗液沥干后，分别用自来水、去离子水顺序洗涤，使用前，用滤纸将移液管或吸量管外壁水分擦干，并将尖嘴残留的水吸尽，然后用待吸取的溶液润洗 3 次，以除去管内残留的水分。

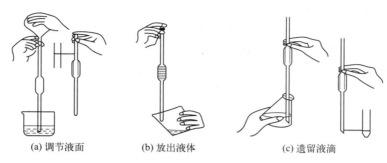

(a) 调节液面　　　　(b) 放出液体　　　　(c) 遗留液滴

图 4-11　移液管的使用

移液管的润洗方法：用洗耳球吸取溶液进入移液管大概 1/3 体积处，一般刚好进入大肚移液管的膨胀部分，迅速用右手食指按住管口（尽量不让吸入的溶液回流而稀释所移取溶液）；然后取出移液管，并将管慢慢倾斜，双手托住移液管两端，转动移液管使溶液浸润整个移液管内壁（注意：管口处可放置一个烧杯），当溶液流至管口附近时，再慢慢将移液管直立起来，使溶液从尖嘴排出。对于 25mL 移液管，可以使用 5～10mL 溶液润洗 2～3 次。

（2）移取溶液　将移液管插入液面以下 1～2cm 处，插入太浅易出现吸空，插入太深会使管外壁黏附太多的溶液，影响移取溶液的准确度；如果是移取容量瓶中的溶液，则应该将移液管插入到容量瓶的大肚部位处。左手将洗耳球中的空气先挤掉，然后将洗耳球尖嘴接在移液管口，慢慢松开左手，让溶液吸入移液管内。为防止吸空，移液管应随液面而下降。当移液管中液面上升至刻线以上时，迅速移开洗耳球并用右手食指按住管口，保持移液管垂直，尖嘴紧贴在原容器内壁，稍稍松动食指并轻轻来回转动移液管，使液面缓慢下降至凹液面的最低点与刻度线相切后，将移液管靠在内壁上旋转 3 圈后取出移液管，用事先准备的滤纸片擦干移液管下端外壁所黏附溶液，此时管尖不得有气泡，也不得有液滴悬挂。将移液管垂直置于接收溶液的容器（如锥形瓶）中，尖嘴紧贴容器壁，左手拿接收容器并使其倾斜成 45°。放松食指，使溶液自由流出，待溶液全部流出再等 10～15s 后，将移液管自转 3 圈后取出移液管（图 4-11）。

吸量管的使用与移液管基本相同，应注意的是吸量管的准确度不及移液管，最好不要用于标准溶液；在平行实验中，应尽量使用同一支吸量管的同一段，并尽量避免使用末端收缩部分。

4.1.4.2　容量瓶及其使用

容量瓶是常用的测量所能容纳液体体积的量入式玻璃量器，主要用途是配制准确浓度的标准溶液或定量地稀释溶液，常见的规格有 10mL、25mL、50mL、100mL、250mL、500mL、1000mL。

（1）检漏　使用前，先检查是否漏水。检漏方法：装入自来水至标线附近，盖好瓶塞，左手拿住瓶颈以上部分并用食指按住瓶塞，右手手指托住瓶底边缘，倒立 1min，观察瓶塞周围是否有水渗出，若不漏，将瓶直立，转动瓶塞 180°，再倒立试漏 1min，若不漏水，即可使用。检漏时注意瓶塞和瓶颈之间要套上橡皮筋，防止瓶塞脱落而损坏。

（2）洗涤　容量瓶与其他容量分析仪器相同，需先用铬酸洗液洗涤，然后依次用自来水、去离子水洗涤 3 遍后使用。

（3）使用　容量瓶使用前应先洗净。若用固体配制溶液，先将准确称量的固体物质在烧杯中溶解，然后将溶液转移到容量瓶中，转移时，一手（常为右手）拿玻璃棒，将其伸入容量瓶口，一端轻靠瓶口内壁并倾斜；另一手拿烧杯，使烧杯嘴紧贴玻璃棒，慢慢倾斜烧杯，使溶液沿玻璃棒流下，溶液全部流完后，将烧杯轻轻沿玻璃棒上提，同时将烧杯直立，使附着在玻璃棒与烧杯嘴之间的溶液流回烧杯或沿玻璃棒下流（图 4-12）。注意不能直接将烧杯从玻璃棒处拿开，否则，残留在玻璃棒和烧杯嘴中间的液滴可能损失。用去离子水洗涤烧杯 3～4 次，每次洗涤液一并转入容量瓶中。当至容量瓶容积的 2/3 时，摇动容量瓶使溶液混匀，此时不能盖上瓶塞将容量瓶倒转。继续加去离子水至接近标线 1～2cm 时等待 1～2min，使瓶颈内壁的溶液流下。用滴管或洗瓶慢慢滴加，直至溶液的弯月面与标线相切为止。最后，盖上瓶塞，左手握住瓶颈，左手食指按住瓶塞，右手托住瓶底，反复倒转并摇动（图 4-13）。容量瓶直立后，可以发现此时溶液凹液面在标线以下，属正常现象，是溶液渗入磨口与瓶塞缝隙中引起的，不必再加水至刻线。

若通过稀释浓溶液来配制，则用移液管吸取一定体积的浓溶液于容量瓶中，直接加去离子水稀释至刻度，具体操作同上。

图 4-12　定量转移溶液

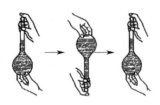

图 4-13　容量瓶混匀

热溶液应冷却至室温后再定容，否则将造成误差；需避光保存的溶液应使用棕色容量瓶。若试剂需要长期保存，应转入试剂瓶中保存。当容量瓶长期不用时，应将其洗净，并在磨口与瓶塞间垫一张滤纸片，以防瓶塞黏合，难以打开。

4.1.5　分析化学实验数据的记录和处理

4.1.5.1　分析化学实验数据的记录

学生应有专门的、预先编有页码的实验记录本，不得撕去任何一页。绝不允许将数据记在单面纸或小纸片上，或记在书上甚至手掌上等。实验记录本上记录的是实验中的所有原始数据，一般整理后书写实验报告。实验过程中的各种测量数据及有关现象，应及时准确而清楚地记录下来。记录实验数据要实事求是，切忌随意拼凑或伪造数据。

实验过程中测量数据时，应注意其有效数字的位数。用分析天平称量时，要求记录到 0.0001g；滴定管及吸量管的读数应记录到 0.01mL；用分光光度计测量溶液的吸光度时，如吸光度在 0.6 以下，应记录至 0.001 的读数，大于 0.6 时，则要求记录至 0.01 的读数。

实验记录上的每一个数据，都是测量结果，所以，重复实验时，即使数据完全相同，也都要记录下来，如即使滴定管的起始读数每一次均为 0，也应该严格记录 0.00mL。

进行记录时，对文字记录，应整洁；对数据记录，应采用一定的表格形式，这样就更为清楚明白。

在实验过程中，如发现数据算错、测错或读错而需要改动时，可将该数据用一横线划去，并在其上方写上正确的数字。

4.1.5.2 分析化学实验数据的处理

为了衡量分析结果的精密度，一般对单次测定的一组结果 x_1，x_2，…，x_n 算出算术平均值后，应再用单次测量结果的相对偏差、平均偏差、标准偏差等表示出来，这些是分析化学实验中最常用的几种处理数据的表示方法。一般在分析化学中，相对偏差、平均偏差和相对标准偏差保留一位有效数字即可。

算术平均值为：

$$\bar{x} = \frac{x_1 + x_2 + x_n}{n} = \frac{\sum x_i}{n}$$

相对偏差为：

$$\frac{x_i - \bar{x}}{x} \times 100\%$$

平均偏差为：

$$\bar{d} = \frac{|x_1 - \bar{x}| + |x_2 - \bar{x}| + \cdots + |x_n - \bar{x}|}{n} = \frac{\sum |x_i - \bar{x}|}{n}$$

相对平均偏差为：

$$RMD = \frac{\bar{d}}{x} \times 100\%$$

标准偏差为：

$$s = \sqrt{\frac{\sum (x_i - \bar{x})^2}{n-1}}$$

相对标准偏差为：

$$RSD = \frac{s}{x} \times 100\%$$

其他有关实验数据的统计学处理，如置信度与置信区间、是否存在显著性差异的检验及对可疑值的取舍判断等，可参考有关教材和专著。

4.2 基础实验

实验一　电子天平的操作及其称量练习

一、实验目的

1. 了解电子天平的构造及其主要部件。
2. 掌握电子天平的基本操作。
3. 学会直接法和减量法称量试样。
4. 学会正确使用称量瓶。
5. 掌握准确、简明、规范地记录实验原始数据的方法。

二、实验仪器

电子天平，称量瓶（内装试剂），小烧杯（接收器），锥形瓶（50mL）。

三、实验内容

1. 天平外观检查

取下天平罩→检查天平状态→插上电源→调电子天平的零点。

2. 直接称量法练习

用电子天平准确称出两锥形瓶和一个装有样品的称量瓶的质量。

按"电子天平操作"整理好天平，调零后，取两个洁净、干燥并编有号码的锥形瓶（1号、2号）和1个装有样品的称量瓶（3号）。将1号锥形瓶轻轻放在天平盘中央，当显示数字稳定后，即可读数，记录称量结果 m_1；重复操作，分别称出2号锥形瓶质量 m_2 与3号称量瓶质量 m_0，记录在相应表格位置上。

3. 减量法称量练习

本实验要求用减量法从称量瓶（3号）中准确称量出 $0.20 \sim 0.25$g 的固体试样（称准至 ± 0.0002g）。

① 分别准确称取1号和2号锥形瓶的质量 m_1 和 m_2（即直接称量法称得的数据 m_1 和 m_2）。

② 准确称取3号称量瓶的质量 m_0（即直接称量法称得的数据 m_0）。

③ 取出称量瓶3号，用瓶盖轻轻地敲打称量瓶口上方，使样品落在1号锥形瓶中，估计倾出的试样在 0.2g 左右时停止。将称量瓶再放回天平中称其质量 m_0'，两次质量之差（$m_0 - m_0'$）即为倾出试样的质量。若倒出的试样还少于 0.2g，应再次敲取（注意不应一下敲取过多），直到倾出的试样在 $0.20 \sim 0.25$g 之间；重复操作，在2号锥形瓶中也倾入 $0.20 \sim 0.25$g 的样品。

④ 用直接称量法准确称量"1号锥形瓶＋样品"的质量 m_1' 与"2号锥形瓶＋样品"质量 m_2'，并计算绝对误差。

⑤ 数据记录和处理。

四、数据记录和处理

项目	I	II
称量瓶＋样品的质量 m_0/g		
倾出样品后质量 m_0'/g		
$(m_0 - m_0')$/g		
锥形瓶＋样品的质量 m_1' 或 m_2'/g		
空锥形瓶质量 m_1 或 m_2/g		
$(m_1' - m_1)$ 或 $(m_2' - m_2)$/g		
绝对误差		

五、注意事项

1. 电子天平属精密仪器，使用时注意细心操作。

2. 所称试样不准直接放置在秤盘上，以免沾污和腐蚀仪器。

3. 不管称取什么样的试样，都必须细心将试样置入接收器皿中，不得撒在天平箱板上或秤盘上。若发生了上述错误，必须按要求处理好，并报告实验指导教师。

4. 实验数据只能记在实验报告上，不能随意记在纸片上。

六、思考题

1. 使用电子天平应该注意些什么？

2. 减量法称样是怎样进行的？增量法称量是怎样进行的？它们各有什么优缺点？宜在

何种情况下采用？

  3. 在减量法称量过程中能否用小勺取样？为什么？

实验二　溶液的配制

一、实验目的

1. 掌握溶液的质量分数、质量摩尔浓度、物质的量浓度等一般配制方法和基本操作。
2. 了解特殊溶液的配制方法。
3. 学习比重计、移液管、容量瓶的使用方法。

二、实验原理

  在化学实验中，常常需要配制各种溶液来满足不同实验的要求。如果实验对溶液浓度的准确性要求不高，一般利用台秤、量筒等低准确度的仪器配制就能满足需要。如果实验对溶液浓度的准确性要求较高，如定量分析实验，就须使用分析天平、移液管、容量瓶等高准确度的仪器配制溶液。对于易水解的物质，在配制溶液时还要考虑先以相应的酸溶解易水解的物质，再加水稀释。无论是粗配还是准确配制一定体积、一定浓度的溶液，首先要计算所需试剂的用量，包括固体试剂的质量或液体试剂的体积，然后再进行配制。

  不同浓度的溶液在配制时的具体计算及配制步骤如下。

1. 由固体试剂配制溶液

（1）质量分数

$$w = \frac{m_{溶质}}{m_{溶液}}$$

  所以：

$$m_{溶质} = \frac{w}{1-w} m_{溶剂} = \frac{w}{1-w} \rho_{溶剂} V_{溶剂}$$

  如溶剂为水：

$$m_{溶质} = \frac{w}{1-w} V_{溶剂}$$

  式中，$m_{溶质}$ 为固体试剂的质量；w 为溶质质量分数；$m_{溶剂}$ 为溶剂质量；$\rho_{溶剂}$ 为溶剂的密度，3.98℃时，$\rho_水 = 1.0000 \text{g} \cdot \text{mL}^{-1}$；$V_{溶剂}$ 为溶剂体积。

  计算出配制一定质量分数的溶液所需固体试剂质量，用台秤称取，倒入烧杯，再用量筒取所需蒸馏水也倒入烧杯，搅动，使固体完全溶解即得所需溶液，将溶液倒入试剂瓶中，贴上标签备用。

（2）质量摩尔浓度

$$m_{溶质} = \frac{M_{溶质} \, b m_{溶剂}}{1000} = \frac{M_{溶质} \, b V_{溶剂} \, \rho_{溶剂}}{1000}$$

  如以水为溶剂：

$$m_{溶质} = \frac{M_{溶质} \, b V_{溶剂}}{1000}$$

  式中，b 为质量摩尔浓度，$\text{mol} \cdot \text{kg}^{-1}$；$M_{溶质}$ 为溶质摩尔质量，$\text{g} \cdot \text{mol}^{-1}$；其他符号说明同前。

  配制方法同质量分数。

（3）物质的量浓度

$$m_{溶质} = cVM_{溶质}$$

式中，c 为物质的量浓度，$mol \cdot L^{-1}$；V 为溶液体积，L；其他符号说明同前。

① 粗略配制　算出配制一定体积溶液所需固体试剂质量，用台秤称取所需固体试剂，倒入烧杯中，加入少量蒸馏水搅动使固体完全溶解后，用蒸馏水稀释至相应体积，即得所需的溶液。然后将溶液转移至试剂瓶中，贴上标签，备用。

② 准确配制　先算出配制给定体积准确浓度溶液所需固体试剂的用量，并在分析天平上准确称出它的质量，放在干净烧杯中，加适量蒸馏水使其完全溶解。将溶液转移到容量瓶（与所配溶液体积相适应）中，用少量蒸馏水洗涤烧杯 2～3 次，冲洗液也移入容量瓶中，再加蒸馏水至标线处，盖上塞子，将溶液摇匀即成所配溶液，然后将溶液移入试剂瓶中，贴上标签备用。

2. 由液体（或浓溶液）试剂配制溶液

（1）质量分数

①混合两种已知浓度的溶液，配制所需浓度溶液　把所需的溶液浓度放在两条直线交叉点上（即中间位置），已知溶液浓度放在两条直线的左端（较大的在上，较小的在下）。然后每条直线上两个数字相减，差额写在同一直线另一端（右边的上、下），这样就得到所需的已知浓度溶液的份数。如，由 85% 和 40% 的溶液混合，制备 60% 的溶液时，需取用 20 份的 85% 溶液和 25 份的 40% 溶液混合。

$$\begin{matrix} 85 & & 20 \\ & 60 & \\ 40 & & 25 \end{matrix}$$

② 用溶剂稀释原液制成所需浓度的溶液　在计算时只需将左下角较小的浓度写成零，用以表示是纯溶剂即可。如用水把 35% 的水溶液稀释成 25% 的溶液，取 25 份 35% 的水溶液兑 10 份的水，就得到 25% 的溶液。

$$\begin{matrix} 35 & & 25 \\ & 25 & \\ 0 & & 10 \end{matrix}$$

配制时应先加水或稀溶液，然后加浓溶液。搅匀，将溶液转移到试剂瓶中，贴上标签备用。

（2）物质的量浓度

① 计算

a. 由已知物质的量浓度溶液稀释

$$V_{原} = \frac{c_{新} V_{新}}{c_{原}}$$

式中，$c_{新}$ 为稀释后溶液的物质的量浓度；$V_{新}$ 为稀释后溶液的体积；$c_{原}$ 为原溶液的物质的量浓度；$V_{原}$ 为取原溶液的体积。

b. 由已知质量分数溶液配制

$$c_{原} = \frac{\rho w}{M_{溶质}} \times 1000$$

式中，$M_{溶质}$ 为溶质的摩尔质量；ρ 为液体试剂（或浓溶液）的密度；w 为质量分数。

② 配制方法

a. 粗略配制　先用比重计测量液体（或浓溶液）试剂的相对密度，从表 4-4 中查出其相应的质量分数，算出配制一定物质的量浓度的溶液所需液体（或浓溶液）用量，用量筒量取所需的液体（或浓溶液），倒入装有少量水的有刻度的烧杯中混合，如果溶液放热，需冷却至室温后，再用水稀释至刻度。搅匀，然后移入试剂瓶中，贴上标签备用。

b. 准确配制　当用较浓的准确浓度的溶液配制较稀准确浓度的溶液时，先计算，然后用处理好的移液管吸取所需溶液注入给定体积的洁净容量瓶中，再加蒸馏水至标线处，摇匀后倒入试剂瓶，贴上标签备用。

三、实验仪器和试剂

仪器　烧杯（50mL、100mL），移液管（50mL 或分刻度），容量瓶（50mL、100mL），比重计，量筒（50mL），试剂瓶，称量瓶，台秤，分析天平。

试剂　$CuSO_4 \cdot 5H_2O(s)$，$NaCl(s)$，$KCl(s)$，$CaCl_2(s)$，$NaHCO_3(s)$，$SbCl_3(s)$，浓硫酸，醋酸（$2.00mol \cdot L^{-1}$），浓盐酸。

四、实验内容

（1）准确配制 100mL 质量分数为 0.90% 的生理盐水　按 $NaCl$、KCl、$CaCl_2$、$NaHCO_3$ 的比例为 $45:2.1:1.2:1$，在 $NaCl$ 溶液中加入 KCl、$CaCl_2$ 和 $NaHCO_3$，经消毒后即得 0.90% 的生理盐水。

（2）粗略配制 50mL $3mol \cdot L^{-1} H_2SO_4$ 溶液　自行设计实验，特别提示：①容量瓶、移液管的使用，参见 4.1.4 节；②比重计的使用，参见 2.10.3 节；浓硫酸的相对密度与质量分数对照见表 4-4。

五、思考题

1. 配制稀 H_2SO_4 溶液时烧杯中先加水还是先加酸？为什么？
2. 用容量瓶配制溶液时，是否把容量瓶干燥？是否用被稀释溶液洗 2 遍？为什么？

【附注】

表 4-4　浓硫酸的相对密度与质量分数对照表

d_4^{20}	1.8144	1.8195	1.8240	1.8279	1.8312	1.8337	1.8355	1.8364	1.8361
$x/\%$	90	91	92	93	94	95	96	97	98

实验三　NaOH 标准溶液的配制与标定

在滴定分析过程中，被滴定的体系通常不发生明显的颜色变化，因此需要借助指示剂颜色的变化来判定滴定终点。以酚酞作为指示剂的酸碱滴定为例，其实验现象是溶液红色与无色之间的改变，其本质是在化学计量点附近，随着 pH 的变化，酚酞的红色碱式形体和无色酸式形体浓度的迅速改变，从而引起溶液颜色突变，完成了突跃。滴定突跃的本质是量变的逐渐积累引起质变的必然结果。现象是本质的外在表现，透过现象看本质，才能掌握事物的根本规律，更能发挥人的主观能动性。

一、实验目的

1. 掌握 NaOH 标准溶液的配制方法。
2. 掌握滴定管的正确操作，学会正确判断终点。
3. 进一步熟练掌握分析天平的称量操作。

二、实验原理

NaOH 难于提纯，而且极易吸收空气中的水分和 CO_2，因此只能用间接法配制标准溶液。常用邻苯二甲酸氢钾（$KHC_8H_4O_4$，简写为 KHP）标定 NaOH，邻苯二甲酸氢钾易制得纯品，在空气中不吸水，容易保存，摩尔质量较大，是一种较好的基准物质，标定反应如下：

$$KHP + NaOH =\!\!=\!\!= KNaP + H_2O$$

反应产物为二元弱碱，在水溶液中水解使溶液呈弱碱性（pH≈8.9），可选用酚酞作指示剂。

三、实验仪器和试剂

仪器　电子天平，称量瓶，锥形瓶（250mL），碱式滴定管（25mL）等。

试剂　NaOH（A.R），酚酞指示剂（1%乙醇溶液），蒸馏水，邻苯二甲酸氢钾基准试剂（在 105～110℃下干燥 2h 后贮于干燥器中备用。若干燥温度过高，则脱水成为邻苯二甲酸酐）。

四、实验内容

（1）0.1mol·L^{-1} NaOH 溶液的配制　迅速称取 1.4g NaOH 固体后转移到试剂瓶中，加入 300mL 蒸馏水进行溶解，摇匀备用。

（2）NaOH 标准溶液的标定　准确称取 3 份 0.4000～0.5000g 邻苯二甲酸氢钾于 250mL 锥形瓶中，加 40～50mL 水使之溶解，加 1～2 滴酚酞。碱式滴定管中加入配制好的 0.10mol·L^{-1} NaOH 标准溶液至零刻度线附近，记录初始体积读数；用 NaOH 溶液滴定，边滴边摇，直至溶液呈微红色，30s 内不褪色即为终点，记录终点体积读数。平行标定 3 份，计算 NaOH 标准溶液的浓度（mol·L^{-1}）。结果按下式计算：

$$c_{NaOH} = \frac{m_{KHC_8H_4O_4} \times 1000}{204.22 g \cdot mol^{-1} \times V}$$

五、数据记录和处理

项目	Ⅰ	Ⅱ	Ⅲ
倾出前瓶与基准物质量/g			
倾出后瓶与基准物质量/g			
基准物 KHC$_8$H$_4$O$_4$ 质量/g			
滴定终点的体积读数/mL			
滴定开始时体积读数/mL			
滴定消耗体积/mL			
NaOH 标准溶液浓度/(mol·L^{-1})			
平均浓度/(mol·L^{-1})			

六、思考题

1. 如何计算称取邻苯二甲酸氢钾基准物的质量范围？称得太多或太少对标定有何影响？
2. 溶解基准物质时加入 40～50mL 水，应采用哪种量器？水量多少对测试结果有无影响？
3. 如果基准物未烘干，将使标准溶液浓度的标定结果偏高还是偏低？

实验四　草酸纯度的测定

一、实验目的

1. 掌握碱滴酸的基本操作。
2. 掌握强碱滴定弱酸的滴定过程，以及突跃范围及指示剂的选择原理。

二、实验原理

$$H_2C_2O_4 + 2NaOH =\!\!=\!\!= Na_2C_2O_4 + 2H_2O$$

该反应是强碱滴定二元弱酸的中和反应，滴定产物草酸钠是二元弱碱，溶液 pH 值大于

7，通常选用酚酞为指示剂，终点则由无色变成微红色且在 30s 内不褪为止。根据滴定过程中 NaOH 标准溶液浓度和消耗的体积求出草酸的纯度。

三、实验仪器和试剂

仪器　电子天平，称量瓶，锥形瓶（250mL），碱式滴定管（25mL）。

试剂　NaOH 标准溶液（0.1000mol·L^{-1}，准确浓度由学生自行标定，标定方法见实验三），酚酞指示剂（1%酒精溶液）。

四、实验内容

用减量法精确称取 3 份 0.1000～0.1500g 草酸试样于 250mL 的锥形瓶中，加入 40～50mL 蒸馏水溶解，滴加酚酞指示剂 1～2 滴摇匀，用 0.1000mol·L^{-1}（具体浓度通过实验三的标定结果确定）的 NaOH 标准溶液滴定至微红色且在 30s 内不褪色，即为终点。记下 NaOH 标准溶液消耗的体积 V_{NaOH}（mL）。

NaOH 标准溶液将滴定管补加到零刻度线附近，用同样方法滴定第二份和第三份试样。

草酸的质量分数按下式计算：

$$\omega_{H_2C_2O_4}=\frac{c_{NaOH}\times V_{NaOH}\times \frac{M_{H_2C_2O_4}}{2000}}{m}\times 100\%$$

式中，c_{NaOH} 为 NaOH 标准溶液的浓度（学生自己标定的浓度），mol·L^{-1}；V_{NaOH} 为 NaOH 标准溶液滴定用去的体积，mL；$M_{H_2C_2O_4}$ 为草酸摩尔质量，g·mol^{-1}；m 为草酸试样的质量，g。

五、数据记录和处理

项目	I	II	III
倾出前瓶与草酸质量/g			
倾出后瓶与草酸质量/g			
草酸质量/g			
滴定终点的体积读数/mL			
滴定开始时体积读数/mL			
滴定消耗体积/mL			
草酸纯度/%			
平均纯度/%			

六、思考题

1. 草酸试样称取量（0.1000～0.1500g）是如何计算的？依据是什么？

2. 滴定草酸为什么用酚酞作指示剂？如果用甲基橙为指示剂，对滴定结果有何影响？

3. 以酚酞为指示剂，用 NaOH 滴定草酸时，若 NaOH 溶液因贮存不当吸收了 CO$_2$，对测定结果有何影响？

实验五　盐酸标准溶液的配制与标定

一、实验目的

1. 掌握酸标准溶液的配制与标定方法。
2. 进一步熟练掌握滴定管的正确操作，学会正确判断终点。

二、实验原理

常用无水碳酸钠（Na$_2$CO$_3$）标定 HCl，Na$_2$CO$_3$ 易吸收空气中的水分，先将其置于 270～

300℃ 干燥 1h，然后保存于干燥器中备用，其标定反应为：

$$2HCl + Na_2CO_3 == 2NaCl + CO_2\uparrow + H_2O$$

至化学计量点时，产物为 H_2CO_3 饱和溶液，pH 为 3.9，以甲基橙作指示剂应滴至溶液呈橙色为终点，为使 H_2CO_3 的过饱和部分不断分解逸出，临近终点时应将溶液剧烈摇动或加热。

硼砂（$Na_2B_4O_7 \cdot 10H_2O$）也可用于标定 HCl，它易于制得纯品，吸湿性小，摩尔质量大，但由于含有结晶水，当空气中相对湿度小于 39% 时，有明显的风化而失水的现象，常保存在相对湿度为 60% 的恒温器（下置饱和的蔗糖和食盐溶液）中。其标定反应为：

$$Na_2B_4O_7 + 2HCl + 5H_2O == 4H_3BO_3 + 2NaCl$$

产物为 H_3BO_3，其水溶液 pH 约为 5.1，可用甲基红作指示剂。

三、实验仪器和试剂

仪器　电子天平，称量瓶，锥形瓶（250mL），酸式滴定管（25mL）。

试剂　HCl 溶液（37%，质量分数），甲基橙指示剂（1% 水溶液），无水碳酸钠基准试剂（G. R.）（在 270℃ 灼烧 2h，贮于干燥器中备用）。

四、实验内容

1. 0.1mol·L^{-1} HCl 溶液的配制

于通风橱中用洁净的 10mL 量筒量取分析纯的盐酸（相对密度为 1.19，质量分数约为 37%）3.5mL，倒入加少量水的具塞的试剂瓶中，再加入蒸馏水约 390mL，充分摇匀备用。

2. 标准溶液的标定

减量法准确称取 0.1000～0.1200g 无水 Na_2CO_3（或准确称取 1.0000～1.2000g 无水 Na_2CO_3，溶解后，在容量瓶中定容至 250mL，用移液管移取 25.00mL），置于 250mL 锥形瓶中，用 20～30mL 水溶解后，加入 1～2 滴甲基橙指示剂，用 HCl 溶液滴至溶液由黄色变为橙色，即为终点。平行标定 3 份，按下式计算 HCl 标准溶液的浓度。

$$c_{HCl} = \frac{m_{Na_2CO_3} \times 2 \times 1000}{106g \cdot mol^{-1} \times V}$$

五、数据记录和处理

项目	I	II	III
倾出前瓶与基准物质量/g 倾出后瓶与基准物质量/g 基准物 Na_2CO_3 质量 m/g			
滴定终点的体积读数/mL 滴定开始时体积读数/mL 滴定消耗体积 V/mL			
HCl 标准溶液浓度/(mol·L^{-1})			
平均浓度/(mol·L^{-1})			

六、思考题

1. 为什么 HCl 标准溶液配制后需要标定？
2. 用碳酸钠为基准物质标定 HCl 溶液时可否用酚酞为指示剂？为什么？

实验六　碱灰中各组分与总碱度的测定

"侯氏制碱法"的创始人侯德榜，1921 年在哥伦比亚大学获得博士学位，怀着工业救国的远大抱负，放弃国外优越的条件回到祖国，顶着重重压力，克服困难，破解了垄断 70

多年的索尔维制碱法，使我国一跃成为先进的制碱国。随后他不断创新，经过 500 多次的循环实验，"侯氏制碱法"终于在 1940 年诞生了，国际科学界对此方法给予了高度评价。本实验以此设计工业纯碱分析实验项目，激发年轻人奋发图强、振兴中华的斗志。

一、实验目的

1. 掌握用双指示剂法测定混合碱含量的原理和方法。
2. 学习用双指示剂法判断混合碱的组成，测定其中各组分的含量和总碱量的原理及方法。
3. 掌握用固体试样配制试液的方法。

二、实验原理

碱灰是不纯的碳酸钠，可能是 Na_2CO_3 与 NaOH 或 Na_2CO_3 与 $NaHCO_3$ 的混合物，可采用"双指示剂法"进行分析，测定各组分的含量。双指示剂法是指根据滴定过程中 pH 变化的情况，选用两种不同的指示剂分别指示终点的方法。此法简便、快速，在实际生产中普遍应用，但准确度不高。

在混合碱的试液中加入酚酞指示剂，用 HCl 标准溶液滴定至溶液呈微红色，此时试液中所含 NaOH 完全被中和，Na_2CO_3 也被滴定成 $NaHCO_3$，反应如下：

$$NaOH + HCl = NaCl + H_2O$$
$$Na_2CO_3 + HCl = NaCl + NaHCO_3$$

设此时消耗 HCl 标准溶液体积为 V_1。再加入甲基橙指示剂，继续用 HCl 标准溶液滴定至溶液由黄色变为橙色即为终点。此时 $NaHCO_3$ 被中和成 H_2CO_3，反应为：

$$NaHCO_3 + HCl = NaCl + H_2O + CO_2\uparrow$$

设此时消耗 HCl 标准溶液的体积为 V_2。根据 V_1 和 V_2 可以判断出混合碱的组成。

当 $V_1 > V_2$ 时，试液为 NaOH 和 Na_2CO_3 的混合物，NaOH 和 Na_2CO_3 的含量（以质量浓度 $g \cdot L^{-1}$ 表示）可由下式计算（设试液总体积为 V）：

$$\rho_{NaOH} = \frac{(V_1 - V_2) \times c_{HCl} \times M_{NaOH}}{V}$$

$$\rho_{Na_2CO_3} = \frac{2V_2 \times c_{HCl} \times M_{Na_2CO_3}}{2V}$$

当 $V_1 < V_2$ 时，试液为 Na_2CO_3 和 $NaHCO_3$ 的混合物，Na_2CO_3 和 $NaHCO_3$ 的含量（以质量浓度 $g \cdot L^{-1}$ 表示）可由下式计算（设试液总体积为 V）：

$$\rho_{Na_2CO_3} = \frac{2V_1 \times c_{HCl} \times M_{Na_2CO_3}}{2V}$$

$$\rho_{NaHCO_3} = \frac{(V_2 - V_1) \times c_{HCl} \times M_{NaHCO_3}}{V}$$

三、实验仪器和试剂

仪器 电子天平，称量瓶，小烧杯（100mL），锥形瓶（250mL），酸式滴定管（25mL），移液管，洗耳球，容量瓶（250mL）等。

试剂 酚酞指示剂（1%乙醇溶液），甲基橙指示剂（0.1%水溶液），盐酸标准溶液（自行标定，0.1mol·L⁻¹），碱灰试样。

四、实验内容

1. 称取试样及配制试样溶液

用减量法准确称取 1.3000～1.6000g 碱灰试样，倾入烧杯中，加约 40～50mL 蒸馏水使其溶解，必要时可以稍加热促进溶解。冷却至室温后，将溶液定量移至 250mL 容量瓶中，用蒸馏水冲洗烧杯 4～5 次，将每次的冲洗液全部转移入容量瓶中，最后用蒸馏水稀释至刻度，盖上瓶塞充分摇匀。

2. 碱灰总碱度及其所含成分的测定

平行移取 3 份 20.00mL 碱灰试液，分别加入 250mL 锥形瓶中，加 20mL 水，加入 2～3 滴酚酞指示剂后溶液呈红色。用 HCl 标准溶液滴定至溶液红色刚刚消退为无色，为第一终点，记下用去 HCl 的体积 V_1。然后加 1～2 滴甲基橙指示剂，继续用 HCl 标准溶液滴定至溶液由黄色恰变为橙色，为第二终点，消耗盐酸总体积为 V_0，则第二终点滴定消耗 HCl 的体积 $V_2 = V_0 - V_1$。计算试样中 Na_2CO_3、$NaHCO_3$ 或 Na_2CO_3、$NaOH$ 含量。

总碱度的质量分数按下式计算

$$w_{Na_2O} = \frac{c_{HCl} \times V_{HCl} \times \dfrac{M_{Na_2O}}{2000}}{m \times \dfrac{20}{250}} \times 100\%$$

式中，c_{HCl} 为盐酸标准溶液的浓度；V_{HCl} 为盐酸标准溶液滴定所消耗的总体积，即 V_0；M_{Na_2O} 为氧化钠的摩尔质量；m 为碱灰试样的质量。

3. 各组分质量分数计算

$$V_2 = V_0 - V_1$$

① $V_1 > V_2$，碱灰试样中含有碳酸钠和氢氧化钠，其质量分数为：

$$w_{NaOH} = \frac{c_{HCl} \times (V_1 - V_2) \times M_{NaOH}}{m}$$

$$w_{Na_2CO_3} = \frac{c_{HCl} \times V_2 \times M_{Na_2CO_3}}{m}$$

② $V_1 < V_2$，碱灰试样中含有碳酸钠和碳酸氢钠，其质量分数为：

$$w_{Na_2CO_3} = \frac{c_{HCl} \times V_1 \times M_{Na_2CO_3}}{m}$$

$$w_{NaHCO_3} = \frac{c_{HCl} \times (V_2 - V_1) \times M_{NaHCO_3}}{m}$$

③ $V_1 = V_2$，碱灰试样中只含有碳酸钠，其质量分数为：

$$w_{Na_2CO_3} = \frac{c_{HCl} \times V_2 \times M_{Na_2CO_3}}{m}$$

五、数据记录和处理

项目	I	II	III
倾出前瓶与碱灰质量/g			
倾出后瓶与碱灰质量/g			
碱灰质量/g			
滴定开始时体积读数/mL			
酚酞变色消耗体积 V_1/mL			
滴定消耗总体积 V_0/mL			
甲基橙变色消耗体积 V_2/mL			
总碱度/%			
平均碱度/%			

六、思考题

1. 食用碱的主要成分是 Na_2CO_3，常含有少量的 $NaHCO_3$，能否以酚酞为指示剂测定 Na_2CO_3 含量？

2. 为什么用移液管移液时，必须要用被装溶液润洗，而锥形瓶却不必用被装溶液润洗？

3. 采用双指示剂法测定混合碱，分析判断下列五种情况下混合碱的组成。

①$V_1=0$，$V_2>0$；②$V_1>0$，$V_2=0$；③$V_1>V_2>0$；④$0<V_1<V_2$；⑤$V_1=V_2>0$。

实验七　EDTA 的配制与自来水总硬度的测定

水总硬度是水质好坏的一个重要检测指标，通过检测可以指导其能否用于工业生产及日常生活。水质的好坏与人类健康生活密切相关，据报道，长期饮用高硬度的水会引起血管、神经、泌尿、造血病变等相关疾病。因此水硬度的测定是生态文明建设中不容忽视的重要环节。本实验项目可以培养学生关爱环境、保护环境的习惯，为学生良好品质的形成奠定基础。

一、实验目的

1. 了解配位滴定的基本原理，熟悉配位滴定法及其操作条件。
2. 了解水硬度的测定意义和常用硬度的表示方法。
3. 掌握铬黑 T 指示剂的使用条件和确定终点的方法。
4. 掌握 EDTA 测定水的总硬度的原理和方法。

二、实验原理

水的总硬度是指水中镁盐和钙盐的含量。水硬度的测定分为水的总硬度以及钙、镁硬度两种，前者是测定钙、镁离子总量，后者则是分别测定钙离子和镁离子的含量。硬度对工业用水影响很大，尤其是锅炉用水，各种工业对水的硬度都有一定的要求。饮用水中硬度过高会影响肠胃的消化功能等。因此硬度是水质分析的重要指标之一。我国目前采用将水中钙、镁离子的总量折算成 $CaCO_3$ 含量来表示硬度（单位为 $mg \cdot L^{-1}$ 或 $mmol \cdot L^{-1}$）和将水中钙、镁离子总量折算成 CaO 的含量来表示总硬度（单位为德国度，1°表示 1L 水中含 10mg CaO）。

配位滴定广泛应用的配位剂是乙二胺四乙酸的二钠盐，简称 EDTA，通常含两个分子结晶水，分子式用 $Na_2H_2Y \cdot 2H_2O$ 表示，为白色结晶粉末。由于 EDTA 与各价态的金属离子配合，一般都形成配位比为 1∶1 的配合物，为计算简便，EDTA 标准溶液通常都用物质的量浓度表示。EDTA 标准溶液通常采用间接法配制。EDTA 溶液标定时要根据测定对象的不同，选择不同的基准物质。常用的基准物质有纯金属如 Zn、Cu、Pb 等；化合物如 ZnO、$CaCO_3$、PbO、$MgSO_4 \cdot 7H_2O$ 等。标定 EDTA 时，应尽量选择与被测组分相同的优级纯的物质作为基准物，使标定和测定的条件一致，可减少测量误差。

水的总硬度可用配位滴定法进行测定，即在 pH＝10 的氨性缓冲溶液中，以铬黑 T 为指示剂，用 EDTA 标准溶液滴定，溶液颜色由酒红色转变为纯蓝色即为终点。由 EDTA 标准溶液的浓度和用量可算出水的总硬度。

对于水的总硬度，各国表示方法有所不同，我国《生活饮用水卫生标准》（GB 5749—2022）规定，生活饮用水总硬度以 $CaCO_3$ 计，不得超过 $450mg \cdot L^{-1}$。

本实验采用我国目前常用的第一种表示方法：以每升水中含 10mg 氧化钙（CaO）为 1 硬度单位。

三、实验仪器和试剂

仪器　电子天平，称量瓶，量筒，锥形瓶（250mL），酸式滴定管（25mL）。

试剂 EDTA 标准溶液（0.02mol·L^{-1}，自行配制），pH＝10 的氨缓冲溶液（见附录 6.2），铬黑 T 指示剂（铬黑 T 固体与 NaCl 按 1∶100 研混）。

四、实验内容

1. 0.02mol·L^{-1} EDTA 标准溶液配制

在台秤上称取 3.0g EDTA，倒入试剂瓶中，加 400mL 蒸馏水，溶解，摇匀备用。

2. EDTA 标定

用减量法准确称取三份 MgSO$_4$·7H$_2$O（其质量按消耗 20mL 左右 0.02mol·L^{-1} EDTA 溶液计，请自行计算），置于 3 个 250mL 锥形瓶中，加 40mL 蒸馏水进行溶解，然后加入 5mL 氨缓冲溶液调节溶液 pH 值，再加铬黑 T 指示剂少许，溶解、摇匀；用所配制的 EDTA 标准溶液缓慢滴定，并充分振摇，滴定至溶液由酒红色转变为纯蓝色即为终点。

$$c_{EDTA} = \frac{m_{MgSO_4·7H_2O} \times 1000}{246.47g·mol^{-1} \times V}$$

3. 水样总硬度测定

打开水龙头，放水数分钟，用已洗干净的试剂瓶盛接水样，备用。

量取 100mL 澄清水样（用什么量器？为什么？），置于 250mL 锥形瓶中，加入 5mL 氨缓冲溶液，加铬黑 T 指示剂少许，溶解、摇匀；用 EDTA 标准溶液缓慢滴定，并充分振摇，滴定至溶液由酒红色转变为纯蓝色即为终点。记录所消耗 EDTA 溶液的体积，平行测定 3 次。

$$水的总硬度 = c_{EDTA} V_{EDTA} M_{CaO}$$

五、数据记录和处理

1. EDTA 标定

项目	Ⅰ	Ⅱ	Ⅲ
倾出前瓶与基准物质量/g			
倾出后瓶与基准物质量/g			
基准物 MgSO$_4$·7H$_2$O 质量/g			
滴定终点的体积读数/mL			
滴定开始时体积读数/mL			
滴定消耗体积/mL			
EDTA 浓度/(mol·L^{-1})			
平均浓度/(mol·L^{-1})			

2. 水硬度测定

项目	Ⅰ	Ⅱ	Ⅲ
水样体积/mL	100	100	100
EDTA 平均浓度/(mol·L^{-1})			
滴定终点的体积读数/mL			
滴定开始时体积读数/mL			
滴定消耗体积/mL			
水硬度/°			
平均水硬度/°			

六、注意事项

配位反应的速度较慢（不像酸碱反应可瞬间完成），滴定时加入 EDTA 标准溶液的速度不能太快，特别是临近终点时，应逐滴加入，并充分振摇。

七、思考题

1. 络合滴定中加入缓冲溶液的作用是什么？

2. 若水样中混有 Fe^{3+} 或 Al^{3+}，用铬黑 T 作指示剂，将发生什么现象？对测定结果有没有影响？

实验八　重铬酸钾法测铁盐中铁含量（氧化还原滴定法）

铁矿石之所以价值高，在于资源的有限性和铁的重要战略地位。我国铁矿石资源多而不富，以中低品位矿为主，钢铁生产中需要进口大量的富铁矿石。含铁的矿物种类很多，其中有工业价值、可以作为炼铁原料的铁矿石主要有磁铁矿（Fe_3O_4）、赤铁矿（Fe_2O_3）、褐铁矿（$Fe_2O_3 \cdot nH_2O$）和菱铁矿（$FeCO_3$）等。

一、实验目的

1. 了解氧化还原滴定法测定总铁含量的原理。

2. 掌握直接法配制重铬酸钾标准溶液。

3. 掌握测定过程及操作方法。

二、实验原理

测定铁矿石中铁的含量最常用的方法是重铬酸钾法。经典的重铬酸钾法（即氯化亚锡-氯化汞-重铬酸钾法），方法准确、简便，在测定合金、矿石、金属盐类等的含铁量中有很大的应用价值。

测定时，试样溶解后生成的 Fe^{3+}，一般常用 $SnCl_2$ 作还原剂进行还原：

$$2FeCl_3 + SnCl_2 === 2FeCl_2 + SnCl_4$$

过量的 $SnCl_2$ 用 $HgCl_2$ 除去：

$$SnCl_2 + 2HgCl_2 === SnCl_4 + Hg_2Cl_2 \downarrow （银丝状）$$

此时试液中的 Fe^{3+} 已被全部还原为 Fe^{2+}，加入硫磷混酸和二苯胺磺酸钠指示剂，用重铬酸钾标准溶液滴定至溶液呈稳定的紫色即为终点，在酸性溶液中，滴定 Fe^{2+} 的反应式如下：

$$Cr_2O_7^{2-} + 6Fe^{2+} + 14H^+ === 6Fe^{3+} + 2Cr^{3+} + 7H_2O$$
$$\text{（黄色）}\qquad\text{（绿色）}$$

在滴定过程中，不断产生的 Fe^{3+}（黄色）对终点的观察有干扰，通常用加入磷酸的方法，使 Fe^{3+} 与磷酸形成无色的 $[Fe(HPO_4)_2]^-$ 配合物，消除 Fe^{3+}（黄色）的颜色干扰，便于观察终点。同时由于生成了 $[Fe(HPO_4)_2]^-$，Fe^{3+} 的浓度大大降低，Fe^{3+}/Fe^{2+} 电对的条件电位也随之降低（由未加入磷酸的 $0.93\sim1.34V$，增大为 $0.71\sim1.34V$），指示剂的条件电位落于突跃范围内，避免了二苯胺磺酸钠指示剂被 Fe^{3+} 氧化而过早地改变颜色，使滴定终点提前到达，提高了滴定分析的准确性。

三、实验仪器和试剂

仪器　电子天平，称量瓶，量筒，烧杯，锥形瓶（250mL），酸式滴定管（25mL），容量瓶（250mL），电热板。

试剂　铁盐试样，$K_2Cr_2O_7$（G. R.），$SnCl_2$ 溶液（10%，现用现配），硫磷混酸（浓硫酸150mL 与磷酸100mL 混合后溶于700mL 蒸馏水中），HCl（$6mol \cdot L^{-1}$），饱和 $HgCl_2$ 溶液，二苯胺磺酸钠溶液（0.2%）。

四、实验内容

1. 0.02mol·L^{-1} K$_2$Cr$_2$O$_7$ 标准溶液的配制

K$_2$Cr$_2$O$_7$ 是基准物质，其标准溶液可以采用直接法进行配制。准确称取 1.2～1.3g K$_2$Cr$_2$O$_7$ 置于 100mL 烧杯中，用少量水溶解后，定量转移至 250mL 容量瓶中定容，摇匀。计算准确浓度。

2. 铁盐中铁含量的测定

精确称取三份 0.5300～0.6300g 铁盐试样，分别置于 3 个 250mL 锥形瓶中，用少量蒸馏水润湿，加入 20mL 浓度为 6mol·L^{-1} HCl 溶液，盖上表面皿，在通风橱中小火加热至试样溶解，这时溶液呈红棕色。

趁热滴加 10% SnCl$_2$ 溶液至 Fe^{3+} 的黄色刚好完全消失，再多加 1～2 滴 SnCl$_2$ 溶液。冷却后加入 15mL 饱和 HgCl$_2$ 溶液（必须一次性全部加入）以氧化稍过量的 SnCl$_2$。静置片刻后充分搅拌，出现银丝状的白色沉淀，加入 100mL 水稀释，再加 20mL 硫磷混酸、5～6 滴二苯胺磺酸钠指示剂，立即用 K$_2$Cr$_2$O$_7$ 标准溶液进行滴定，至溶液呈蓝紫色为止，记下所消耗的 K$_2$Cr$_2$O$_7$ 标准溶液的体积。按照上述步骤测定另 2 份样品。根据所耗 K$_2$Cr$_2$O$_7$ 标准溶液的体积，按下式计算铁盐中铁的含量（质量分数）。

$$w_{Fe} = \frac{6c_{K_2Cr_2O_7} \times V_{K_2Cr_2O_7} \times 55.85 g \cdot mol^{-1}}{m \times 1000} \times 100\%$$

式中，$c_{K_2Cr_2O_7}$ 为 K$_2$Cr$_2$O$_7$ 标准溶液的物质的量浓度，mol·L^{-1}；m 为试样的质量，g；55.85 为铁的摩尔质量，g·mol^{-1}。

五、注意事项

1. SnCl$_2$ 试剂过量要适宜，即当溶液中淡黄色刚刚褪去，再多加 1～2 滴即可。

2. 加入 HgCl$_2$ 溶液后要有银丝状沉淀，否则弃去重做。一般如无沉淀出现，说明 SnCl$_2$ 试剂可能不足；如沉淀非银丝状，则是 SnCl$_2$ 试剂过量太多。

六、思考题

1. 滴定前加入硫磷混酸的目的是什么？

2. 试样分解完，还原后的 Fe^{2+} 加入硫磷混酸和指示剂后为什么必须立即滴定？

实验九　硫代硫酸钠标准溶液的配制与标定

一、实验目的

1. 掌握 Na$_2$S$_2$O$_3$ 溶液的配制方法和保存条件。

2. 理解碘量法的基本原理，掌握间接碘量法的测定条件。

二、实验原理

结晶 Na$_2$S$_2$O$_3$·5H$_2$O 一般都含有少量的杂质，如 S、Na$_2$SO$_4$、Na$_2$SO$_3$、Na$_2$CO$_3$ 及 NaCl 等，同时还容易风化和潮解。因此，不能用直接法配制其标准溶液。

Na$_2$S$_2$O$_3$ 溶液易受空气和微生物等的作用而分解。

（1）与溶解 CO$_2$ 的作用　Na$_2$S$_2$O$_3$ 在中性或碱性溶液中较稳定，当 pH<4.6 时即不稳定，溶液中含有 CO$_2$ 会促进 Na$_2$S$_2$O$_3$ 分解：

$$Na_2S_2O_3 + H_2O + CO_2 = NaHCO_3 + NaHSO_3 + S\downarrow$$

此分解作用一般发生在溶液配成后的最初十天内。分解后一分子 Na$_2$S$_2$O$_3$ 变成一分子 NaHSO$_3$，一分子 Na$_2$S$_2$O$_3$ 能和一个碘原子作用，而一分子 NaHSO$_3$ 却能和两个碘原子作用，因此从反应能力看，溶液浓度增加了。之后由于空气的氧化作用，溶液浓度又慢慢减少。

$NaHSO_3$ 在 $pH=9\sim10$ 时溶液最为稳定，在 $Na_2S_2O_3$ 溶液中加入少量 Na_2CO_3（使其在溶液中的浓度 $>0.02\%$），可防止 $Na_2S_2O_3$ 的分解。

（2）与空气中的氧气作用

$$2Na_2S_2O_3 + O_2 =\!=\!= 2Na_2SO_4 + 2S\downarrow$$

（3）与微生物作用

$$Na_2S_2O_3 \xrightarrow{\text{细菌}} Na_2SO_3 + S\downarrow$$

这是使 $Na_2S_2O_3$ 分解的主要原因。为避免微生物的分解作用，可加入少量 HgI_2（$10mg\cdot L^{-1}$）。为了减少溶解在水中的 CO_2 和杀死水中的微生物，应用新煮沸冷却后的蒸馏水配制溶液。

日光能促进 $Na_2S_2O_3$ 溶液的分解，所以 $Na_2S_2O_3$ 溶液应贮存于棕色试剂瓶中，放置于暗处，经 $8\sim14d$ 后再进行标定，长期使用的溶液应定期标定。

标定 $Na_2S_2O_3$ 溶液的基准物有 $K_2Cr_2O_7$、KIO_3、$KBrO_3$ 和纯铜等，本实验使用 $K_2Cr_2O_7$ 基准物标定 $Na_2S_2O_3$ 溶液的浓度，$K_2Cr_2O_7$ 先与 KI 反应析出：

$$Cr_2O_7^{2-} + 6I^- + 14H^+ =\!=\!= 2Cr^{3+} + 3I_2 + 7H_2O$$

析出的 I_2 再用 $Na_2S_2O_3$ 溶液滴定：

$$I_2 + 2S_2O_3^{2-} =\!=\!= S_4O_6^{2-} + 2I^-$$

这个标定方法是间接碘量法的应用实例。

三、实验仪器和试剂

仪器 碱式滴定管（25mL），移液管（25mL），洗耳球，烧杯（250mL），带有磨口塞的锥形瓶或碘量瓶（250mL）。

试剂 $Na_2S_2O_3\cdot5H_2O$（分析纯），Na_2CO_3（分析纯），$K_2Cr_2O_7$（分析纯或优级纯），HCl（$6mol\cdot L^{-1}$），KI（20%），淀粉溶液（0.2%）。

四、实验内容

1. $0.1mol\cdot L^{-1}$ $Na_2S_2O_3$ 溶液的配制

① 计算出配制 500mL 约 $0.1mol\cdot L^{-1}$ 的 $Na_2S_2O_3$ 溶液所需要 $Na_2S_2O_3\cdot5H_2O$ 的质量。

② 在台秤上称取所需 12.5g（如何计算？）$Na_2S_2O_3\cdot5H_2O$ 和 0.1g Na_2CO_3，放入小烧杯中，加入适量刚煮沸并已冷却的水使之溶解，并稀释至 500mL，混合均匀。贮藏在棕色细口瓶中，放置于暗处，$8\sim10$ 天后再行标定。

2. $Na_2S_2O_3$ 溶液的标定

精确称取 $0.1000\sim0.1100g$ 预先干燥过的 $K_2Cr_2O_7$ 基准试剂于 250mL 碘量瓶中，$20\sim30mL$ 加蒸馏水，使之溶解。加入 5mL $6mol\cdot L^{-1}$ HCl 和 10mL 20%KI 溶液，摇匀后，盖好塞子，以防止 I_2 挥发而损失。在暗处放置 5min，然后加 50mL 蒸馏水稀释摇匀，立即用 $Na_2S_2O_3$ 溶液滴定，随滴随摇，待到溶液呈浅黄绿色时，加 5mL 0.2%淀粉溶液摇匀，此时溶液为深蓝色，继续滴入 $Na_2S_2O_3$ 溶液，直至蓝色刚刚变为亮绿色即为终点。

五、数据记录和处理

自拟表格，记下 $Na_2S_2O_3$ 溶液的体积，计算 $Na_2S_2O_3$ 溶液的浓度。

六、注意事项

1. $K_2Cr_2O_7$ 与 KI 的反应不是立刻完成的，在稀溶液中反应更慢，因此应等反应完成后再加水稀释。在上述条件下，大约经 5min 反应即可完成。

2. 生成的 Cr^{3+} 显蓝绿色，妨碍终点的观察。滴定前预先稀释，可使 Cr^{3+} 浓度降低，蓝绿色变浅，终点时由蓝变绿，容易观察。同时稀释也使溶液的酸度降低，适于用 $Na_2S_2O_3$ 滴定 I_2。

3. 滴定结束后的溶液放置后会再变蓝色。如果不是很快变蓝（经 5～10min），那就是由于空气氧化。如果很快而且又不断变蓝，说明 $K_2Cr_2O_7$ 与 KI 的作用在滴定前进行得不完全，溶液稀释得太早，遇此情况，实验应重做。

七、思考题

1. 标定 $Na_2S_2O_3$ 溶液时，加入的 KI 量要很精确吗？为什么？

2. 淀粉指示剂为什么一定要接近滴定终点时才能加入？加得太早或太迟有何影响？

3. 间接碘量法的主要误差来源是什么？应怎样消除？

4. 以下做法对标定有无影响？为什么？

① 某同学将基准物质加水后为加速溶解，用电炉加热后，未等冷却就进行下面的滴定。

② 某同学将三份基准物加水溶解后，同时都加入 5mL 6mol·L^{-1} HCl 和 10mL 20% KI，然后依次滴定。

③ 到达滴定终点后，溶液放置稍久又逐渐变蓝，某同学又以 $Na_2S_2O_3$ 标准溶液滴定，将滴定所消耗的体积又加到原滴定所消耗的体积中。

④ 某同学在滴定过程中剧烈摇动溶液。

实验十　间接碘量法测铜盐中的铜含量（氧化还原滴定法）

铜及其化合物在环境中所造成的污染称为铜污染。在冶炼、金属加工、机器制造、有机合成及其他工业的废水中都含有铜，其中以金属加工、电镀工厂所排废水含铜量最高，每升废水含铜几十至几百毫克。这种废水排入水体，会影响水的质量。水中铜含量达 0.01mg·L^{-1} 时，对水体自净有明显的抑制作用；超过 3.0mg·L^{-1}，会产生异味；超过 15mg·L^{-1}，就无法饮用。若用含铜废水灌溉农田，铜在土壤和农作物中累积，会造成农作物特别是水稻和大麦生长不良，并会污染粮食籽粒。灌溉水中，硫酸铜对水稻危害的临界浓度为 0.6mg·L^{-1}。铜对水生生物的毒性很大，有人认为铜对鱼类毒性浓度始于 0.002mg·L^{-1}，但一般认为水体含铜 0.01mg·L^{-1} 对鱼类是安全的。由此可见，对环境中铜含量的日常测定是十分重要的。目前，我国面临着严重的环境问题，党中央和政府也一直在宣传生态文明建设思想和"绿水青山就是金山银山"的环保理念，化学工作者在进行实验时，更应当怀有绿色实验、绿色发展的理念和强烈的社会责任感，在实验中应分类合理地产生废弃物，并对有毒、有害的废液进行回收，避免直接倒入水池而给环境造成危害。本实验通过测铜盐中的铜含量来提高学生的环保理念。

一、实验目的

1. 掌握间接碘量法测定铜的原理和方法。

2. 熟悉淀粉指示剂的应用和终点判断。

3. 掌握间接碘量法的滴定条件。

二、实验原理

为了防止铜盐水解，在以 H_2SO_4 为介质的酸性溶液中（pH＝3～4）使 Cu^{2+} 与过量的 I^- 作用生成不溶性的 CuI 沉淀并定量析出 I_2：

$$2Cu^{2+}+4I^-\!=\!\!=\!\!2CuI\!\downarrow+I_2$$

生成的 I_2 用 $Na_2S_2O_3$ 标准溶液滴定，以淀粉为指示剂，滴定至溶液的蓝色刚好消失即为终点。

$$I_2 + 2S_2O_3^{2-} \Longrightarrow 2I^- + S_4O_6^{2-}$$

由于 CuI 沉淀表面吸附 I_2 故分析结果偏低，为了减少 CuI 沉淀对 I_2 的吸附，可在大部分 I_2 被 $Na_2S_2O_3$ 溶液滴定后，再加入 KCN 或 KSCN，使 CuI 沉淀转化为更难溶的 CuSCN 沉淀。

$$CuI + SCN^- \Longrightarrow CuSCN \downarrow + I^-$$

CuSCN 吸附 I_2 的倾向较小，因而可以提高测定结果的准确度。

根据 $Na_2S_2O_3$ 标准溶液的浓度、消耗的体积及试样的质量，计算试样中铜的含量。

三、实验仪器和试剂

仪器　电子天平，称量瓶，量筒，滴定管（25mL），碘量瓶（250mL）。

试剂　$Na_2S_2O_3$ 标准溶液（$0.1mol \cdot L^{-1}$，以自行标定的为准，具体标定过程见实验九），H_2SO_4（$1mol \cdot L^{-1}$）溶液，KI 溶液（20%），淀粉溶液（0.2%），KSCN 溶液（10%）。

四、实验内容

用减量法精确称取硫酸铜试样（自行计算应称取 $CuSO_4 \cdot 5H_2O$ 的量）置于 250mL 碘量瓶中，加 5mL $1mol \cdot L^{-1}$ H_2SO_4 和 50mL 蒸馏水使之溶解，加入 20% KI 溶液 5mL，放置 5min，用 $Na_2S_2O_3$ 标准溶液滴定至呈浅黄色。然后加入 5mL 0.2% 淀粉指示剂继续滴定至浅蓝色，再加入 10mL 10% KSCN 溶液，摇匀后溶液的蓝色转深（为什么？）。继续用 $Na_2S_2O_3$ 标准溶液滴定到蓝色刚好消失为终点，此时溶液为米色 CuSCN 悬浮液。平行测定 3 次。

五、数据记录和处理

项目	I	II	III
倾出前瓶与硫酸铜质量/g			
倾出后瓶与硫酸铜质量/g			
硫酸铜质量/g			
滴定终点的体积读数/mL			
滴定开始时体积读数/mL			
滴定消耗体积/mL			
铜的质量分数/%			
铜的质量分数平均值/%			

六、注意事项

测铜时，指示剂加入的时机应是滴定至浅黄色，而 KSCN 加入的时机应是临近终点，否则终点不好观察。

七、思考题

1. 碘量法测定铜为什么要在弱酸性介质中进行？能用盐酸酸化吗？

2. 为什么临近终点时加入 KSCN？否则将产生怎样的分析结果？

实验十一　高锰酸钾标准溶液的配制与标定

一、实验目的

1. 练习高锰酸钾标准溶液的配制及标定。

2. 通过实验加深对高锰酸钾法原理及滴定条件的理解。

二、实验原理

市售高锰酸钾含有少量杂质。$KMnO_4$ 是一个很强的氧化剂，易和水中的有机物、NH_3

等微量的还原物质作用，还原产生 Mn^{2+} 及 $MnO(OH)_2$，又促进 $KMnO_4$ 溶液的分解。同时热、光、酸、碱也能促进 $KMnO_4$ 溶液的分解。

$$4KMnO_4 + 2H_2O \Longrightarrow 4MnO_2 \downarrow + 3O_2 \uparrow + 4KOH$$

故通常先配制一近似浓度的溶液。经煮沸放置 $7 \sim 10d$ 后过滤除去 MnO_2，再以基准物标定，本实验采用 $Na_2C_2O_4$ 为基准物，其反应如下：

$$2KMnO_4 + 5Na_2C_2O_4 + 8H_2SO_4 \xrightarrow{80℃} K_2SO_4 + 2MnSO_4 + 5Na_2SO_4 + 8H_2O + 10CO_2 \uparrow$$

高锰酸钾系自身指示剂，不需要其他指示剂。

三、实验仪器和试剂

仪器　滴定管（25mL），烧杯（250mL），温度计，称量瓶，分析天平。

试剂　$KMnO_4(s)$，$Na_2C_2O_4$（分析纯或基准试剂），H_2SO_4 溶液（$3mol \cdot L^{-1}$）。

四、实验内容

1. 配制（近似浓度 $0.02mol \cdot L^{-1}$）溶液

用台天平称取 $1.3g$ $KMnO_4$ 放入小烧杯中，以 $400mL$ 蒸馏水分次倒入，将 $KMnO_4$ 溶解，并将溶液全部转移到棕色细口瓶中，最后将剩余的全部倒入瓶中（不能用橡胶塞），摇匀，放置 $7 \sim 10d$ 后过滤（除去 MnO_2 等杂质）。

2. 标定

精确称取 $0.1300 \sim 0.1500g$ 纯 $Na_2C_2O_4$（如何计算？），放在 $250 \sim 300mL$ 烧杯中，加蒸馏水 $100mL$ 溶解并加 $20mL$ $3mol \cdot L^{-1}$ H_2SO_4 酸化，用温度计代替玻璃棒搅拌（注意：切勿把温度计碰坏），加热到 $75 \sim 85℃$，以酸式滴定管用 $KMnO_4$ 溶液滴定，直到溶液呈粉红色，在 $30s$ 内不消失为止（滴定过程中注意观察自动催化现象），记下所消耗的 $KMnO_4$ 溶液的体积。如此重复 $2 \sim 3$ 次。

3. 温度

在室温下，这个反应的速率缓慢，因此必须加热到 $75 \sim 85℃$ 时进行滴定，滴定完毕时，溶液的温度不低于 $60℃$，但是温度不宜过高，若高于 $90℃$ 会一部分 $H_2C_2O_4$ 分解。

$$H_2C_2O_4 \xrightarrow{\triangle} CO_2 \uparrow + CO \uparrow + H_2O$$

4. 酸度

溶液中应保持足够的酸度才能使反应能够正常进行，一般在开始时溶液的酸度为 $0.5 \sim 1mol \cdot L^{-1}$，滴定终了时的酸度为 $0.2 \sim 0.5mol \cdot L^{-1}$。酸度不够时，往往容易生成 $MnO_2 \cdot H_2O$ 沉淀，酸度过高时又会促进 $H_2C_2O_4$ 分解。

5. 滴定速度

滴定时的速度，特别是开始滴定时的速度不能太快，否则加入的 $KMnO_4$ 溶液来不及与 $C_2O_4^{2-}$ 反应，而在热的酸性溶液中分解，影响标定的准确度。

$$4MnO_4^- + 12H^+ \Longrightarrow 4Mn^{2+} + 5O_2 \uparrow + 6H_2O$$

6. 滴定终点的确定

终点时溶液中出现粉红色不能持久，因为空气中的还原性气体灰尘都能与 MnO_4^- 缓慢作用，使粉红色消失，所以滴定时溶液中出现粉红色在 $30s$ 内不褪色即为终点。

五、数据记录和处理

自行列出计算公式。

六、注意事项

1. 温度计代替玻璃棒主要是为了测定温度，注意不要将温度计碰坏，以免造成损失，而使实验失败。

2. $KMnO_4$ 氧化性强，其溶液应在酸式滴定管中。由于 $KMnO_4$ 颜色很深，不易看清溶液凹液面的最低点，因此应该从液面最高处读数。

七、思考题

1. 配制 400mL 溶液为什么称取固体 $KMnO_4$ 1.3g？在标定时为什么称取 $Na_2C_2O_4$ 的质量在 0.1300～0.1500g 之间？

2. $KMnO_4$ 标准溶液可否用直接法配制？

3. 用 $KMnO_4$ 溶液滴定 $Na_2C_2O_4$ 时为何开始时必须让首先加入的 2～3 滴 $KMnO_4$ 褪色后才继续滴加 $KMnO_4$ 溶液。

4. 此实验为什么必须在酸性溶液中进行？为什么必须用 H_2SO_4 酸化而不能用 HCl？

5. 为什么要加热？温度过高有什么影响（其结果是偏高还是偏低）？

实验十二　丁二酮肟镍重量法测定钢样中镍含量

一、实验目的

1. 学习有机沉淀剂在重量分析中应用。
2. 学习重量分析法操作技能。

二、实验原理

丁二酮肟分子式为 $C_4H_8O_2N_2$，分子量为 116.2，是二元弱酸，以 H_2D 表示，在氨性溶液中以 HD^- 为主，与 Ni^{2+} 发生配合反应：

沉淀经过滤、洗涤，在 120℃ 下烘干恒重，称丁二酮肟镍沉淀的质量 $m_{Ni(HD)_2}$，则 Ni 的质量分数为：

$$w_{Ni} = \frac{m_{Ni(HD)_2}\dfrac{M_{Ni}}{M_{Ni(HD)_2}}}{m_{试样}}$$

丁二酮肟镍沉淀的条件是在 pH＝8～9 氨性溶液中。pH 值过小则生成 H_2D，沉淀易溶解，pH 值过高易形成 $Ni(NH_3)_4^{2+}$，同样增加沉淀的溶解度。

Fe^{3+}、Al^{3+}、Cr^{3+}、Ti^{3+} 在氨水中也生成沉淀，有干扰；Cu^{2+}、Cr^{2+}、Fe^{2+}、Pd^{2+} 亦可以形成配合物，产生共沉淀，加入柠檬酸或酒石酸掩蔽干扰离子。

三、实验仪器和试剂

仪器　G_4 微孔玻璃坩埚（2个），分析天平，烧杯（400mL），表面皿，烘箱。

试剂　混合酸 $HCl+HNO_3+H_2O$（3∶1∶2），50% 酒石酸或柠檬酸溶液，丁二酮肟（1% 乙醇溶液），氨水（1∶1），HNO_3（$2mol \cdot L^{-1}$），HCl（1∶1），$AgNO_3$（$0.1mol \cdot L^{-1}$），

氨-氯化铵洗涤液（100mL 水中加 1mL $NH_3 \cdot H_2O$ 和 1g NH_4Cl），钢样。

四、实验内容

称取钢样（含 Ni 30～80mg）两份，分别置于 400mL 烧杯中，加入 20～40mL 混合酸，盖上表面皿，低温加热溶解后，煮沸除去氮的氧化物，加入 5～10mL 50％酒石酸溶液（每克试样加 10mL），然后在不断搅动下，滴加 1∶1 $NH_3 \cdot H_2O$ 至溶液 pH＝8～9，此时溶液转变为蓝绿色。如有不溶物，应将沉淀过滤，并用热的氨-氯化铵洗涤液洗涤 3 次，洗涤液与滤液合并。滤液用 1∶1 HCl 酸化，用热水稀释至 300mL，加热至 70～80℃，在搅拌下加入 1％丁二酮肟乙醇溶液（每毫克 Ni^{2+} 约需 1mL 10％丁二酮肟溶液），再多加 20～30mL，但所加试剂的总量不要超过试液体积的 1/3，以免增大沉淀的溶解度。然后在不断搅拌下，滴加 1∶1 氨水至 pH＝8～9（在酸性溶液中，逐步中和而形成均相沉淀，有利于大晶体产生）。在 60～70℃下保温 30～40min（加热陈化），取下、冷却，用 G_4 微孔玻璃坩埚进行减压过滤，用微氨性的 2％酒石酸洗涤烧杯和沉淀 8～10 次，再用温热水洗涤沉淀至无 Cl^-（用 $AgNO_3$ 检验），将沉淀与微孔坩埚在 130～150℃烘箱中烘 1h，冷却，称重，烘干，冷却称量直至恒重，计算镍的质量分数。

五、思考题

1. 溶解试样时加氨水起什么作用？
2. 用丁二酮肟沉淀应控制的条件是什么？
3. 实验中丁二酮肟沉淀也可灼烧，试比较灼烧与烘干的利弊。

实验十三　普通碳素钢中锰含量的测定（分光光度法）

一、实验目的

1. 了解分光光度分析的基本原理。
2. 学习通过分光光度分析测定微量元素的方法。
3. 掌握分光光度计的使用，完成钢中锰含量的测定。

二、实验原理

根据朗伯-比尔定律，当单色光通过一定厚度（l）的有色物质溶液时，有色物质对光的吸收程度（用吸光度 A 表示）与有色物质的浓度（c）成正比。

$$A = kcl$$

式中，k 为吸光系数，它是各种有色物质在一定波长下的特征常数。

在分光光度法中，当条件一定时，k、l 均为常数，此时，上式可写成：

$$A = Kc$$

因此，一定条件下只要测出各不同浓度溶液的吸光度值，以浓度为横坐标、吸光度为纵坐标，即可绘制标准曲线。

在同样条件下，测定待测溶液的吸光度，然后从标准曲线上查出其浓度。

为了增加被测物质的吸光度，使得定量测量结果更准确，在可见光分光光度测定中，通常将被测物质与显色剂反应，使之生成有色物质，然后测量其吸光度，进而求得被测物质的含量。

普通碳素钢的 Mn 含量约在 0.3％～0.8％之间，在硝酸中反应如下：

$$Fe + 4HNO_3 =\!=\!= Fe(NO_3)_3 + NO\uparrow + 2H_2O$$
$$3Mn + 8HNO_3 =\!=\!= 3Mn(NO_3)_2 + 2NO\uparrow + 4H_2O$$

在 Ag^+ 催化下，溶液中生成的二价锰可以被过硫酸铵氧化为＋7 价高锰酸根：

$$2Ag^+ + S_2O_8^{2-} + 2H_2O \Longrightarrow Ag_2O_2 + 2SO_4^{2-} + 4H^+$$
$$2Mn^{2+} + 5Ag_2O_2 + 4H^+ \Longrightarrow 10Ag^+ + 2MnO_4^- + 2H_2O$$

而紫色的高锰酸根具有较强的可见光吸收能力，因此可依据生成的 MnO_4^- 所呈现的紫色用分光光度法进行定量分析。

三、实验仪器和试剂

仪器 分析天平，722 分光光度计，锥形瓶（100mL），容量瓶（50mL），移液管，洗耳球，烧杯（250mL）。

试剂 高锰酸钾标准溶液（0.0025mol·L^{-1}），硫磷混酸（H_2SO_4、H_3PO_4、H_2O 的比为 $1:1:16$），硝酸（1:3），过硫酸铵溶液（15%，使用前配制），硝磷混酸（500mL 水中加 30mL 浓 H_3PO_4、60mL 浓 HNO_3、2g $AgNO_3$，溶解后稀释至 1000mL）。

四、实验内容

1. $KMnO_4$ 吸收曲线的绘制

取原 $KMnO_4$ 标准溶液用硫磷混酸稀释十倍至 0.00025mol·L^{-1}，再注入比色皿中，以蒸馏水为空白，在 450~660nm 范围内每隔 10nm 测量 1 次溶液的吸光度。在峰值附近每间隔 5nm 测量 1 次。以波长为横坐标、吸光度为纵坐标绘制吸收曲线，确定最大吸收波长 λ_{max}。

2. $KMnO_4$ 标准曲线的绘制

取 5 个 50mL 容量瓶，按顺序编号，分别移入浓度为 0.0025mol·L^{-1} 的 $KMnO_4$ 标准溶液 1.00mL、2.00mL、3.00mL、4.00mL、5.00mL，加水至 50mL 刻度线，摇匀。以蒸馏水为空白，用 1cm 比色皿，在最大吸收波长下分别测其吸光度（注意按低浓度到高浓度的顺序）。以含锰量为横坐标、吸光度 A 为纵坐标，绘制标准曲线。

3. 试样分析

称取锰钢试样 0.0500g 于 100mL 锥形瓶中，加硝酸（1:3）5mL，通风橱中加热分解，煮沸驱除氮的氧化物；加过硫酸铵溶液 2mL，继续煮沸至固体物质完全消失，加硝磷混酸 10mL、过硫酸铵 5mL，继续加热煮沸，使 Mn^{2+} 完全氧化为 MnO_4^-，溶液变为紫红色，再煮沸 1~2min，冷却后转移至 50mL 容量瓶中，加水至 50mL 刻度线，摇匀。

以测工作曲线相同的条件测其吸光度，从工作曲线上查出相应的 Mn 含量，计算钢中 Mn 的含量（以质量分数表示）。

五、思考题

1. 为什么要控制被测溶液的吸光度最好在 0.2~0.7 的范围内？如何控制？
2. 由工作曲线查出的待测锰的浓度是否是原始待测液中锰的浓度？
3. 制作标准曲线时能否改变加入各种试剂的顺序？为什么？
4. 如果试液测得的吸光度不在标准曲线范围内怎么办？

实验十四　电位滴定法测定醋酸的浓度及其解离常数

一、实验目的

1. 通过醋酸的电位滴定，掌握电位滴定的基本操作和滴定终点的计算方法。
2. 学习测定弱酸常数的原理和方法，巩固弱酸解离平衡的基本概念。

二、实验原理

电位滴定法（potentiometric titration）是在滴定过程中通过测量电位变化以确定滴定

终点的方法，和直接电位法相比，电位滴定法不需要准确地测量电极电位值，因此，温度、液体接界电位的影响并不重要，其准确度优于直接电位法。普通滴定法是依靠指示剂颜色变化来指示滴定终点，如果待测溶液有颜色或浑浊时，终点的指示就比较困难，或者根本找不到合适的指示剂。电位滴定法靠电极电位的突跃来指示滴定终点。

在酸碱电位滴定过程中，随着滴定剂的不断加入，被测物与滴定剂发生反应，绘制溶液的 pH-V 或 $\Delta pH/\Delta V$-V 曲线，由曲线确定滴定的终点，或根据滴定数据，由二阶微商法计算出滴定终点。

以 NaOH 标准溶液滴定 HAc 时，反应方程式为：

$$HAc + OH^- \Longrightarrow Ac^- + H_2O$$

当被滴定至一半时，溶液中$[Ac^-] = [HAc]$

HAc 在水溶液中的解离常数 K_a 为：

$$K_a = \frac{[H^+][Ac^-]}{[HAc]}$$

因此，当 HAc 被滴定 50% 时，溶液 pH 值即为 pK_a 值。

三、实验仪器和试剂

仪器 pHS-3C 型酸度计，201 复合电极，电磁搅拌器。

试剂 NaOH 标准溶液（$0.1mol \cdot L^{-1}$），HAc 溶液（$0.1mol \cdot L^{-1}$），邻苯二甲酸氢钾标准缓冲溶液（pH=4.00，称取在 115℃ ±5℃ 下烘干 2～3h 的邻苯二甲酸氢钾 10.21g，溶于蒸馏水，容量瓶中稀释至 1L），磷酸盐标准缓冲溶液（pH=6.86，分别称取在 115℃ ±5℃ 下烘干 2～3h 的磷酸氢二钠 3.533g 和磷酸二氢钾 3.40g，溶于蒸馏水，在 1000mL 容量瓶中稀释至刻度）。

四、实验内容

1. 打开酸度计电源，按照使用说明安装复合电极，调节零点，标定仪器。

2. 准确移取 20.00mL HAc 溶液于 50mL 烧杯中，加 10mL 蒸馏水，放入搅拌磁子，插入玻璃复合电极。注意玻璃电极下端球泡应比搅拌磁子稍高一些，以保护球泡免被碰碎。

3. 碱式滴定管中加入 NaOH 标准溶液，记录初始刻度。

4. 打开磁力搅拌器开关，待电表指针稳定后记下试液的初始 pH 值。然后，用 NaOH 标准溶液滴定，并测定各观察点的 pH 值。开始可以每滴加 2mL 或 1mL 测一次，在突变附近时，每滴加 0.2mL 或 0.1mL 测定一次，突变过后再逐渐增加滴加量以减少测量次数，至 pH 值无明显变化为止。

五、数据记录和处理

1. 根据记录的体积和 pH 值数据，计算各点对应的 ΔV 和 ΔpH 值。

2. 绘制 pH-V 和 $\Delta pH/\Delta V$-V 曲线，分别确定滴定终点 V_{ep}。

3. 通过二级微商法由内插法确定终点 V_{ep}。

4. 计算原始试液中醋酸的浓度。

5. 在 pH-V 曲线上查出体积相当于 $\frac{1}{2}V_{ep}$ 的 pH 值，即为 HAc 的 pK_a，并与文献值比较（$[K_a$（文献值）$= 1.76 \times 10^{-5}]$，分析产生误差的原因。

六、思考题

1. 电位滴定法与指示剂法确定终点的方法有何不同？有何优劣？

2. 当醋酸完全被氢氧化钠中和后，溶液 pH 值是否等于 7？解释其原因。

实验十五　离子选择性电极法测定水中微量氟

骨骼和牙齿的坚固是因为氟，世界卫生组织（WHO）一直向大众推荐使用含氟牙膏来预防龋齿。目前，国内大众已经普遍接受使用含氟牙膏，不少制作商也以"含氟"作为卖点。其实，在不同地区的生态环境中，氟的含量本身就有差异性，所以含氟牙膏并不是人人都适用的。因此需要通过一系列实验来确定氟加入量的安全范围，以确保含氟牙膏的安全性和有效性。由此可见，科学研究的根本目的就是更好地服务人类。

一、实验目的

1. 掌握电位分析法的基本原理。
2. 学习用氟离子选择性电极法测定 F^- 含量的方法。
3. 掌握标准曲线法和标准加入法测定牙膏中氟的方法。
4. 了解使用总离子强度调节缓冲溶液的意义和作用。
5. 熟悉氟电极和饱和甘汞电极的结构与使用方法。

二、实验原理

离子选择性电极是一种电化学传感器，它将溶液中特定离子的活度转换成相应的电位。氟离子选择性电极是对 F^- 具有特异响应的电位指示电极，它可将溶液中 F^- 的活度转换成相应的电位信号。氟离子选择性电极法具有结构简单、使用方便、灵敏度高、选择性好的特点，已被广泛应用于测定氟含量。当 F^- 浓度在 $10^{-6} \sim 1 \text{mol} \cdot \text{L}^{-1}$ 范围时，氟电极电位与pF 呈线性关系，可用标准曲线或标准加入法进行测定，这就是氟离子选择性电极测定 F^- 的理论基础。

溶液中与 F^- 生成稳定络合物的阳离子（如 Al^{3+}、Fe^{3+} 等）以及能与 La^{3+} 形成络合物的阴离子会干扰测定，通常可用柠檬酸钠、EDTA、磺基水杨酸或磷酸盐等加以掩蔽。溶液的酸度对氟电极的测定有影响。在酸性溶液中，H^+ 与部分 F^- 形成 HF 或 HF_2^-，会降低 F^- 的浓度；在碱性溶液中，LaF_3 薄膜与 OH^- 发生交换作用而使测定值偏高。测定溶液的pH 值宜为 $5 \sim 6$，常用缓冲溶液 HAc-NaAc 来调节。

使用氟电极测定溶液中 F^- 浓度时，通常是将控制溶液酸度、离子强度的试剂和掩蔽剂结合起来考虑，即使用总离子强度调节缓冲溶液（TISAB）来控制最佳测定条件。总离子强度调节缓冲液通常由惰性电解质、pH 缓冲液和掩蔽剂组成，可以起到控制一定的离子强度和酸度及掩蔽干扰离子等多种作用。

三、实验仪器和试剂

仪器　pHS-3C 型数字酸度计，氟离子选择性电极，饱和甘汞电极。

试剂　氟标准溶液（$0.0100 \text{mol} \cdot \text{L}^{-1}$，称取在 120℃ 干燥 2h 的 NaF 0.150g 溶于 100mL 煮沸的水中，加入 50mL TISAB，冷却后转移至 250mL 容量瓶中稀释至刻度，贮于塑料瓶中），TISAB（于 1000mL 烧杯中，加入 500mL 蒸馏水和 57mL 冰醋酸、58gNaCl 及 12g 柠檬酸钠，搅拌至溶解，将烧杯置于冷水浴中，缓慢滴加 $6 \text{mol} \cdot \text{L}^{-1}$ NaOH 溶液，直至溶液的 pH 值为 $5.0 \sim 5.5$，冷却至室温，转入 1000mL 容量瓶中，用蒸馏水稀释至刻度）。

四、实验内容

1. 标准曲线的绘制

① 准确移取 $0.0100 \text{mol} \cdot \text{L}^{-1}$ 氟标准溶液 1.00mL、3.00mL、5.00mL、7.00mL、9.00mL 于 100mL 容量瓶中，各加入 20.0mL TISAB，用蒸馏水稀释至刻度，摇匀。上述系列标准溶液

中氟离子浓度分别为：$1.00 \times 10^{-4} \mathrm{mol} \cdot \mathrm{L}^{-1}$、$3.00 \times 10^{-4} \mathrm{mol} \cdot \mathrm{L}^{-1}$、$5.00 \times 10^{-4} \mathrm{mol} \cdot \mathrm{L}^{-1}$、$7.00 \times 10^{-4} \mathrm{mol} \cdot \mathrm{L}^{-1}$、$9.00 \times 10^{-4} \mathrm{mol} \cdot \mathrm{L}^{-1}$。

② 将氟标准系列溶液由低浓度到高浓度逐个倒入测量杯中，将准备好的氟离子选择性电极和饱和甘汞电极浸入溶液，在电磁搅拌器搅拌数分钟后，停止搅拌，读取平衡电位（mV）。转换溶液时，氟离子选择性电极可不用清洗，而只要用滤纸吸去附着的溶液即可。

③ 在坐标纸上作图，即得工作或标准曲线。以电位 E（mV）为纵坐标、$-\lg c_{\mathrm{F}^-}$ 即 pF 为横坐标绘制 E-pF 标准曲线。

2. 水样中氟离子浓度的测定

用移液管吸取待测试样 25mL 移入 100mL 容量瓶中，加入 20mL TISAB，用蒸馏水稀释至刻度，摇匀。在与测绘工作曲线相同的条件下，读取电位值 E_1。根据 E_1 从工作曲线上查出离子浓度，再计算试样中氟的含量。

3. 标准加入法

吸取试样 25mL 移入 100mL 容量瓶中，加入 20mL TISAB，再向该容量瓶中准确加入浓度为 $1.00 \times 10^{-2} \mathrm{mol} \cdot \mathrm{L}^{-1}$ 氟标准溶液 1.00mL，用蒸馏水稀释至刻度，摇匀。测其平衡电位值 E_2。根据 E_2 计算试样中氟的含量。

按下式计算水样中氟离子的含量 c_x（以 $\mathrm{mol} \cdot \mathrm{L}^{-1}$ 为单位）。

$$c_x = \Delta c \left(10^{\frac{\Delta E}{s}} - 1\right)^{-1}$$

式中，$s = \dfrac{2.303RT}{nF}$；$\Delta c = \dfrac{c_s V_s}{V_0}$；$c_s$ 为加入的标准溶液的浓度；V_s 为加入的标准溶液的体积，mL；V_0 为试样的体积，mL。

4. 清洗电极

实验结束后，用去离子水清洗电极至电位值与起始空白电位值相近，收入电极盒中保存。

五、数据记录和处理

比较标准曲线法和标准加入法得到的结果，计算两次结果的相对偏差，并对两种定量方法进行讨论。

六、思考题

1. 测定 F^- 浓度时，为什么要控制 pH≈5？pH 过高或过低有什么影响？

2. 用氟电极测得的是 F^- 浓度还是活度？如果要测定 F^- 的浓度，应该怎么办？

3. 总离子强度调节缓冲溶液包含哪些组分？各组分的作用是什么？

4. 氟电极在使用前应该怎样处理？使用后应该怎样保存？

5. 标准加入法为什么要加入比欲测组分浓度大很多的标准溶液？

6. 测定氟离子标准溶液时，为什么按从稀到浓的顺序进行测定？反之则如何？

实验十六　工业废水中铜、铬、锌、铅及镍的测定

一、实验目的

1. 掌握原子吸收光谱工作曲线法进行定量分析的方法。

2. 学会金属材料样品的制备及处理技术。

3. 学习排放水中铜、铬、锌和镍的测定方法。

二、实验原理

将待测溶液雾化并引入原子化器中，在适当的火焰温度下转化为基态原子蒸气，当光源

发射出的特征谱线与被测元素吸收波长相同且通过火焰中的基态原子蒸气时，因基态原子吸收了光，光减弱程度即为吸光度 A，该值与基态原子的数目（元素浓度）在一定的光谱条件下遵循朗伯-比尔定律，即在一定的实验条件下，$A=kc$，k 为常数，c 为被测元素浓度。

金属元素是原子吸收分析经常和容易测定的元素，在空气-乙炔火焰中测定时干扰较少，测定时以其标准系列溶液浓度为横坐标，以对应吸光度为纵坐标，绘制工作曲线为一通过原点的直线，根据在相同条件下测得的试样溶液的吸光度，在工作曲线上即可求出试液元素的浓度，进而可计算出原样中的金属含量。

不同元素的空心阴极灯用作锐线光源时，能辐射出不同的特征谱线。因此，用不同的元素灯，可在同一试液中分别测定几种不同元素，彼此干扰较少。这体现了原子吸收光谱分析法（AAS）的优越性。

三、实验仪器和试剂

仪器　WYX-402C 型原子吸收分光光度计（沈阳分析仪器厂），铬、镍、铜、锌、铅空心阴极灯，乙炔钢瓶，空气压缩机，离心机，容量瓶，移液管，洗耳球，烧杯。

试剂　盐酸溶液（1：1），盐酸溶液（1%），硝酸（A.R.），硝酸溶液（1%），氯化铵晶体。

铬标准储备液（$1.0000\text{mg}\cdot\text{mL}^{-1}$）：称取金属铬 1.0000g，用 50mL 盐酸溶解，以去离子水稀释至 1L 容量瓶中，转入聚乙烯瓶中贮存。

镍标准储备液（$1.0000\text{mg}\cdot\text{mL}^{-1}$）：称取 1.0000g 金属镍，用少量硝酸溶解，在水浴上蒸干，加入 5mL 浓盐酸，再蒸干，以盐酸溶解并稀释至 1L 容量瓶中，并转入聚乙烯瓶中贮存。

铜标准储备液（$1.0000\text{mg}\cdot\text{mL}^{-1}$）：称取金属铜（99.9% 以上）1.0000g，用少量硝酸溶解，在水浴上蒸干，加入 5mL 浓盐酸，再蒸干，以盐酸（1%）溶解并稀释至 1L 容量瓶中，转入聚乙烯瓶中贮存。

锌标准储备液（$1.0000\text{mg}\cdot\text{mL}^{-1}$）：称取 1.2500g 高纯氧化锌，用少量盐酸（1：1）分解，以盐酸（1%）溶解并稀释至 1L 容量瓶中，转入聚乙烯瓶中贮存。

铅标准储备液（$1.0000\text{mg}\cdot\text{mL}^{-1}$）：称取硝酸铅 1.5985g，用硝酸（1%）溶解，以去离子水稀释至 1L 容量瓶中，转入聚乙烯瓶中贮存。

混合标准溶液：准确吸取 10mL 上述铜标准溶液、10mL 铬标准溶液、5mL 锌标准溶液、20mL 镍标准溶液于 100mL 容量瓶中，用去离子水稀释至刻度，此混合溶液 1mL 中含 $100\mu\text{g}$ 铜、$100\mu\text{g}$ 铬、$50\mu\text{g}$ 锌、$200\mu\text{g}$ 镍。

四、实验内容

1. 仪器工作参数（表 4-5）

表 4-5　仪器工作参数

项目	铜	锌	镍	铬	铅
波长/nm	324.7	213.9	232.0	357.9	283.9
灯电流/mA	3	3	4	5	6
光谱通带/nm	0.2	0.2	0.2	0.2	0.7
火焰	空气-乙炔	空气-乙炔	空气-乙炔	空气-乙炔	空气-乙炔
空气流量/(L·min^{-1})	10.2	10.2	10.2	10.2	10.2
乙炔流量/(L·min^{-1})	1.2	1.2	1.0	1.4	1.2

2. 标准曲线的绘制

铬、镍、铅的标准系列溶液的配制：以铬标准系列溶液的配制为例，按铬浓度分别为 $0.0\mu g\cdot mL^{-1}$、$0.2\mu g\cdot mL^{-1}$、$0.4\mu g\cdot mL^{-1}$、$0.6\mu g\cdot mL^{-1}$、$0.8\mu g\cdot mL^{-1}$、$1.0\mu g\cdot mL^{-1}$ 准确移取铬标准储备液于 6 只 100mL 容量瓶中，加 2mL 盐酸（1∶1）及 2.0g 氯化铵固体，摇匀并以去离子水稀至刻度。

铜、锌的标准系列溶液的配制：以铜标准系列溶液的配制为例，按铜浓度分别为 $0.0\mu g\cdot mL^{-1}$、$0.5\mu g\cdot mL^{-1}$、$1.0\mu g\cdot mL^{-1}$、$1.5\mu g\cdot mL^{-1}$、$2.0\mu g\cdot mL^{-1}$、$2.5\mu g\cdot mL^{-1}$ 准确移取各标准储备液于 6 只 100mL 容量瓶中，加 2mL 盐酸（1∶1）并以去离子水稀至刻度。

按选定仪器条件分别测定各元素的标准曲线，测定某一元素时应用该元素的空心阴极灯。

3. 样品的处理及测定

铬、镍、铅样品溶液：将取得的工业废水样品液经慢速滤纸过滤，准确移取滤液 50mL 于 100mL 容量瓶中，加入 2mL 盐酸（1∶1）溶液及 2g 氯化铵固体，摇匀并以去离子水稀至刻度，按选定仪器条件分别测定镍、铬、铅的含量，测定某一元素时应用该元素的空心阴极灯。

铜、锌样品溶液：将取得的工业废水样品液经慢速滤纸过滤，准确移取 50mL 溶液于 100mL 容量瓶中，加入 2mL 盐酸（1∶1）溶液，并以去离子水稀释至刻度，按选定仪器条件分别测定锌、铜含量，测定某一元素时应用该元素的空心阴极灯。

由标准曲线查出每种元素的含量 m（μg），再根据水样体积 $V_{水}$（mL）计算出每种元素在原水样中的浓度 c（$mg\cdot L^{-1}$）：

$$c=\frac{m}{V\times 1000}$$

注：若水样中含有大量的有机物，则需先消化除去大量有机物后才能进行测定。试液的制备方法如下：取 200mL 水样于 400mL 烧杯中，在电热板上蒸发至约 10mL，冷却，加入 10mL 浓硝酸及 5mL 浓高氯酸，于通风橱内硝化至冒浓白烟；若溶液仍不清澈，再加少量硝酸硝化，直到溶液清澈为止（注意！硝化过程中要防止蒸干）；硝化完成后，冷却，加约 20mL 去离子水，转入 50mL 容量瓶中，用去离子水稀释至刻度，此溶液即可作为试液。

五、思考题

1. 标准曲线法定量分析有什么优点？在哪些情况下最宜采用该法？

2. 测定铬、镍、铅时，为什么要加入氯化铵？它的作用是什么？

【附注】

WYX-402C 原子吸光光谱仪操作步骤如下：

1. 检查仪器各主要操作环节是否正常，并置于正确位置。

2. 安装所需空心阴极灯，打开电源开关，通过液晶屏显示，选择能量调节功能，将所需灯电流设置相应挡，使灯预热 30min。

3. 启动空气压缩机及稳压乙炔发生器（具体操作见说明书）。

4. 初调灯位及外光路，适当选择狭缝。

5. 接好废液桶，用空白水喷雾到水封确定位，而后用滤纸将燃烧器缝口残液吸净。

6. 打开通风。

7. 点燃火焰，调整燃气流量到所需火焰状态，并预热燃烧器。

8. 选择分析条件，依次完成标准样品及测定样品的测定。

9. 工作结束时，首先熄灭火，切断燃气源，将乙炔放空，再切断压缩机电源，稍后关闭助燃气针阀。

10. 将程序退回主目录能量调节挡，将高压、电流放到最低挡，关闭电源。

实验十七　气相色谱法测定苯的同系物

茨维特是俄国植物生理学家和化学家，他最重大的贡献是发明了分析化学中极重要的实验方法——色谱法。他在西方很多重要刊物上都发表了论文成果，详细叙述了利用自己设计的色谱分析仪器分离出胡萝卜素、叶绿素和叶黄素的方法。然而在接下来的 20 年里，茨维特的色谱新方法并没有得到科学界的重视，这是由于德国著名化学家维尔斯泰特（1905 年获诺贝尔化学奖）对色谱法的排斥和不信任——他曾指出叶黄素在色谱分离过程中会发生氧化作用。这其实是维尔斯泰特在实验过程中使用不合适的吸附剂造成的。茨维特建议使用菊粉或蔗粉作为吸附剂，但是维尔斯泰特并未理会。直到 1931 年（茨维特已去世 12 年），R. 库恩利用这个被埋没多年的方法，用氧化铝和碳酸钙粉末的色谱柱成功地将胡萝卜素分离成 α 和 β 两个同分异构体，色谱法才得到普遍推广和应用。可见，从事科研工作时，面对学术问题时，务必要保持不骄不躁、谦虚谨慎的科学态度。

一、实验目的
1. 了解气相色谱仪的基本构造及分析流程。
2. 掌握色谱定量分析的原理。
3. 了解校正因子的含义、用途和测定方法。
4. 学会面积归一化定量方法。

二、实验原理
气相色谱仪是一种利用色谱分离技术，将样品中的不同物质在固定相和流动相之间进行分离的仪器。其工作原理是，当样品进入色谱柱时，不同物质在固定相和流动相之间的分配系数不同，随着流动相的流动，这些物质按照分配系数的差异先后从色谱柱流出，从而被分离成单个组分。这些组分随后被检测器接收并转换成电信号，再由仪器系统处理成样品的信息。

常用的定量方法有多种，本实验采用归一法。归一法就是分别求出样品中所有组分的峰面积和校正因子，然后依次求各组分的含量（％）。苯、甲苯、对二甲苯、邻二甲苯等称为苯同系物，可以采用气相色谱法进行分析，采用峰面积归一化法进行定量分析。

三、实验仪器和试剂
仪器　气相色谱仪（附 TCD、FID），微量注射器（$1\mu L$、$5\mu L$）。

试剂　四组分混合样（苯、甲苯、对二甲苯、邻二甲苯）。

色谱条件　本实验所采用的仪器为北京北分瑞利公司提供的 SP-2100 型气相色谱仪，并附有程序升温装置。实验以氢气为载气，采用热导检测器。

色谱柱：内径 3mm，柱长 1.2m，不锈钢。

固定相：60～80 目 6210 红色载体。

固定液的配比：邻苯二甲酸二壬酯（DNP）：6201 载体＝5∶100。

温度：柱箱 100℃，检测室 150℃，气化室 120℃。

载气：氢气，流速 $100mL \cdot min^{-1}$。

检测：热导池，桥流 150mA。

满屏时间：5min。

满屏量程：600～1000mV。

四、实验内容

1. 色谱柱的制备

① 称取 1g 苯二甲酸二壬酯（DNP）于蒸发皿中，加乙醚溶解；再将 20g 已烘干的 60～80 目红色载体倾入，所加乙醚以刚好浸过载体为宜。在红外灯下轻轻搅拌，使乙醚挥发至无醚气味为止。

② 称取 1g 有机皂土（bentone-34）于蒸发皿中，加苯溶解；再将 20g 上述载体倾入，按①的条件操作至苯挥发干净。涂制后若有结块或过于破碎，用 60 目与 80 目两种筛子过滤，留取中间层。

③ 将上述涂制好的固定相等量混合，装入内径为 3mm、长为 1.2m 的不锈钢色谱柱中，在柱温稍高于使用温度的条件下，老化 4h。

2. 仪器操作步骤

① 打开氢气钢瓶总阀，调分压阀到 0.1MPa 后，检查气路是否漏气，检漏后将检漏液擦干净。

② 检查电路、气路无误后，打开仪器开关按"状态/设定"按键切换到"设定"页面，按"←"或"→"和"↑"或"↓"按键，依次设定恒温、柱箱温度、进样器温度、检测器温度、热丝温度，按"状态/设定"按键切换到"状态"页面，检查仪器的状态是否符合所设定的工作参数，当仪器的各个温度区到达设定的温度时，仪器显示"就绪"，预热 2h。

③ 打开计算机软件，选择谱图采集，观察基线是否稳定，当基线足够稳定后，按仪器前面板上"调零"按键，将基线调到零后，即可分析样品。

④ 测量完毕后，切断仪器的电源，打开柱箱门，使柱箱内冷却，最后关闭载气气源。

3. 测定

① 取已知各组分质量分数的苯、甲苯、对二甲苯和邻二甲苯混合液 1μL 注入气化室，根据定量结果给出的峰面积，求出校正因子。

② 取 1μL 试液注入气化室，用归一化法求出各组分的质量分数。

五、思考题

1. 归一化法使用的条件是什么？

2. 如何求校正因子？在什么条件下可以不考虑校正因子？

3. 如何根据保留时间确定各峰归属？

实验十八　固体与液体有机化合物的红外光谱定性分析

一、实验目的

1. 了解 FTIR 仪的使用方法。

2. 学习固体样品压片制样的方法。

3. 掌握红外光谱仪的操作和工作站的使用方法。

4. 学习用红外吸收光谱法对化合物的谱图进行解析。

二、实验原理

1. 红外吸收光谱法

如果用一种仪器把物质对红外光的吸收情况记录下来就得到该物质的红外吸收光谱图，由于物质对红外光具有选择性吸收，不同的物质便有不同的红外吸收光谱图，所以，便可以从未知物质的红外吸收光谱图反过来求证该物质究竟是什么。这就是红外光谱定性的依据。

红外光谱用于定性分析时，就是根据实验所测绘的红外光谱图的吸收峰位置、强度和形状，通过各种特征吸收图表，确定吸收带的归属，以及分子中所含的基团或键，然后与推断所得的化合物的标准图谱进行对照，推断样品化合物可能的结构。

2. 制样方法

不同的样品状态（固体、液体、气体及黏稠样品）需要与之相应的制样方法。制样方法的选择和制样技术的好坏直接影响谱带的频率、数目和强度。

（1）液膜法 样品的沸点高于100℃可采用液膜法测定。黏稠样品也可采用液膜法。这种方法较简单，只要在两个盐片之间滴加1～2滴未知样品，使之形成一层薄的液膜。流动性较大的样品，可选择不同厚度的垫片来调节液膜的厚度。样品制好后，用夹具轻轻夹住进行测定。

（2）液池法 样品的沸点低于100℃可采用液池法。选择不同的垫片尺寸可调节液池的厚度，对强吸收的样品用溶剂稀释后再测定。本底采用相应的溶剂。

（3）糊状法 需准确知道样品是否含有—OH基团（避免KBr中水的影响）时采用糊状法。这种方法是将干燥的粉末研细，然后加入几滴悬浮剂（常用石蜡油或氟化煤油）在玛瑙研钵中研成均匀的糊状，涂在盐片上测定。本底采用相应的悬浮剂。

（4）压片法 粉末状样品常采用压片法。将研细的粉末分散在固体介质中，并用压片器压成透明的薄片后测定。固体分散介质一般是KBr，使用时将其充分研细，颗粒直径最好小于$2\mu m$（因为中红外区的波长是从$2.5\mu m$开始的）。本底最好采用相应的分散介质（KBr）。

（5）薄膜法 对于熔点低，以及熔融时不发生分解、升华和其他化学变化的物质，可采用加热熔融的方法压制成薄膜后测定。

三、实验仪器和试剂

仪器 FTIR-650傅里叶变换红外光谱仪（天津港东科技），压片机，模具和样品架，玛瑙研钵，红外灯烘箱，除湿机等。

试剂 液体、固体有机试样，KBr粉末（光谱纯），清洗剂等。

四、实验内容

1. 准备工作

① 开机：打开红外光谱仪主机电源，打开显示器的电源，仪器预热20min；打开计算机。

② 用清洗剂清洗玛瑙研钵和压片模具，用擦镜纸擦干后，再置于红外烘箱烘干，同时干燥KBr。

2. 试样的制备（见制样方法）

测试样品的相关性质见表4-6。

表4-6 测试样品的相关性质

$C_7H_6O_2$	白色晶体	熔点:122℃
C_7H_8	无色液体	沸点:约110℃
$C_3H_8O_2$	无色黏稠状液体	沸点:188.2℃
$C_8H_8O_3$	白色晶体	熔点:125～128℃
$C_{16}H_{22}O_4$	无色黏稠状液体	沸点:340℃

3. 红外光谱图的测试

（1）液体样品的制备及测试 将可拆式液体样品池的盐片从干燥器中取出，在红外灯下用少许滑石粉混入几滴无水乙醇磨光其表面，再用几滴无水乙醇清洗后，置于红外灯下烘干备用。将盐片放在可拆液池的孔中央，将另一盐片平压在上面，拧紧螺丝，组装好液池，置于光度计样品托架上，进行背景扫谱。然后，拆开液池，在盐片上滴一滴液体（苯乙酮）试样，将另一盐片平压在上面（不能有气泡）组装好液池。同前进行样品扫描，获得样品的红外光谱图。

扫描结束后，将液体吸收池拆开，及时用丙酮洗去样品，并将盐片保存在干燥器中。

（2）固体样品的制备及测试　在红外灯下，采用压片法，将研成 $2\mu m$ 左右的粉末样品 $1\sim2mg$ 与 $100\sim200mg$ 光谱纯 KBr 粉末混匀再研磨后，放入压模内，在压片机上边抽真空边加压，压力约 10MPa，制成厚约 1mm、直径约 10mm 的透明薄片。采集背景后，将此片装于样品架上，进行扫描，观察透光率是否超过 40%，若达到，测试结果正常，若未达到 40%，需根据情况增减样品量后，重新压片。

扫描结束后，取下样品架，取出薄片，按要求将模具、样品架等清理干净，妥善保管。

4. 谱图解析

① 由分子式求出不饱和度。

② 根据所做的谱图，找出主要官能团的吸收峰，列表指出它所对应的振动类型。

③ 根据分子式、不饱和度和其他物理、化学性质，组合结构单元，推出样品分子可能的结构式。

④ 将所测得的红外光谱与标准红外光谱进行对照，以确定所推结构式是否正确。

将以上结果写在实验报告中。

五、思考题

1. 用压片法制样时，为什么要求将固体试样研磨？样品及所用器具不干燥会对实验结果产生什么影响？

2. 羰基化合物谱图的主要特征峰是什么？

实验十九　不同介质中苯、苯酚和苯胺的紫外光谱的测定

一、实验目的

1. 了解紫外-可见分光光度计的仪器构造和基本操作技术。

2. 了解紫外吸收光谱在有机化合物结构鉴定中的作用及原理。

3. 了解不同溶剂对同一种物质的紫外吸收光谱的影响及原理。

二、实验原理

作为有机化合物结构解析四大光谱之一，紫外吸收光谱具有方法简单、仪器普及率高、操作简便、吸收强度大、检出灵敏度高、可进行定性和定量分析的特点。尽管紫外光谱谱带数目少、无精细结构、特征性差，且只能反映分子中发色团和助色团及其附近的结构特征，无法反映整个分子特性，单靠紫外光谱数据去推断未知物的结构很困难，但是紫外光谱对于判断有机物中发色团和助色团种类、位置、数目以及区别饱和与不饱和化合物、测定分子中共轭程度进而确定未知物的结构骨架等方面有独到之处。因此紫外吸收光谱是配合红外、质谱、核磁进行有机物定性鉴定和结构分析的重要手段。

利用紫外光谱定性的依据是化合物的吸收光谱特征，主要步骤是绘制纯样品的吸收光谱曲线，由光谱特征，依据一般规律作出判断；用对比法比较未知物和已知纯化合物的吸收光谱，或将未知物吸收光谱与标准谱图对比，当浓度和溶剂相同时，若两者谱图相同（曲线形状、吸收峰数目、λ_{max} 及 ε_{max} 等），说明两者是同一化合物。为进一步确证可换溶剂进行比

较测定。

三、实验仪器和试剂

仪器　UV2300 紫外-可见光光度计（上海天美科仪），石英吸收池（1cm），具塞比色管（5mL、10mL），吸量管（刻度移液管，1mL）。

试剂　苯，环己烷，乙醇，甲苯，苯酚，苯胺，NaOH（0.1mol·L^{-1}），苯/环己烷（1∶250），甲苯/环己烷（1∶250），HCl（0.1mol·L^{-1}），苯酚/环己烷（0.25g·L^{-1}），苯胺/环己烷（1∶250），苯酚/水（0.4g·L^{-1}）。

四、实验内容

1. 苯及其衍生物的吸收光谱

在 4 个 5mL 具塞比色管中分别加入 0.5mL 苯、甲苯、苯酚、苯胺的环己烷溶液，用环己烷稀释至刻度，摇匀。用 1cm 石英吸收池，以环己烷作参比溶液，在紫外区进行波长扫描，得 4 种物质的紫外吸收光谱。观察比较苯及甲苯、苯酚、苯胺的吸收光谱，讨论取代基对苯原有的吸收带的影响。

2. 溶剂极性对紫外吸收光谱的影响

（1）溶剂极性对 n→π* 跃迁的影响　在 3 个 5mL 具塞比色管中分别加入 0.02mL 苯酚，各用环己烷、乙醇、水稀释至刻度，摇匀。用 1cm 石英吸收池，分别以各溶剂作参比溶液，在紫外区进行波长扫描（扫描范围：200～400nm 或出现吸收峰的波长范围），获得苯酚在 3 种不同极性溶剂中的紫外吸收光谱。观察比较不同极性溶剂对 n→π* 跃迁的影响，讨论原因。

（2）溶剂极性对→π* 跃迁的影响　在 3 个 5mL 具塞比色管中分别加入 0.2mL 苯胺，各用环己烷、乙醇、水稀释至刻度，摇匀。用 1cm 石英吸收池，分别以各溶剂作参比溶液，在紫外区进行波长扫描（扫描范围：200～400nm 或出现吸收峰的波长范围），获得苯胺在 3 种不同极性溶剂中的紫外吸收光谱。观察比较不同极性溶剂对 π→π* 跃迁的影响，讨论原因。

（3）溶液的酸碱性对苯酚吸收光谱的影响　在 2 个 5mL 具塞比色管中分别加入 0.5mL 苯酚水溶液，分别用 0.1mol·L^{-1} HCl 和 NaOH 溶液稀释至刻度，摇匀。用 1cm 石英吸收池，以水作参比，在紫外区进行波长扫描（扫描范围：200～400nm 或出现吸收峰的波长范围），获得苯酚在 2 种酸度不同的溶液中的吸收光谱。观察比较以上 2 种吸收光谱，讨论原因。

五、数据记录和处理

1. 由苯、甲苯、苯酚和苯胺的吸收曲线，分别找出最大吸收波长及其吸光度值，并指出各吸收峰所属的吸收带类型及由何种跃迁所导致。

2. 比较苯酚的环己烷、乙醇、水溶液的紫外光谱，指出它们的不同之处及原因。

3. 比较苯胺的环己烷、乙醇、水溶液的紫外光谱，指出它们的差别并解释。

4. 比较苯酚和苯酚-氢氧化钠、苯酚-盐酸溶液的紫外光谱，指出它们的差别并解释。

5. 将以上结果及解释写在实验报告中。

六、思考题

1. 为什么当溶剂极性增大时，π→π* 跃迁产生的吸收带红移，而 n→π* 跃迁产生的吸收带蓝移？

2. 为什么苯酚在酸性与中性条件下的吸收光谱和碱性条件不同？

第5章

综合、研究性实验部分

实验一　无机未知物的定性鉴定

一、实验目的

1. 学习用化学方法判别未知纯物质的化学成分的方法。
2. 加深理解元素及其化合物的性质。
3. 综合练习阴、阳离子定性分析技术。

二、实验原理

对于无机未知物的鉴定，主要通过以下步骤进行。

（1）观察物质的颜色、气味和外形　盐类一般为结晶形的固体，加热会分解成氧化物固体。把少量固体放在干燥的试管中用小火加热，观察它是否会分解或升华。

（2）物质溶解性试验

① 在试管中加少量试样和 1mL 蒸馏水，放在水浴中加热，如果看不出它有显著的溶解，可取出上层清液放在表面皿上，小火蒸干，若表面皿上没有明显的残迹就可判断试样不溶于水。对可溶于水的试样，应检查溶液的酸碱性。

② 试样中不溶于水的部分依次用稀 HCl、浓 HCl、稀 HNO_3、浓 HNO_3 和王水试验它的溶解性，然后取最容易溶解的酸作为溶剂。

（3）阳离子检测　将少量试样溶于少量蒸馏水中，如果试样不溶于水，则取少量试样，用尽量少的酸溶解，分为两部分（一部分用于阴离子检测），先检出 NH_4^+、Fe^{3+} 和 Fe^{2+}，然后按阳离子系统分析的步骤检出各种阳离子。

（4）阴离子检测　把清液移到另一支试管中，按阴离子分析步骤，检出各种阴离子。

三、实验仪器和试剂

仪器　离心机，酒精灯，试管，点滴板，表面皿，量筒。

试剂　H_2SO_4（$2mol \cdot L^{-1}$），HCl（$6mol \cdot L^{-1}$、$2mol \cdot L^{-1}$），HNO_3（$6mol \cdot L^{-1}$、$2mol \cdot L^{-1}$），$NH_3 \cdot H_2O$（$2mol \cdot L^{-1}$、$6mol \cdot L^{-1}$），NaOH（$2mol \cdot L^{-1}$、$6mol \cdot L^{-1}$），乙醇（95%），NH_4Cl（$2mol \cdot L^{-1}$、$3mol \cdot L^{-1}$），H_2O_2（3%），$K_4[Fe(CN)_6]$（$0.1mol \cdot L^{-1}$），NH_4Ac（$3mol \cdot L^{-1}$），$KMnO_4$（$0.01mol \cdot L^{-1}$），KI（$0.1mol \cdot L^{-1}$），$NaNO_2$（$0.1mol \cdot L^{-1}$），$BaCl_2$（$1mol \cdot L^{-1}$），$AgNO_3$（$0.1mol \cdot L^{-1}$），淀粉溶液，丁二酮肟，pH试纸。

四、实验内容

1. 现有 3 种未知白色晶体：A 可能是 $NaNO_2$ 或 $NaNO_3$，B 可能是 $NaNO_3$ 或 NH_4NO_3，C 可能是 $NaNO_3$ 或 Na_3PO_4。试设计一操作程序将它们分别确认。

2. 试用最简单的方法鉴别下列固体物质：Na_2CO_3、$NaHCO_3$、Na_2SO_4、Na_2SO_3、Na_2SiO_4、$NaCl$、Na_3PO_4。

3. 判别下列 4 种固体金属氧化物：CuO，MnO_2，PbO_2，Co_2O_3。

要求画出鉴定步骤流程图、记录实验现象并写出反应方程式。

五、思考题

1. 如何快速区分固体物质 $NaCl$、$NaNO_3$ 和 Na_3PO_4？
2. 如何快速区分固体物质 $NaCl$、Na_2CO_3 和 $NaHCO_3$？

实验二　茶叶中微量元素的鉴定与定量测定

一、实验目的

1. 了解并掌握鉴定茶叶中某些化学元素的方法。
2. 学会选择合适的化学分析方法。
3. 掌握配合滴定法测茶叶中钙、镁含量的方法和原理。
4. 掌握分光光度法测茶叶中微量铁的方法。
5. 提高综合运用知识的能力。

二、实验原理

茶叶属植物类，为有机体，主要由 C、H、N 和 O 等元素组成，其中含有 Fe、Al、Ca、Mg 等微量金属元素。本实验要求从茶叶中定性鉴定 Fe、Al、Ca、Mg 等元素，并对 Fe、Ca、Mg 进行定量测定。

茶叶需先进行"干灰化"。"干灰化"即试样在空气中置于敞口的蒸发皿中，然后在坩埚中加热，把有机物经氧化分解而烧成灰烬。这一方法特别适用于生物和食品的预处理。灰化后，经酸溶解，即可逐级进行分析。

铁铝混合液中 Fe^{3+} 对 Al^{3+} 的鉴定有干扰。利用 Al^{3+} 的两性，加入过量的碱，使 Al^{3+} 转化为 AlO_2^- 留在溶液中，Fe^{3+} 则生成 $Fe(OH)_3$ 沉淀，经分离去除后，消除干扰。

钙镁混合液中，Ca^{2+} 和 Mg^{2+} 的鉴定互不干扰，可直接鉴定，不必分离。

铁、铝、钙、镁各自的特征反应式如下：

$$Fe^{3+} + nKSCN(饱和) \longrightarrow Fe(SCN)_n^{3-n}(血红色) + nK^+$$

$$Al^{3+} + 铝试剂 + OH^- \longrightarrow 红色絮状沉淀$$

$$Mg^{2+} + 镁试剂 + OH^- \longrightarrow 天蓝色沉淀$$

$$Ca^{2+} + C_2O_4^{2-} \xrightarrow{HAc介质} CaC_2O_4(白色沉淀)$$

根据上述特征反应的实验现象，可分别鉴定出 Fe、Al、Ca、Mg 四个元素。

钙、镁含量的测定可采用配合滴定法。在 pH=10 条件下，以铬黑 T 为指示剂、EDTA 为标准溶液，直接滴定可测得 Ca、Mg 总量。若欲测 Ca、Mg 各自的含量，可在 pH>12.5 时，使 Mg^{2+} 生成氢氧化物沉淀，以钙指示剂、EDTA 标准溶液滴定 Ca^{2+}，然后用差减法即得 Mg^{2+} 的含量。

Fe^{3+}、Al^{3+} 的存在会干扰 Ca^{2+}、Mg^{2+} 的测定，分析时可用三乙醇胺掩蔽 Fe^{3+} 与 Al^{3+}。

茶叶中铁含量较低，可用分光光度法测定。在 pH=2~9 的条件下，Fe^{2+} 与邻菲罗啉能生成稳定的橙红色配合物，该配合物的 $\lg K_{稳}=21.3$，摩尔吸收系数 $\varepsilon_{530}=1.10\times10^4$。反应式如下：

在显色前，用盐酸羟胺把 Fe^{3+} 还原成 Fe^{2+}，其反应式如下：

$$4Fe^{3+}+2NH_2OH\cdot HCl = 4Fe^{2+}+H_2O+4H^++N_2O+2HCl$$

显色时，溶液的酸度过高（pH<2），反应进行较慢；若酸度太低，则 Fe^{2+} 水解，影响显色。

三、实验仪器和试剂

仪器　煤气灯，研钵，蒸发皿，称量瓶，托盘天平，分析天平，中速定量滤纸，长颈漏斗，容量瓶（250mL、50mL），锥形瓶（250mL），酸式滴定管（50mL），比色皿（3cm），吸量管（5mL、10mL），721 型分光光度计。

试剂　铬黑 T（1%），HCl（6mol·L^{-1}），HAc（2 mol·L^{-1}），NaOH（6 mol·L^{-1}），$(NH_4)_2C_2O_4$（0.25 mol·L^{-1}），EDTA（0.01 mol·L^{-1}，自配并标定），饱和 KSCN 溶液，Fe 标准溶液（0.010mg·L^{-1}），铝试剂，$NH_3\cdot H_2O$-NH_4Cl 缓冲溶液（pH=10），镁试剂，三乙醇胺水溶液（25%），HAc-NaAc 缓冲溶液（pH=4.6），邻菲罗啉水溶液（0.1%），盐酸羟胺水溶液（1%）。

四、实验内容

1. 茶叶的灰化和试液的制备

取在 100～105℃下烘干的茶叶 7～8g 于研钵中捣成细末，转移至称量瓶中，称出称量瓶和茶叶的质量和，然后将茶叶末全部倒入蒸发皿中，再称空称量瓶的质量，差减得茶叶的准确质量。

将盛有茶叶末的蒸发皿加热使茶叶灰化（在通风橱中进行），然后升高温度，使其完全灰化，冷却后加 10mL 6mol·L^{-1}HCl 于蒸发皿中，搅拌溶解（可能有少量不溶物），将溶液完全转移至150mL 烧杯中，加 20mL 水，再加适量 6mol·L^{-1}NH$_3$·H$_2$O 控制溶液 pH 为 6～7，使产生沉淀。置于沸水浴加热 30min，过滤，然后洗涤烧杯和滤纸。滤液直接用 250mL 容量瓶盛接，并稀释至刻度，摇匀，贴上标签，标明为 Ca^{2+}、Mg^{2+} 试液（1#），待测。

另取 250mL 容量瓶一只置于长颈漏斗之下，用 10mL 6mol·L^{-1} HCl 重新溶解滤纸上的沉淀，并少量多次地洗涤滤纸。完毕后，稀释容量瓶中滤液至刻度线，摇匀，贴上标签，标明为 Fe^{3+} 试液（2#），待测。

2. Fe、Al、Ca、Mg 元素的鉴定

从 1# 试液的容量瓶中倒出 1mL 试液于一洁净的试管中，然后从试管中取液 2 滴于点滴板上，加 1 滴镁试剂，再加 6mol·L^{-1} NaOH 碱化，观察现象，作出判断。

从上述试管中再取 2～3 滴试液于另一试管中，加入 1～2 滴 2mol·L^{-1} HAc 酸化，再加 2 滴 0.25mol·L^{-1} $(NH_4)_2C_2O_4$，观察实验现象，作出判断。

从 2# 试液的容量瓶中倒出 1mL 试液于一洁净试管中，然后从试管中取 2 滴试液于点滴板上，加 1 滴 KSCN 饱和溶液，根据实验现象，作出判断。

在上述试管剩余的试液中，加 6mol·L^{-1} NaOH 直至白色沉淀溶解为止，离心分离，取上层清液于另一试管中，加 6mol·L^{-1} HAc 酸化，加 3～4 滴铝试剂，放置片刻后，加

$6mol \cdot L^{-1} NH_3 \cdot H_2O$ 碱化，在水浴中加热，观察实验现象，作出判断。

3. 茶叶中 Ca、Mg 总量的测定

准确吸取 25mL 1$^{\#}$ 试液置于 250mL 锥形瓶中，加入 5mL 三乙醇胺，再加入 10mL $NH_3 \cdot H_2O$-NH_4Cl 缓冲溶液，摇匀，最后加入少许铬黑 T 指示剂，用 $0.01mol \cdot L^{-1}$ EDTA 标准溶液滴定至溶液由红紫色恰变纯蓝色，即达终点，根据 EDTA 的消耗量，计算茶叶中 Ca、Mg 的总量，并以 MgO 的质量分数表示。

4. 茶叶中 Fe 含量的测量

（1）邻菲罗啉亚铁吸收曲线的绘制 用吸量管吸取铁标准溶液 0.0mL、2.0mL、4.0mL 分别注入 50mL 容量瓶中，各加入 5mL 盐酸羟胺溶液，摇匀，再加入 5mL HAc-NaAc 缓冲溶液和 5mL 邻菲罗啉溶液，用蒸馏水稀释至刻度，摇匀。放置 10min，用 3cm 的比色皿，以空白溶液为参比溶液，在 721 型分光光度计中，从波长 420～600nm 间分别测定其吸光度，以波长为横坐标、吸光度为纵坐标，绘制邻菲罗啉亚铁的吸收曲线，并确定最大吸收峰的波长，以此为测量波长。

（2）标准曲线的绘制 用吸量管分别吸取铁的标准溶液 0.0mL、1.0mL、2.0mL、3.0mL、4.0mL、5.0mL、6.0mL 于 7 只 50mL 容量瓶中，依次分别加入 5.0mL 盐酸羟胺、5.0mL HAc-NaAc 缓冲溶液、5.0mL 邻菲罗啉，用蒸馏水稀释至刻度，摇匀，放置 10min。用 3cm 的比色皿，以空白溶液为参比溶液，用分光光度计分别测其吸光度。以 50mL 溶液中铁含量为横坐标、相应的吸光度为纵坐标，绘制邻菲罗啉亚铁的标准曲线。

（3）茶叶中 Fe 含量的测定 用吸量管从 2$^{\#}$ 容量瓶中吸取 2.5mL 试液于 50mL 容量瓶中，依次加入 5.0mL 盐酸羟胺、5.0mL HAc-NaAc 缓冲溶液、5.0mL 邻菲罗啉，用水稀释至刻度，摇匀，放置 10min。以空白溶液为参比溶液，在同一波长处测其吸光度，并从标准曲线上求出 50mL 容量瓶中 Fe 的含量，并换算出茶叶中 Fe 的含量，以 Fe_2O_3 质量分数表示。

五、注意事项

1. 茶叶尽量捣碎，利于灰化。

2. 灰化应彻底，若酸溶后发现有未灰化物，应定量过滤，将未灰化的重新灰化。

3. 茶叶灰化后，酸溶解速度较慢时可小火略加热，定量转移要安全。

4. 测 Fe 时，使用的吸量管较多，应插在所吸的溶液中，以免搞错。

5. 1$^{\#}$ 250mL 容量瓶试液用于分析 Ca、Mg 元素，2$^{\#}$ 250mL 容量瓶用于分析 Fe、Al 元素，不要混淆。

六、思考题

1. 应如何选择灰化的温度？

2. 测定钙、镁含量时加入三乙醇胺的作用是什么？鉴定 Ca^{2+} 时，Mg^{2+} 为什么会干扰？

3. 邻菲罗啉分光光度法测铁的作用原理是什么？用该法测得的铁含量是否为茶叶中亚铁含量？为什么？

4. 欲测该茶叶中 Al 含量，应如何设计方案？

5. 试讨论，为什么 pH＝6～7 时，能将 Fe^{3+}、Al^{3+} 与 Ca^{2+}、Mg^{2+} 分离完全。

6. 通过本实验，你在分析问题和解决问题方面有何收获？请谈谈体会。

实验三　三草酸合铁（Ⅲ）酸钾的合成和组成分析

一、实验目的

1. 巩固制备三草酸合铁（Ⅲ）酸钾的基本操作方法。

2．掌握确定化合物化学式的基本原理和方法。

3．通过实验的基本训练，培养学生分析问题和解决问题的能力。

二、实验原理

三草酸合铁（Ⅲ）酸钾，化学式为 $K_3 \cdot [Fe(C_2O_4)_3] \cdot 3H_2O$，翠绿色单斜晶体，溶于水，难溶于乙醇。其常以三水化合物的形式存在，受热时，110℃下失去三分子结晶水而成为 $K_3 \cdot [Fe(C_2O_4)_3]$，230℃时分解。该配合物对光敏感，是制备负载型活性铁催化剂的主要原料，也是一些有机反应的催化剂，具有工业生产价值。

合成三草酸合铁酸钾的工艺路线有多种。例如可以铁为原料制得硫酸亚铁铵，加草酸钾制得草酸亚铁后经氧化制得三草酸合铁酸钾；或以硫酸铁与草酸钾为原料直接合成三草酸合铁酸钾；亦可以氯化铁与草酸钾直接合成三草酸合铁酸钾。本实验采用硫酸亚铁加草酸钾形成草酸亚铁，经氧化结晶制备三草酸合铁酸钾。

利用如下的分析方法可测定该配合物中各组分的含量，通过推算便可确定其化学式。

1．用重量分析法测定结晶水含量

将一定量产物在 125℃下干燥，根据质量减少的情况即可计算出结晶水的含量。

2．用高锰酸钾法测定草酸根含量

$C_2O_4^{2-}$ 在酸性介质中可被 MnO_4^- 定量氧化，反应式为：

$$5C_2O_4^{2-} + 2MnO_4^- + 16H^+ \xlongequal{\quad} 2Mn^{2+} + 10CO_2 \uparrow + 8H_2O$$

用已知浓度的 $KMnO_4$ 标准溶液滴定 $C_2O_4^{2-}$，由消耗 $KMnO_4$ 的量，便可计算出 $C_2O_4^{2-}$ 的含量。

3．用高锰酸钾法测定铁含量

先用过量的 Zn 粉将 Fe^{3+} 还原为 Fe^{2+}，然后用 $KMnO_4$ 标准溶液滴定 Fe^{2+}：

$$Zn + 2Fe^{3+} \xlongequal{\quad} 2Fe^{2+} + Zn^{2+}$$

$$5Fe^{2+} + MnO_4^- + 8H^+ \xlongequal{\quad} 5Fe^{3+} + Mn^{2+} + 4H_2O$$

由消耗 $KMnO_4$ 的量，便可计算出 Fe^{3+} 的含量。

4．确定钾含量

配合物减去结晶水、$C_2O_4^{2-}$、Fe^{3+} 的含量便可计算出 K^+ 含量。

三、实验仪器和试剂

仪器　分析天平，烘箱。

试剂　H_2SO_4（1mol·L^{-1}），$H_2C_2O_4$（1mol·L^{-1}），$K_2C_2O_4$（饱和），H_2O_2（3％），C_2H_5OH（95％和50％），$KMnO_4$ 标准溶液（0.02mol·L^{-1}），$(NH_4)_2Fe(SO_4)_2 \cdot 6H_2O$（s），Zn 粉，丙酮。

四、实验内容

1．三草酸合铁（Ⅲ）酸钾的合成

① 溶解：称取 4.0g $FeSO_4 \cdot 7H_2O$ 晶体，放入 250mL 烧杯中，加入 1mL 1 mol·L^{-1} H_2SO_4，再加入 15mL H_2O，加热使其溶解。

② 沉淀：在上述溶液中加入 20mL 1 mol·L^{-1} $H_2C_2O_4$，搅拌并加热煮沸，使形成 $FeC_2O_4 \cdot 2H_2O$ 黄色沉淀，用倾析法洗涤该沉淀 3 次，去除可溶性杂质，每次使用 25mL H_2O。

③ 氧化：在上述沉淀中加入 10mL 饱和 $K_2C_2O_4$ 溶液，水浴加热至 40℃，滴加 20mL

$3\%H_2O_2$ 溶液，不断搅拌溶液并维持温度在 40℃ 左右，使 Fe(Ⅱ) 充分氧化为 Fe(Ⅲ)。滴加完后，加热溶液至沸以去除过量的 H_2O_2。

④ 生成配合物：保持上述沉淀近沸状态，先加入 7mL 1mol·L^{-1} $H_2C_2O_4$，然后趁热滴加 1~2mL 1mol·L^{-1} $H_2C_2O_4$ 使沉淀溶解，溶液的 pH 值保持在 4~5，此时溶液呈翠绿色，趁热将溶液过滤到 150mL 烧杯中，并使滤液控制在 30mL 左右，冷却放置过夜、结晶、抽滤至干即得三草酸合铁（Ⅲ）酸钾晶体。称量，计算产率，并将晶体置于干燥器内避光保存。

2. 组成分析

（1）结晶水含量的测定　自行设计分析方案测定产物中结晶水含量。

提示：产物在 125℃ 下烘 1h，结晶水才能全部失去。

（2）草酸根含量的测定　自行设计分析方案测定产物中 $C_2O_4^{2-}$ 含量。

提示：

① 用高锰酸钾滴定 $C_2O_4^{2-}$ 时，为了加快反应速率需升温至 75~85℃，但不能超过 85℃，否则，$H_2C_2O_4$ 易分解。

$$H_2C_2O_4 \overset{\triangle}{=\!=\!=} H_2O + CO_2 + CO$$

② 滴定完成后保留滴定液，用来测定铁含量。

（3）铁含量的测定　自行设计分析方案测定保留液中的铁含量。

提示：

① 加入的还原剂 Zn 粉需过量。为了保证 Zn 能把 Fe^{3+} 完全还原为 Fe^{2+}，反应体系需加热。Zn 粉除与 Fe^{3+} 反应外，也与溶液中 H^+ 反应，因此溶液必须保持足够的酸度，以免 Fe^{3+}、Fe^{2+} 等水解而析出。

② 滴定前过量的 Zn 粉应过滤除去。过滤时要做到使 Fe^{2+} 定量地转移到滤液中，因此过滤后要对漏斗中的 Zn 粉进行洗涤。洗涤液与滤液合并用来滴定。另外，洗涤不能用水而要用稀 H_2SO_4（为什么？）。

（4）钾含量确定　由测得 H_2O、$C_2O_4^{2-}$、Fe^{3+} 的含量可计算出 K^+ 的含量，并由此确定配合物的化学式。

五、思考题

1. 合成过程中，滴完 H_2O_2 后为什么还要煮沸溶液？

2. $K_3[Fe(C_2O_4)_3]\cdot 3H_2O$ 可用加热脱水法测定其结晶水含量，含结晶水的物质是否都可用这种方法进行测定？为什么？

实验四　含铬废液的处理

一、实验目的

了解含铬废液的处理方法。

二、实验原理

铬化合物对人体的毒害很大，能引起皮肤溃疡、贫血、肾炎及神经炎。所以含铬的工业废水必须经过处理达到排放标准才可排放。

Cr(Ⅲ) 的毒性远比 Cr(Ⅵ) 小，所以可用硫酸亚铁石灰法来处理含铬废液，使 Cr(Ⅵ) 转化成 $Cr(OH)_3$ 难溶物除去。

Cr(Ⅵ) 与二苯碳酰二肼（DPC）作用生成紫红色配合物，可进行比色测定，确定溶液中 Cr(Ⅵ) 的含量。Hg(Ⅰ) 和 Hg(Ⅱ) 也与络合剂生成紫红色化合物，但在实验的酸度下不灵敏。Fe(Ⅲ) 浓度超过 $1mg \cdot L^{-1}$ 时，能与试剂生成黄色溶液，后者可用 H_3PO_4 消除。

三、实验仪器和试剂

仪器　721 型分光光度计，抽滤装置，移液管（10mL、20mL），吸量管（10mL、5mL），比色管（25mL）。

试剂　含铬(Ⅵ)废液（$0.1g \cdot L^{-1}$），混酸（15％ H_2SO_4 ＋15％ H_3PO_4 ＋70％ H_2O_2），$FeSO_4 \cdot 7H_2O$（s），NaOH（$6.0mol \cdot L^{-1}$），二苯碳酰二肼溶液 [0.1g DPC 溶于 50mL 95％ 的乙醇中，立即加入 200mL 10％（体积比）H_2SO_4 即可，低温避光保存]，H_2O_2（30％）。

四、实验内容

1. 含铬废液处理

在含铬(Ⅵ)废液中逐滴加入 $3mol \cdot L^{-1}$ H_2SO_4 使呈酸性，然后加入 $FeSO_4 \cdot 7H_2O$ 固体（1.5～2.0g），充分搅拌使溶液中 Cr(Ⅵ) 转变成 Cr(Ⅲ)。加入 NaOH（$6.0mol \cdot L^{-1}$），将溶液调至 pH 值近似为 9，生成 $Cr(OH)_3$ 和 $Fe(OH)_3$ 等沉淀，加热至 70℃左右，冷却后过滤，留取滤液备用。

2. 残留液的处理

将除去 $Cr(OH)_3$ 的滤液，在碱性条件下加入 30％ H_2O_2，使溶液中残留的 Cr(Ⅲ) 转化为 Cr(Ⅵ)，然后加热除去过量的 H_2O_2。

3. 标准曲线的绘制

① Cr(Ⅵ) 贮备液的配制：将分析纯 $K_2Cr_2O_7$ 在 110～120 ℃烘干 2h 后，准确称取 0.2828g，溶于一定量蒸馏水中，转移到 1000mL 的容量瓶中，用蒸馏水稀释至刻度，摇匀备用。

② $0.01mg \cdot L^{-1}$ Cr(Ⅵ) 标准液的配制：准确移取 10mL Cr(Ⅵ) 贮备液于 100mL 容量瓶中，用蒸馏水稀释至刻度。

③ 用移液管分别量取 0.00mL、0.50mL、1.00mL、1.50mL、2.00mL、2.50mL、3.00mL 上述配制的 Cr(Ⅵ) 标准溶液，加入 7 个 25mL 的比色管中，分别加入 5 滴混酸，摇匀后再分别加入 1.5mL 二苯碳酰二肼溶液，再摇匀，用水稀释至刻度。用分光光度计、1cm 比色皿测定各溶液的吸光度（波长为 540nm），绘制标准曲线，从曲线上查出含铬废液中 Cr(Ⅳ) 的含量。

4. Cr(Ⅵ) 的测定

取净化后滤液 10mL 放入 25mL 比色管，分别加入 10 滴混酸、1.5mL DPC 溶液，稀释至 25mL 刻度，放置 5min 测吸光度，利用标准曲线算出 Cr(Ⅵ) 浓度。

五、思考题

1. 本实验中加入 NaOH 后，首先生成的是什么沉淀？

2. 在实验内容步骤 2 中，为什么要除去过量的 H_2O_2？

实验五　废烂板液的综合利用

一、实验目的

了解废烂板液的综合利用方法。

二、实验原理

用于印刷电路的腐蚀液又称烂板液，通常是三氯化铁溶液、盐酸与过氧化氢的混合液。

腐蚀印刷电路的废铜板时发生反应如下：

$$Cu + 2FeCl_3 \xrightarrow{40\sim60℃} 2FeCl_2 + CuCl_2$$
$$Cu + H_2O_2 + 2HCl \xrightarrow{\quad} 2H_2O + CuCl_2$$

腐蚀后的废液（废烂板液）含有大量铜的化合物，回收 Cu 有一定经济价值。

废烂板液中，主要组成为 $CuCl_2$、$FeCl_2$ 与过剩的 $FeCl_3$，因此，回收铜的简单方法是加入铁，发生铁置换铜反应形成金属铜，加入铁粉发生如下反应：

$$CuCl_2 + Fe \xrightarrow{\quad} Cu + FeCl_2$$
$$2FeCl_3 + Fe \xrightarrow{\quad} 3FeCl_2$$

经分离取得金属铜，溶液经蒸发结晶为 $FeCl_2 \cdot 4H_2O$。氯化亚铁通常制成 4 种化合物，它的不同水合物转化温度如下：

$$FeCl_2 \cdot 2H_2O \xrightarrow{76.5℃} FeCl_2 \cdot 4H_2O \xrightarrow{123℃} FeCl_2 \cdot 6H_2O$$

分离后制得铜，Cu 在高温炉中灼烧成 CuO，用 H_2SO_4 溶解制取 $CuSO_4 \cdot 5H_2O$ 试剂。

另可将分离铜的溶液浓缩蒸发，结晶出 $FeCl_2 \cdot 4H_2O$ 晶体，亦可将 $FeCl_2$ 加氯氧化后制得 $FeCl_3$，再作废烂板液原料。

铁与盐酸反应生成 $FeCl_2$，必须再由氯氧化得 $FeCl_3$，反应如下：

$$2FeCl_2 + Cl_2 \xrightarrow{\quad} 2FeCl_3$$

固体三氯化铁易溶于水，在空气中易潮解，$FeCl_3 \cdot 6H_2O$ 熔点为 37℃，100℃ 即已挥发。三氯化铁在工业上除用作废烂板液外，亦用于有机合成的氧化剂及制备其他铁盐，医药上用作止血剂。本实验用回收的氯化亚铁经氯氧化制成三氯化铁溶液，产品要求氯化亚铁基本氧化，以 $K_3[Fe(CN)_6]$ 检查时基本无蓝色沉淀。

设计废烂板液综合利用方案，首先测定废烂板液中铜及铁的含量，以便计算回收率及估算回收时需加入各种试剂的量。

三、实验仪器和试剂

仪器　烧杯（10mL、100mL），抽滤装置，蒸发皿，移液管（10mL、20mL），吸量管（10mL、5mL），比色管（50mL），容量瓶（250mL），滴定管，锥形瓶和滴液漏斗装置的氯气发生器。

试剂　HCl（1mol·L⁻¹、2mol·L⁻¹、6mol·L⁻¹、浓），H_2SO_4（1mol·L⁻¹、6mol·L⁻¹），HNO_3（浓），KSCN（1mol·L⁻¹），$KMnO_4$(s)，$KMnO_4$ 标准溶液，废烂板液，8% H_2O_2，Fe 粉，0.1mol·L⁻¹ 溶液包括 $CuSO_4$、$SnCl_2$、Na_2WO_4、$TiCl_3$、$K_3[Fe(CN)_6]$。

四、实验内容

1. 废烂板液组成测定

在废烂板液中 $FeCl_3$ 浓度为 2～2.5mol·L⁻¹，$FeCl_2$ 为 2～2.5mol·L⁻¹，$CuCl_2$ 浓度为 1～1.3mol·L⁻¹。自行设计铜、铁含量的测定方法。

① 铜含量测定　Cu^{2+} 可用碘量法测定，铁离子干扰可用配合掩蔽；亦可用配合滴定法测定。

② 铁含量测定　可用 $KMnO_4$ 法测定，亦可用配合滴定法。

2. 铜和氯化亚铁回收

（1）工艺流程

（2）操作步骤

① 取三氯化铁废腐蚀液（废烂板液）100mL 于烧杯中，溶液一般为绿色或棕色，无浑浊，若有浑浊可滴加约 1mL 6mol·L^{-1} HCl 至溶液澄清。

② 加 5～6g 铁粉于溶液中，并不断搅拌，直至铜全部置换及 Fe^{3+} 被还原为 Fe^{2+} 为止，溶液呈透明的青绿色。

③ 抽滤，滤渣（铜粉混有少量杂质）移至烧杯中，加 20mL 水及 2mL 6mol·L^{-1} HCl 浸泡，以除去多余的铁粉；滤液移至蒸发皿，加 1g 铁粉，加热、蒸发、浓缩，直至液面出现少许晶膜为止。迅速趁热抽滤，溶液移入烧杯后用冷水冷却结晶，即得 FeCl·4H$_2$O（注意：溶液在蒸发过程中若出现浑浊变黄，则滴加 6mol·L^{-1} HCl 搅拌使之澄清）。

④ 若第二次抽滤的滤渣仍有铜粉，则与第一次的合并，回收，加酸浸泡铜粉除去多余的铁后（沉渣应无黑色，无气泡放出）抽滤水洗并尽量吸干，称量（湿重）后，盛于干净的试管中，留作制备 CuSO$_4$·5H$_2$O 用。

⑤ FeCl$_2$·4H$_2$O 结晶后，倾出母液，晶体用一张滤纸吸干，称量后，盛于干净的试管中密封，留作制备 FeCl$_3$ 用（母液同时保留用于制备 FeCl$_3$）。

⑥ 产品纯度检查（三价铁含量测定）：取少量（一小粒）自制 FeCl$_2$·4H$_2$O 结晶（约 1g）于 10mL 小烧杯中，加 10mL H$_2$O 溶解，转移至 50mL 比色管中，加入 5 滴 1mol·L^{-1} HCl，加 1mol·L^{-1} KSCN 2 滴，后用蒸馏水稀释至刻度，与标准液比较。Fe^{3+} 含量＜0.001％则为一级品（GR），Fe^{3+} 含量＜0.005％则为二级品（AR），Fe^{3+} 含量＜0.02％为三级品（CR）。

（3）结果

① 铜粉＝＿＿＿＿＿＿ g；回收率＝＿＿＿＿＿＿。

② FeCl$_2$·4H$_2$O＝＿＿＿＿＿＿ g。

③ FeCl$_2$ 母液＝＿＿＿＿＿＿ mL。

④ FeCl$_2$·4H$_2$O 纯度为＿＿＿＿＿＿级。

3. 三氯化铁的制备

（1）工艺流程

$$FeCl_2·4H_2O \xrightarrow[100mL]{H_2O} 溶液于锥形瓶中 \xrightarrow[每秒1～2气泡]{通 Cl_2} 至溶液变棕色$$

（2）实验步骤

① 将以上实验所得的 FeCl$_2$·4H$_2$O 晶体与保留的母液一起加水至 100mL，搅拌使之溶解盛于锥形瓶中。

② 用锥形瓶和滴液漏斗装置氯气发生器。取 4g KMnO$_4$ 于锥形瓶中、60mL 浓 HCl 于分液漏斗中。氯气引出管插入盛 FeCl$_2$ 溶液的锥形瓶中（图 5-1）。

③ 发生氯气并控制氯气发生速度，使逸出的氯气气泡每秒 1～2 个，以便 FeCl$_2$ 溶液完全吸收。不断摇动溶液，直至溶液变棕且氯气明显不被吸收为止。

④ 测量制得的溶液浓度及纯度

a. 取 1mL 溶液于试管中，加入 0.1mol·L^{-1} K$_3$[Fe(CN)$_6$] 2 滴，检查 Fe^{2+} 的氧化情况。

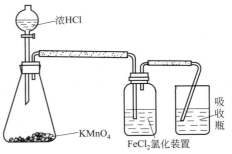

图 5-1　用氯气氧化 FeCl$_2$

b. $FeCl_3 \cdot 6H_2O$ 浓度测定：吸取适量 $FeCl_3$ 溶液于 250mL 容量瓶中稀释至刻度，摇匀。

吸取 25.00mL $FeCl_3 \cdot 6H_2O$ 于锥形瓶中，加 $6mol \cdot L^{-1}$ HCl，加热至棕黄，滴加 $SnCl_2$ 至淡黄，加 1mL Na_2WO_4，滴加 $TiCl_3$，生成钨蓝。加 20mL H_2O、2 滴 $CuSO_4$，冷却至蓝色消失。用 $KMnO_4$ 标准溶液滴定至淡红色，记下消耗 $KMnO_4$ 标准溶液的体积 V_{KMnO_4}。

请自行拟定分析方案。

（3）结果

$FeCl_3$ 的溶液量 = _____ mL；$FeCl_3$ 的溶液浓度 = _____ $g \cdot mL^{-1}$；$FeCl_3$ 的剩余量 = _____ mL。

五、思考题

1. 怎样选择废烂板液中铜、铁含量测定方法？不同方法有何利弊？请比较。
2. $FeCl_2 \cdot 4H_2O$ 纯度检查不合格则应怎样处理才能提高纯度？
3. 怎样测定硫酸铜中的铁含量？请自行设计方案。
4. $FeCl_2$ 氯化时是否有过剩 Cl_2 逸出？应怎样处理？
5. 请自行设计 $Fe^{2+} + Fe^{3+}$ 混合液测定方法？

实验六　利用废铜和工业硫酸制备五水硫酸铜

一、实验目的

1. 掌握铜、五水硫酸铜的性质。
2. 了解以废铜和工业硫酸为主要原料制备 $CuSO_4 \cdot 5H_2O$ 的原理和方法。
3. 掌握无机制备过程中的灼烧、水浴加热、减压过滤、结晶等基本操作。

二、实验原理

$CuSO_4 \cdot 5H_2O$ 俗名胆矾、蓝矾，是蓝色三斜晶系晶体，在干燥空气中缓慢风化，溶于水和氨水，难溶于无水乙醇。在不同温度下，可以发生下列脱水反应：

$$CuSO_4 \cdot 5H_2O \xrightarrow{375K} CuSO_4 \cdot 3H_2O \xrightarrow{386K} CuSO_4 \cdot H_2O \xrightarrow{531K} CuSO_4 \xrightarrow{923K} CuO + SO_3$$

失去五个结晶水的 $CuSO_4$ 为白色粉末，其吸水性很强，吸水后即显出特征的蓝色，可利用这一性质检验某些有机溶剂中的微量水分，也可以用无水 $CuSO_4$ 除去有机物中少量水分（作干燥剂）。

$CuSO_4 \cdot 5H_2O$ 的制备方法有很多种，常用的有氧化铜法、废铜法、电解液法、白冰铜法、二氧化硫法。本实验选择以废铜和工业硫酸为主要原料制 $CuSO_4 \cdot 5H_2O$。先将铜屑灼烧成氧化铜，然后再与稀 H_2SO_4 反应。

$$2Cu + O_2 \xrightarrow{灼烧} 2CuO(黑色)$$
$$CuO + H_2SO_4 = CuSO_4 + H_2O$$

由于本实验选用的是废铜和工业硫酸为原料，所以得到的 $CuSO_4$ 溶液中还含有其他杂质，不溶性杂质可过滤除去，可溶性杂质为 Fe^{2+} 和 Fe^{3+}，通常先用氧化剂（如 H_2O_2）将 Fe^{2+} 氧化为 Fe^{3+}，然后调节溶液的 pH 至 3（注意：不能使 pH≥4，否则会析出浅蓝色碱式硫酸铜沉淀，影响产品的质量和产率），再加热煮沸，使 Fe^{3+} 水解为 $Fe(OH)_3$，过滤除去。反应如下：

$$2Fe^{2+} + 2H^+ + H_2O_2 = 2Fe^{3+} + 2H_2O$$

$$Fe^{3+} + 3H_2O \xrightarrow[\triangle]{pH=3} Fe(OH)_3(s) + 3H^+$$

除去杂质后的 $CuSO_4$ 溶液，再加热蒸发，冷却结晶，减压抽滤，即可得到蓝色的 $CuSO_4 \cdot 5H_2O$。

$CuSO_4 \cdot 5H_2O$ 用途广泛，它是制备其他含铜化合物的重要原料，在工业上用于镀铜和制颜料，还是农业上的杀虫剂、木材的防腐剂。

三、实验仪器和试剂

仪器　托盘天平，瓷坩埚，泥三角，坩埚钳，烧杯（100mL），量筒（10mL），酒精灯，蒸发皿，滤纸，剪刀，广范 pH 试纸。

试剂　Cu 粉（实验五的产品，L. R. 或工业纯），H_2SO_4（3mol·L^{-1}，工业纯），$K_3[Fe(CN)_6]$（0.1mol·L^{-1}），H_2O_2（3%），$CuCO_3$（s）（C. P.）。

四、实验内容

1. 氧化铜的制备

在托盘天平上称取 3.0g 废铜粉，放入预先洗净、干燥的瓷坩埚（或蒸发皿）中，将坩埚置于泥三角上，用煤气灯的氧化焰小火微热，将 Cu 粉干燥后，加大火焰高温灼烧，并不断搅拌，搅拌时用坩埚钳夹住坩埚。灼烧至 Cu 粉完全转化为黑色 CuO（约 20min。若用酒精灯加热，则需 30~40min），停止加热并冷却至室温（注意：煤气灯用毕后先关闭空气孔，再关闭煤气调节阀，最后关紧总阀门）。

2. 粗 $CuSO_4$ 溶液的制备

冷却后的 CuO 倒入 100mL 小烧杯中，加入 18mL 3mol·L^{-1} H_2SO_4（工业纯），微热使 CuO 溶解，过滤，得粗 $CuSO_4$ 溶液。检验溶液中是否存在 Fe^{2+}（如何检验?）。

3. $CuSO_4$ 溶液的精制

在粗 $CuSO_4$ 溶液中，滴加 3% H_2O_2 2mL，将溶液加热，检验溶液中是否存在 Fe^{2+}。当 Fe^{2+} 完全氧化后，慢慢加入 $CuCO_3$ 粉末，同时不断搅拌，直到溶液 pH=3（为什么?）。在此过程中，要不断用 pH 试纸检验溶液的 pH 值。再加热至沸腾（为什么?），趁热减压抽滤，滤液转移至洁净的 100mL 烧杯中。

4. $CuSO_4 \cdot 5H_2O$ 晶体的制备

在精制后的 $CuSO_4$ 溶液中，慢慢滴加 3mol·L^{-1} H_2SO_4，调节溶液 pH=1，将滤液转移至洁净的蒸发皿中，水浴加热蒸发至液面出现晶膜时停止。自然冷却至晶体析出，减压抽滤，晶体用滤纸吸干，称重。计算产率。

5. 成品检查

① 分析纯、化学纯两种铁标准系列　请自己拟定这两种标准系列配制方案。

② 硫酸铜纯度检查　将 1g 精制结晶硫酸铜放入 100mL 小烧杯中，用 10mL 纯水溶解，加入 1mL 1mol·L^{-1} 硫酸酸化，然后加入 2mL 8% H_2O_2，煮沸片刻，使其中 Fe^{2+} 氧化成 Fe^{3+}。待溶液冷却后，在搅拌下滴加 1:1 氨水，直至最初生成的蓝色沉淀完全溶解，溶液呈深蓝色为止。此时 Fe^{3+} 成为 $Fe(OH)_3$ 沉淀，而 Cu^{2+} 则成为 $[Cu(NH_3)_4]^{2+}$。将此溶液分 4~5 次加到漏斗上过滤，然后用滴管以 2mol·L^{-1} 氨水洗涤沉淀，直至蓝色洗去为止。以少量纯水冲洗，此时 $Fe(OH)_3$ 黄色沉淀留在滤纸上。用滴管将 3mL 2mol·L^{-1} HCl 滴在滤纸上，溶解 $Fe(OH)_3$，以纯水稀释滤液至刻度，摇匀。与标准色列比较颜色深浅，确定产品等级。

试剂 $CuSO_4 \cdot 5H_2O$ 杂质最高含量规定（GB/T 665—2007）如表 5-1 所示。

表 5-1　试剂 $CuSO_4 \cdot 5H_2O$ 杂质最高含量规定

项目	分析纯	化学纯
水不溶物/%	≤0.005	≤0.01
氯化物/%	≤0.001	≤0.002
总氮量/%	≤0.001	≤0.003
钠/%	≤0.005	≤0.015
钾/%	≤0.001	≤0.004
铁/%	≤0.003	≤0.02
镍/%	≤0.005	≤0.015
锌/%	≤0.03	≤0.06

五、思考题

1. 为什么在精制后的 $CuSO_4$ 溶液中调节 pH＝1 使溶液呈强酸性？
2. 列举从 Cu 制备 $CuSO_4$ 的其他方法，并加以评述。

实验七　氧化镁的制备——利用工业废渣制备氧化镁

一、实验目的

1. 了解制备金属氧化物的一般方法，学会制备氧化镁的一种方法。
2. 熟悉提纯固体物质的原理和方法，利用废物回收硝酸镁及消除镁渣对水源的污染。
3. 掌握溶解、过滤、洗涤、蒸发、结晶等基本操作，正确使用托盘天平、温度计和离心机。
4. 熟悉正确使用试剂，能对产品纯度进行简单定性检验。

二、实验原理

制备氧化镁（简称氧镁）有多种方法。

金属镁和氧气直接化合可以生成氧化镁，碳酸镁或硝酸镁加热分解也可得到氧化镁。

以菱镁矿（主要成分为 $MgCO_3$）为原料制取氧化镁（或硝酸镁），除去不溶性杂质及 Fe^{3+}、Ca^{2+} 等可溶性杂质后，在氧化镁（或硝酸镁）溶液中加入碳酸铵或碳酸钠溶液，反应后生成碱式碳酸镁，碱式碳酸镁经灼烧即得氧化镁。

本实验是利用从镁渣中提取的硝酸镁［也可直接以 $Mg(NO_3)_2$］为原料，制取碱式碳酸镁，碱式碳酸镁再经热分解制得氧化镁，其反应如下：

$$5(NH_4)_2CO_3 + 5Mg(NO_3)_2 + 7H_2O \Longrightarrow Mg(OH)_2 \cdot (MgCO_3)_4 \cdot 6H_2O + 10NH_4NO_3 + CO_2(g)$$

$$Mg(OH)_2 \cdot (MgCO_3)_4 \xrightarrow{800℃} 5MgO + H_2O + 4CO_2(g)$$

碱式盐在 600℃就发生分解，但分解不完全，且需要的时间长。

镁渣的主要成分是硝酸镁，杂质以 Fe^{3+} 为主，此外含有 Ca^{2+}、Cr^{3+}、Mn^{2+}、Ni^{2+}、Cl^- 等可溶性杂质和不溶性杂质（如泥沙、碎瓷环等）。

根据物质溶解物的不同，不溶性杂质可用溶解和过滤的方法除去，Fe^{3+} 易水解生成 $Fe(OH)_3$ 沉淀，过滤除去。硝酸镁的溶解度随温度变化较大，少量可溶性杂质 Ca^{2+}、Mn^{2+} 等可用重结晶法除去。

氧化镁分重质氧化镁和轻质氧化镁两类，以比容（1g 试样所占的体积，$cm^3 \cdot g^{-1}$）大小区分，比容小于 $5cm^3 \cdot g^{-1}$ 者为重质氧化镁，比容大于 $5cm^3 \cdot g^{-1}$ 者为轻质氧化镁。碱式碳酸镁经灼烧得到轻质氧化镁，它广泛应用于医药、橡胶、人造纤维、造纸、塑料、电气、化妆品等工业。

三、实验仪器和试剂

仪器　托盘天平，离心机，普通漏斗架，减压过滤装置，酒精灯，三脚架，石棉网，铁架台及铁环，蒸发皿，点滴盘，温度计（0～150℃），烧杯（250mL、100mL），马弗炉，坩埚。

试剂　镁渣，$NaBiO_3$（s），HCl（2mol·L^{-1}），HNO_3（6mol·L^{-1}），$NH_3·H_2O$（浓、2mol·L^{-1}），$K_4[Fe(CN)_6]$（0.1mol·L^{-1}），KSCN（0.1mol·L^{-1}），$(NH_4)_2S$（0.1mol·L^{-1}），$(NH_4)_2CO_3$（30%）。

其他　滤纸，剪刀，pH试纸，天然气。

四、实验内容

1. 镁渣称取

在托盘天平上称取 50g 镁渣。

2. 溶解

把称好的镁渣倒入洗净的 250mL 烧杯中，用量筒量取 70mL 去离子水（水量过多或过少有什么问题？），倒入烧杯中，用玻璃棒搅拌。为了加速镁渣中可溶物的溶解和使 Fe(Ⅲ) 水解完全，并利于破坏胶体以便过滤分离，控制 pH＞4，加热煮沸约 10min，趁热过滤，保留滤渣。

3. 过滤、洗涤

用普通漏斗过滤，使不溶物质（沉淀）和溶液分开，用 10mL 去离子水洗涤沉淀 2 次，收集滤液。

4. 蒸发、结晶

将上述所得滤液（取出 2mL 留作检查杂质用）倒入事先洗净的瓷蒸发皿中，用煤气灯或酒精灯直接加热，并用玻璃棒不断搅拌滤液，当溶液温度达到 120℃时，停止加热。冷却即有针状硝酸镁析出。

待冷却到室温时，用减压过滤法将晶体与滤液分开。将所得晶体（硝酸镁）称重（保存产品作为下次制氧化镁的原料），并按下式计算产率：

$$产率 = \frac{硝酸镁质量}{镁渣质量} \times 100\%$$

5. 硝酸镁产品纯度检验

定性地比较原料和产品中 Fe^{3+}、Ca^{2+}、Mn^{2+} 等杂质含量的情况，并将结果填入下表。

项　目		Fe^{3+}	Ca^{2+}	Mn^2
原料	滤液			
	滤渣①			
产品				
母液				

① 检查滤渣中的 Fe^{3+}、Ca^{2+}、Mn^{2+} 时，需取少量的滤渣于试管中，加 2mL 6mol·L^{-1} 的 HNO_3 使其溶解，然后取溶液分别检查。

总结实验结果，对比杂质的含量，比较产品的纯度，并说明不溶性杂质和可溶性杂质除去的方法。

6. 纯制硝酸镁

① 将上述实验所得硝酸镁重结晶 1~2 次，即将硝酸镁溶于去离子水中（如有不溶物应过滤除去），然后蒸发，当溶液达到 120℃时冷却结晶。抽滤，得到硝酸镁晶体。

② 分析检验重结晶后的晶体及母液中的 Fe^{3+}、Ca^{2+}、Mn^{2+}（方法同前）的含量，并与重结晶前进行对比。

7. 合成碱式碳酸镁

① 将上述重结晶后的硝酸镁再加去离子水溶解（浓度约为 $1mol \cdot L^{-1}$），加热至沸，边搅拌边缓慢加入 30% $(NH_4)_2CO_3$ 溶液，待有大颗粒沉淀生成并不再溶解后，可快加 $(NH_4)_2CO_3$ 至终点（在上层清液中加入浓氨水不发生沉淀即可视为沉淀完全），停止加热。

② 趁热抽吸过滤，将滤饼转入烧杯中，用 70~80℃ 热水洗 2~3 次（以除去 NH_4NO_3），最后尽量抽干。

8. 灼烧制氧化镁

将上述沉淀 $Mg(OH)_2 \cdot (MgCO_3)_4 \cdot 6H_2O$ 放入瓷蒸发皿中炒干后，转移到坩埚中，再放入马弗炉中，在 900℃下灼烧 3~6h，冷却后检验是否分解完全（若产品的量很少，亦可放在瓷蒸发皿中用煤气灯加热炒干后，再继续灼烧 30min 以上，直到分解完全为止）。

9. 氧化镁产品检验

① 取少量灼烧后已冷却的产品于试管中，先加去离子水少许，然后加入 5~6 滴 $2mol \cdot L^{-1}$ HCl，观察有无气泡产生。若无气泡产生即证明分解完全，否则需要重新灼烧（或炒）。

② 将制得的氧化镁称重，记录外观，测试比容。

③ 检验 Fe^{3+}、Ca^{2+}。

五、思考题

1. 金属氧化物的制备，一般可采用哪些方法？
2. 怎样除去镁渣中的可溶性杂质和不可溶性杂质？
3. 如何检验 $Mg(NO_3)_2$ 是否完全转化为碳酸盐沉淀？
4. 本实验中能否用 Na_2CO_3 代替 $(NH_4)_2CO_3$？各有何利弊？
5. 用 $MgCO_3$ 或碱式碳酸镁分解有什么优点？为何不用 $Mg(NO_3)_2 \cdot 6H_2O$ 分解制备？
参考数据见表 5-2。一些阳离子的鉴定方法见 6.6 节。

表 5-2　硝酸镁的溶解度　　　　　　　单位：$g \cdot 100g^{-1}$

温度/℃	0	10	20	30	40	50	60	70	80	90
溶解度	66.7	70	73.1	77.4	81.1	85.7	91.8	99.5	110.1	137.2

实验八　配合物磁化率的测定

一、实验目的

1. 了解磁化率的意义及其与配合物结构的内在联系。
2. 熟悉古埃（Gouy）法测定磁化率的实验原理和计算方法。
3. 学会测定物质的磁化率，进而推算中心离子未成对电子数并判断分子的空间构型。
4. 了解不同配体对相同中心离子的晶体场的影响。

二、实验原理

磁性是物质的基本性质之一，物质的性质可以反映物质的内部结构。测定磁性是研究物质结构的基本方法之一。在配合物化学中，通过测定物质的磁性，可以计算配合物分子中未成对的电子数，为研究配合物的化学键、空间构型及配合物的稳定性提供重要依据。

1. 物质的磁性

把一个待研究的物质放在一个非均匀的外磁场中，根据物质在外磁场中的不同表现将物质分为三类。

① 顺磁性　含有未成对电子的物质能被一个磁体吸引，该物质即是顺磁性的，所含的成单电子数越多则被磁场吸引的力越大。

② 反磁性　物质中各个电子的电子自旋磁矩和轨道磁矩彼此相互抵消，总磁矩为零，该物质即为反磁性的。或者说：如果物质中正自旋电子数和反自旋电子数相等（即电子皆为已成对），电子自旋所产生的磁效应相互抵消，该物质就表现为反磁性。所有的物质，其内层轨道被成对电子占满，所以反磁性存在于所有物质中。顺磁性或反磁性又称为非铁磁性物质。

③ 铁磁性　铁磁性物质与顺磁性物质一样也含有单电子，但这种物质的磁性并未消失，呈现出滞后现象。我们熟悉的铁磁性物质有 Fe、Ni 等金属及其合金。

凡是能被磁场磁化的物质或能够对磁场发生影响的物质称为磁介质。磁介质一般分为非铁磁性物质和铁磁性物质。

2. 物质的磁化率和磁矩

① 磁化强度　假如一个物质放到外磁场中，物质内部的磁场和外部的磁场不同。物质置于磁场强度为 H 的外磁场中，物质被磁化，可以产生一种附加磁场，这种现象称为介质的磁化。磁介质被磁化后，物质内部的磁场强度 B（即磁感应强度）的大小取决于外磁场强度 H 和附加磁场强度 H'，即：

$$B = H + H' \qquad (1)$$

H 与 H' 的方向可以相同，也可以不同。在均匀的磁介质中若两者方向相同（实验的 $H' > 0$），此磁介质为顺磁性物质；若两者方向相反（实验的 $H' < 0$），此磁介质为反磁性物质。一般反磁性物质与大多数顺磁性物质的 H' 都小于 H。

磁介质的磁化是用磁化强度 H_i 来描述的，即：

$$H' = 4\pi H_i \qquad (2)$$

因此式（1）可写为：

$$B = H + 4\pi H_i \qquad (3)$$

式中，H_i 等于单位体积的诱导磁矩，是在物质中被外磁场诱导的单位体积总磁矩。

② 体积磁化率　对于非铁磁性物质，磁化强度 H_i 与外加磁场强度 H 成正比，即：

$$H_i = KH \qquad K = \frac{H_i}{H}$$

式中，K 为比例常数，是衡量磁介质是否易于磁化的一种量度，称为单位体积磁化率，简称磁化率。顺磁性物质 $K > 0$，反磁性物质 $K < 0$。K 可以直接用实验方法测量出来。

③ 物质的磁化率　在化学上表征物质磁性通常用摩尔磁化率 χ_M 和单位质量磁化率（又称比磁化率）χ，它们的定义是：

$$\chi_M = \chi M \qquad (4)$$

式中，M 为物质的摩尔质量。

$$\chi = \frac{K}{\rho} \tag{5}$$

式中，ρ 为物质的密度，$g \cdot cm^{-3}$。

由此，可以定义化学中常用的摩尔磁化率为：

$$\chi_M = K\frac{M}{\rho} \tag{6}$$

摩尔磁化率 χ_M 的单位是 $cm^3 \cdot mol^{-1}$；单位质量磁化率的单位是 $cm^3 \cdot g^{-1}$。

$\chi_M > 0$ 的物质为顺磁性物质，$\chi_M < 0$ 的物质为反磁性物质。

物质的摩尔磁化率是摩尔顺磁磁化率 χ_μ 与摩尔反磁磁化率 χ_D 之和。另外，反磁磁化率 χ_D 与温度无关，但是具有加和性。例：在一个配合物中，化合物总的摩尔磁化率 χ_M 是化合物中未成对电子顺磁磁化率 χ_μ 与金属、配位基、离子（酸根）上成对电子的反磁磁化率 χ_D 之和：

$$\chi_M = \chi_\mu + \chi_D(金属) + \chi_D(配位基) + \chi_D(酸根)$$

后三项之和为配合物的反磁磁化率。

实验测得的摩尔磁化率 χ_M 是摩尔顺磁磁化率 χ_μ 和摩尔反磁磁化率 χ_D 之和：

$$\chi_M = \chi_\mu + \chi_D$$

但是 χ_μ 比 χ_D 大得多，故顺磁性物质的 $\chi_M > 0$，因此在粗略研究顺磁性物质时，可近似地把 χ_M 当作 χ_μ，即有：

$$\chi_M \approx \chi_\mu$$

但在精确计算中，χ_D 的影响应给予校正。校正后的值：

$$\chi'_M = \chi_M + \chi_D$$

对于有机化合物，其反磁磁化率由帕斯卡（Pascal）总结出下述规律：每一化学键有一定磁化率值，称为键的反磁磁化率，而有机分子的磁化率就等于每个原子核各个键（如：双键、三键、苯环等）的磁化率的总和。

④ 磁化率和磁矩的关系　含有一个或一个以上成对电子的顺磁性物质具有永久磁矩。其物质有效磁矩 μ（有效）为：

$$\mu(有效) = \sqrt{4S(S+1) + L(L+1)} \tag{7}$$

式中，S 为总的电子自旋角动量量子数；L 为总的轨道角动量量子数。

对于过渡金属的配离子，它的未填满 d 层中的电子处在最外层，因此在配离子或晶体中强烈地受到周围配体所产生电场的微扰，使轨道运动对磁矩的贡献几乎完全消失，而顺磁性物质的磁矩主要是金属离子的电子自旋的贡献，轨道运动的贡献通常可以忽略。因此式(7)是可以简化为：

$$\mu(有效) = \sqrt{4S(S+1)} \tag{8}$$

因为 $S = \sum m_s$，m_s 为电子自旋量子数，$m_s = \pm\frac{1}{2}$，当配合物的中心离子的未成对电子数为 n 时，则 $S = \frac{n}{2}$，代入式(8)，得到：

$$\mu(有效) = \sqrt{n(n+2)} \tag{9}$$

由式(9)可知，为了推算未成对电子数，必须先求出有效磁矩 μ（有效），但 μ（有效）是一个微观的量，无法从实验直接测出，还需将它与宏观物理性质磁化率联系起来。

根据郎之万-德拜方程得知顺磁物质的摩尔顺磁磁化率 χ_μ 与温度 T 成反比，与物质磁

矩的平方 μ^2 成正比。

$$\chi_\mu = \frac{N_A \mu^2 \mu_0}{3kT} \quad (10)$$

式中，N_A 为阿伏伽德罗常数，$6.022 \times 10^{23} mol^{-1}$；$\mu$ 为分子的磁矩；μ_0 为真空磁导率，$\mu_0 = 4\pi \times 10^{-7} H \cdot m^{-1}$；$k$ 为玻尔兹曼常数，$1.380658 \times 10^{-23} J \cdot K^{-1}$；$T$ 为热力学温度。

式(10)把宏观的磁化率和微观的分子磁矩联系起来。

$$\mu = \mu_B \times \mu(有效)$$

式中，μ_B 为玻尔磁子，$9.2740154 \times 10^{-24} A \cdot m^2$。

因此有：

$$\chi_\mu = \frac{N_A \mu_B^2 \mu^2(有效)\mu_0}{3kT} \quad (11)$$

$$\mu(有效) = \sqrt{\frac{3kT\chi_\mu}{N_A \mu^2 \mu_0}} \quad (12)$$

将 k、N_A、μ_B、μ_0 各项数值代入式(12)，得到：

$$\mu(有效) = 7.8946 \times 10^{-21} \sqrt{\chi_\mu T} \ (A \cdot m^2)$$
$$= 797.7 \sqrt{\chi_\mu T} \ (\mu_B \ 的单位) \quad (13)$$

本实验测定单位体积磁化率 K 后，再由式(5)和式(6)分别求出比磁化率 χ、摩尔磁化率 χ_M；然后根据式(13)计算出 μ(有效)；最后应用式(9)计算出配合物中未成对电子数 n。反之，若已知未成对电子数，也可计算出 μ(有效)。

3. 古埃（Gouy）法测量磁化率的原理

将体积为 dV（或质量为 dm）的均匀物体放在不均匀的磁场 H 中，设 y 为沿着样品管上下方向的坐标，规定样品管的最低点为 y 的零点，则沿磁场梯度 $\dfrac{dH}{dy}$ 方向上所受的力 dF_y 为：

$$dF_y = KH \frac{dH}{dy}dV = \chi H \frac{dH}{dy}dm \quad (14)$$

将截面积为 A 的样品放在圆柱形的挂于天平臂上的样品管中（见图 5-2），悬在两磁极中间。样品管下端位于极间磁场强度 H 最大的区域，另一端位于磁场强度很弱的 H_0 区域（磁极边缘附近）。顺磁性物质会被不均匀外磁场强的一端吸引，样品管上升，使磁力线尽量多地通过样品，因此需要减去右盘砝码，以保持天平平衡。反之，对于反磁性物质，会被排斥，样品管下降，使尽量少的磁力线通过样品，因此必须增加右盘的砝码来保持天平的平衡。这样在加磁场前后称量样品有一质量差 Δm，则样品所受的力 F_y 为：

$$F_y = \Delta mg \quad (15)$$

式中，g 为重力加速度。

对式(14)磁场梯度积分可求得作用在整个样品管上总的力 F_y。

$$F_y = K \int_V H \frac{dH}{dy}dV$$
$$= KA \int_{y_1}^{y_2} H \frac{dH}{dy}dy = \frac{1}{2}K(H^2 - H_0^2)A$$

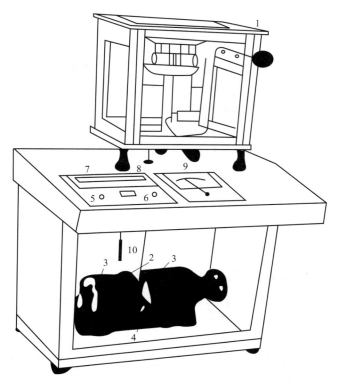

图 5-2　古埃磁天平示意图

1—分析天平；2—样品管；3—电磁铁；4—霍尔探头；5—电源开关；
6—调节电位器；7—电流表；8—电压表；9—特斯拉计；10—温度计

即：

$$F_y = \frac{1}{2}K\ (H^2 - H_0^2)\ A = \Delta mg \tag{16}$$

在实际测量中，还必须考虑两个校正。首先在空气中进行测定，必须对样品取代出去的具有一定磁化率的空气加以校正，也就是说样品周围气体的磁化率 K_0 不能忽略不计时，所观察到的力应该是：

$$F_y = \frac{1}{2}K(H^2 - H_0^2)(K - K_0)A \tag{17}$$

式中，K_0 为空气的体积磁化率，20℃时有 $K_0 = +3.64 \times 10^{-7}$。

一般由于样品上端所在位置是弱磁场，H_0 趋近于零，可以忽略不计。如果周围气体不是空气，是 $H_2(g)$ 或 $N_2(g)$，则 K_0 项可以忽略不计，这样，式(17) 就可简化为：

$$F_y = \frac{1}{2}H^2KA = \Delta mg$$

即：

$$K = \frac{2\Delta mg}{H^2 A} \tag{18}$$

若已知磁场强度 H（可由仪器高斯计直接读出）及样品的截面积 A 和重力加速度 g，由测出的加磁场前后加减砝码的质量差 Δm，就可求出磁化率 K。

样品管本身是一个空心玻璃管，玻璃管是反磁性物质，因而也总是受到作用力 δ，在磁场作用下会有质量变化，产生的力 δ 为负值，计算时必须从观察到的力中减去，才能得到真正作用在样品上的力。于是：

$$F_y = \frac{1}{2}K(H^2 - H_0^2)(K - K_0)A + \delta \tag{19}$$

若外磁场、样品管长度 L 和截面积 A 一定（即固定体积），则在同一磁场强度 H 下的同一样品管中测定时，$(H^2 - H_0^2)A$ 为常数，再通过样品的密度 ρ 及质量 m，式(19) 可以改写为单位质量的磁化率（比磁化率）χ，即：

$$\chi = \frac{+3.64 \times 10^{-7}}{\rho} + \frac{\beta(F-\delta)}{m} = \frac{3.64 \times 10^{-7}V + \beta(F-\delta)}{m} \tag{20}$$

式中，m 为样品的质量；V 为不加磁场时样品的体积（可从质量/密度求得）；β 为样品管校正系数；F 为试样在有、无磁场下的质量差；δ 为样品的密度。

实际测量时，用已知比磁化率的标准样（见表 5-4）测出玻璃样品管的校正系数 β 值，最后根据此 β 值以及试样测得的其他数据按式(20) 就可计算出试样的比磁化率 χ。

表 5-4　固体试样通常采用的标准物质

标 准 物 质	$\chi(20℃)$	适 用 范 围
$(NH_4)_2Fe(SO_4)_2 \cdot 6H_2O$	$+4.06 \times 10^{-9}$	测顺磁性物质
$Hg[Co(CNS)_4]$	$+206.06 \times 10^{-9}$	测顺磁性物质
$CuSO_4 \cdot 5H_2O$	$+74.4 \times 10^{-9}$	测顺磁性物质
Pt	$+12.20 \times 10^{-9}$	测顺磁性物质

测定物质 χ_M 的实验方法很多。本实验采用古埃天平测定物质磁化率。该方法的主要优点是装置简单，易于操作，样品的放置不困难；缺点是样品用量大，粉末样品如装填不均匀引起的测量误差较大。

三、实验仪器和试剂

仪器　古埃磁天平（电光天平、电磁铁、励磁电源、电子稳压器等），玻璃样品管 2 支（$\phi 8mm$，$L 100 \sim 200mm$），筛子（$60 \sim 100$ 目），研钵，角匙，一端烧平的玻璃棒，电吹风（冷、热两用风机）。

试剂　$(NH_4)_2Fe(SO_4)_2 \cdot 6H_2O$（A.R.，分子量 $M=392.15$），$K_3[Fe(CN)_6]$（A.R.，分子量 $M=329.25$），$K_3[Fe(C_2O_4)_3] \cdot 3H_2O$（A.R.，分子量 $M=389.34$），无水乙醇，丙酮，洗液。

四、实验内容

① 清除样品管中永磁性杂质。用洗液浸泡样品管，然后用水冲洗干净，再用去离子水、无水乙醇、丙酮各洗一次，用电吹风的冷风吹干。

② 测定样品管质量。把干燥的空样品管挂在天平盘下悬线的挂钩上套管（为使称量时不受外界流动空气的影响）。空样品管要位于磁极正中，其底部要注意位于磁场强度最大的区域（调节磁极距离为 27mm，磁极距离固定后，测量时不要再变动）。当悬线不再摇动后，就可在不加磁场下称重，记为 A。

接通电流（电子稳压器预热 15min），调节调压变压器，使电流表指示 4A，电磁铁在稳定电流作用下，产生一个稳定磁场，样品管在外加磁场下称重，记为 B_1。用同样方法将电流调至 6A，再称重（记为 B_2）。根据加磁场和不加磁场时的质量就可算出样品管在两种条件下的质量差 δ，即 $\delta = B - A$。

③ 样品管体积的测量。干净样品管装入煮沸后冷却的去离子水至管的刻度处，在不加磁场下称量水的质量为 $W_水$，从水的质量计算水的体积 $V_水$，得到样品管在刻度以下的体积。

④ 标准物的测定。在干净的样品管中用小漏斗或纸条装入事先研细过筛的标准样品 $(NH_4)_2Fe(SO_4)_2 \cdot 6H_2O$。填装时不断将样品管垂直地在桌上轻轻蹾实，直装到刻度线的高度为止。在不加磁场下称重（记为 $D_标$），再加磁场下称重（记为 $E_标$），同时记录实验温度。

⑤ 试样的测定。倒出标准样品，用自来水冲洗样品管，再依次用少量去离子水、无水乙醇、丙酮洗净，电吹风吹干冷却至室温，然后将装入待测的事先研细过筛的 $K_3[Fe(CN)_6]$ 试样，装样方法同标准物，保持与标准样品装的紧密程度基本一致（如均匀性和紧密程度与标准样品相差太大，会产生较大误差）。然后在不加磁场下称重（记为 $D_样$），加磁场下称重（记为 $E_样$）。记录实验温度。重复上述操作，测量 $K_3[Fe(CN)_6] \cdot 3H_2O$ 的 $D_样$ 和 $E_样$。

为使测得数据可靠、重现性好，可反复测试两次。另外还要保持电流强度恒定，注意电压的波动，随时调整电压，使电流大小稳定为 4A 或 6A。特别要注意装入的标准样品、试样和水体积要一致。

实验操作很简单，但必须认真调节，控制实验条件，任何细小环节都不能疏忽大意，只有这样，才能取得满意结果。

五、数据记录和处理

1. 数据记录

实验温度：_____ K

实验项目及说明		无外磁场下称重（输入电流 4A）	有外磁场下称重（输入电流 6A）
样品管（空）	第一次读数 第二次读数 平均值		
样品管＋（标准样品）	第一次读数 第二次读数 平均值		
样品管＋（试样）	第一次读数 第二次读数 平均值		
样品管＋（试样）	第一次读数 第二次读数 平均值		
样品管＋（水）	第一次读数 第二次读数 平均值		

2. 数据处理

① 根据测的数据求算。

$$F = E - D$$
$$m = D - A$$

$$\delta = B - A$$

$$V = \frac{(m_{水} - A)}{\rho_{水}}$$

② 根据式(20)，用标准物的一套数据求出样品管的校正系数 β。已知 $(NH_4)_2Fe(SO_4)_2 \cdot 6H_2O$ 的比磁化率 $\chi = \dfrac{+4.06 \times 10^{-9}}{T+1}$，式中 T 为热力学温度。

③ 根据求得的 β，用测得的试样的一套数据，由式(20) 计算出试样的比磁化率 χ。

④ 根据定义 $\chi_M = \chi M$，分别求出 $K_3[Fe(CN)_6]$ 和 $K_3[Fe(C_2O_4)_3] \cdot 3H_2O$ 的摩尔磁化率 χ_M。

⑤ 根据以下公式求出顺磁化率 χ_μ（反磁化率 χ_D 可以查 6.19 节）。

$$\chi_\mu = \chi_M + [\chi_0(Fe^{3+}) + 6\chi_0(CN^-)]$$

$$\chi_\mu = \chi_M + [\chi_0(Fe^{3+}) + 3\chi_0(C_2O_4^{2-})]$$

⑥ 由式(13) 求出有效磁矩 μ（有效）。

⑦ 由 μ（有效）$= \sqrt{n(n+2)}$ 求出未成对电子数 n。

⑧ 由上面计算出的 n 值，讨论 $[Fe(CN)_6]^{3-}$ 和 $[Fe(C_2O_4)_3]^{3-}$ 中的 Fe^{3+} 的电子结构，试用价键理论和晶体场理论分析这两个配离子的成键情况。

六、注意事项

为避免磁化，进入本实验的人员不要戴手表和带手机。

七、思考题

1. 在计算配合物中心离子（或原子）的有效磁矩之前，为什么必须先做反磁磁化率的校正？

2. 被测样品填充样品管的高度及测定时的磁场强度，与标准物测定时的高度及磁场强度是否要相同？为什么？

3. 对同一样品，在不同电流下测得的摩尔磁化率 χ_M 是否一致？为什么？

4. 本实验在计算磁矩时，忽略了轨道所作的贡献，若考虑轨道贡献，实验结果将如何处理？

实验九　化学反应热效应的测定

一、实验目的

1. 学会测定化学反应热效应的一般原理和方法。

2. 进一步练习分析天平的使用，掌握配制准确浓度溶液的方法。

3. 练习运用作图法处理实验数据，测出反应的热效应。

二、实验原理

对一化学反应，当生成物的温度与反应物的温度相同，且在反应过程中除膨胀功以外不做其他功时，该化学反应所吸收或放出的热量，称为化学反应的热效应。若反应是在恒压条件下进行的，则反应的热效应称为恒压热效应 Q_p，此热效应全部增加体系的焓（ΔH），所以有

$$\Delta H = Q_p$$

热效应通常可由实验测得，先使反应物在量热器中绝热变化，根据量热计温度的改变和体系的热容，便可算出热效应。现以锌粉和硫酸铜溶液反应为例，在恒压条件下，1mol 锌

置换硫酸铜溶液中的铜离子时，放出 216.8kJ 的热量，即

$$Zn + CuSO_4 \Longrightarrow ZnSO_4 + Cu \qquad \Delta_r H_m^{\ominus} = -216.8kJ \cdot mol^{-1}$$

该反应是放热反应。测定时，先在一个绝热良好的量热器中放入稍微过量的锌粉及已知浓度和体积的硫酸铜溶液。随着反应进行，不时地记录溶液温度的变化。当温度不再升高，并且开始下降时，说明反应完毕。根据下列计算公式，求出该反应的热效应：

$$\Delta_r H_m^{\ominus} = -\Delta T C V \rho / n$$

式中，ΔT 为溶液的温升，K；C 为溶液的比热容，$kJ \cdot kg^{-1} \cdot K^{-1}$；$V$ 为 $CuSO_4$ 溶液的体积，L；ρ 为溶液的密度，$kg \cdot L^{-1}$；n 为体积为 V 的溶液中 $CuSO_4$ 的物质的量，mol。

由上式可见，本实验的关键在于能否测得准确的温度值。为获得准确的温度变化 ΔT，除仔细观察反应时的温度变化外，还要对影响 ΔT 的因素进行校正。其校正的方法是在反应过程中，每隔 20s 记录一次温度，然后以温度 T 对时间 t 作图，绘制 $T\text{-}t$ 曲线。将曲线上线段延长、外推，找到较准确的 ΔT。

三、实验仪器和试剂

仪器　分析天平，台秤，精密温度计，保温杯热量计（也可以用 250mL 塑料烧杯放在 1000mL 大烧杯中，两杯间填以泡沫塑料，配上聚苯乙烯泡沫塑料盖），容量瓶（250mL），移液管（50mL），秒表，磁力搅拌器。

试剂　$CuSO_4 \cdot 5H_2O$ 晶体，锌粉。

四、实验内容

实验装置如图 5-3 所示。

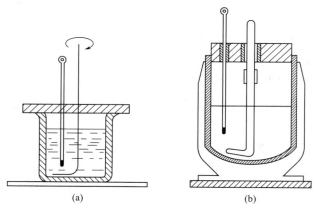

图 5-3　反应热测定装置示意图

① 用台秤称取 3g 锌粉。

② $0.200mol \cdot L^{-1}$ $CuSO_4$ 溶液的配制：在分析天平上称出配制 250mL 0.2mol $\cdot$ L^{-1} $CuSO_4$ 溶液所需要 $CuSO_4 \cdot 5H_2O$ 晶体的质量，用 250mL 容量瓶配制成溶液，准确计算 $CuSO_4$ 溶液的浓度。

③ 用 50mL 移液管准确量取 0.2mol $\cdot$ L^{-1} $CuSO_4$ 溶液 100mL，放入外套泡沫塑料的烧杯［见图 5-3(a)］或保温杯［见图 5-3(b)］中，在泡沫塑料盖中插入精密温度计和有外套塑料管的铁丝搅拌棒。

④ 用搅拌棒不断搅动溶液，每隔 20s 记录一次温度。

⑤ 在测定开始 2min 后迅速添加 3g 锌粉（注意仍需不断搅动溶液），并继续每隔 20s 记

录一次温度。记录温度至上升到最高点后再继续测定 2min。

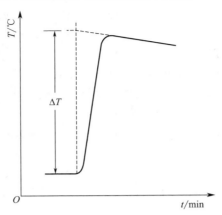

图 5-4　反应时间与温度变化的关系

五、数据记录和处理

1. 数据记录

时间 t /min	
温度 T /℃	

2. 数据处理

① 按图 5-4 所示，以温度 T 对时间 t 作图，求得溶液温升 ΔT。

② 根据实验数据，计算 $\Delta_r H_m^{\ominus}$。计算时保温杯的热容量忽略不计。已知溶液的比热容为 $4.18 \text{kJ} \cdot \text{kg}^{-1} \cdot \text{K}^{-1}$，溶液的密度约为 $1 \text{kg} \cdot \text{L}^{-1}$。

六、思考题

1. 为什么要不断搅拌溶液及注意温度变化？

2. 本实验所用的锌粉为什么不必用分析天平称量？

3. 造成实验误差的主要原因有哪些？

实验十　化学反应速率和化学平衡

一、实验目的

1. 理解浓度、温度、催化剂对反应速率的影响。

2. 加深理解浓度、温度对化学平衡移动的影响。

3. 训练在水浴中保持恒温的操作。

二、实验原理

1. 浓度、温度、催化剂对反应速率的影响

（1）浓度对反应速率的影响　碘酸钾 KIO_3 可氧化亚硫酸氢钠而本身被还原，其反应如下：

$$2KIO_3 + 5NaHSO_3 \Longrightarrow Na_2SO_4 + 3NaHSO_4 + K_2SO_4 + I_2 + H_2O$$

反应中生成的碘可使淀粉变为蓝色。如果在溶液中预先加入淀粉作指示剂，则淀粉变蓝所需时间 t 的长短，即可用来表示反应速率的快慢。时间 t 和反应速率成反比，而 $1/t$ 则和反应速率成正比。如果固定 $NaHSO_3$ 的浓度，改变 KIO_3 的浓度，则可以得到 $1/t$ 和 KIO_3 浓度变化之间的直线关系。

（2）温度对反应速率的影响　根据碘酸钾 KIO_3 可氧化亚硫酸氢钠而本身被还原的反

应，通过水浴加热，加热到比室温高 10℃ 左右，记录淀粉变蓝时间。

（3）催化剂对反应速率的影响　H_2O_2 溶液在常温能分解而放出氧，但分解很慢，如果加入催化剂（如二氧化锰、活性炭等），则反应速度立刻加快。

2. 浓度、压力和温度等对化学平衡的影响

在可逆反应中，当正逆反应速率相等时，即达到了化学平衡。当外界条件例如浓度、压力或温度等改变时，平衡就向能减弱这个改变的方向移动。据此可用来判断平衡移动的方向。

$$Fe^{3+} + n SCN^- \rightleftharpoons Fe(SCN)_n^{3-n}$$

由于生成 $Fe(SCN)_n^{3-n}$ 而使溶液呈深红色，改变反应物浓度，根据溶液颜色的变化，观察平衡移动的方向。

$$2NO_2 \rightleftharpoons N_2O_4 \qquad \Delta_r H_m^{\ominus} = -54.431 kJ \cdot mol^{-1}$$

NO_2 为深棕色气体，N_2O_4 为无色气体，这两种气体混合物则视二者的相对含量而具有由淡棕至深棕的颜色。当二氧化氮和四氧化二氮处于平衡状态时，改变温度，根据气体颜色的变化，可判断平衡移动的方向。

三、实验仪器和试剂

仪器　秒表 1 只，温度计（100℃）2 支，烧杯（100mL、400mL）各 2 只，NO_2 平衡仪 1 只，量筒（50mL）2 只。

试剂　MnO_2(s)，KIO_3（0.05mol·L^{-1}，称取 10.7g 分析纯 KIO_3 晶体溶于 1L 水中），$NaHSO_3$（0.05mol·L^{-1}，称取 5.2g 分析纯 $NaHSO_3$ 和 5g 可溶性淀粉，配制成 1L 溶液。配制时先用少量水将 5g 淀粉调成浆状，然后倒入 100~200mL 沸水中，煮沸，冷却后加入 $NaHSO_3$ 溶液，然后加水稀释到 1L），$FeCl_3$（0.01mol·L^{-1}、饱和），KSCN（0.03mol·L^{-1}、饱和），3% H_2O_2。

四、实验内容

1. 浓度对反应速率的影响（需两人合做）

（1）实验方法　用筒量取 A 液（如：10mL $NaHSO_3$ 和 35mL 水），倒入 100mL 小烧杯中，搅动均匀。用另一量筒量取 B 液（如：5mL 0.05mol·L^{-1} KIO_3 溶液）。准备好秒表和玻璃棒，将 B 液迅速倒入盛有 A 溶液的小烧杯中，立刻计时并搅动，记录溶液变蓝所需的时间。

（2）数据记录

实验序号	A 液		B 液	溶液变蓝时间 t/s	$(1/t) \times 100$ /s^{-1}	KIO_3 的浓度$\times$ 200/(mol·L^{-1})
	$NaHSO_3$ 体积/mL	H_2O 体积/mL	KIO_3 体积/mL			
1	10	35	5			
2	10	30	10			
3	10	25	15			
4	10	20	20			
5	10	15	25			

根据上述实验数据，以 KIO_3 的浓度（mol·L^{-1}）$\times$ 200 为横坐标，$(1/t) \times 100$ 为纵坐标，绘制曲线，得出结论。

2. 温度对反应速率的影响（需两人合做）

（1）实验方法　用筒量取 A 液（如：10mL $NaHSO_3$ 和 35mL 水），倒入 100mL 小烧杯中，用另一量筒量取 B 液（如：5mL 0.05mol·L^{-1} KIO_3 溶液）加入试管中。将小烧杯和试管同时放在热水浴中，加热到比室温高 10℃ 左右，取出，将 B 溶液倒入 A 溶液中，记录溶液变蓝时间。

（2）数据记录

实验序号	A 液		B 液	实验温度 T/℃	溶液变蓝时间 t/s
	NaHSO$_3$ 体积/mL	H$_2$O 体积/mL	KIO$_3$ 体积/mL		
1	10	35	5		
2	10	35	5		

注：水浴可用 400mL 烧杯加水，用小火加热，控制温度高出要测定的温度约 10℃，不宜过高。如果在室温 30℃ 以上做本实验时，用冰浴来代替热水浴，温度要比室温低 10℃ 左右，记录淀粉变蓝时间，并与室温时淀粉变蓝时间作比较。

根据实验结果，得出温度对反应速率影响的结论。

3. 催化剂对反应速率的影响

在试管中加入 3mL 3‰ H$_2$O$_2$ 溶液，观察是否有气泡发生。用角匙的小端加入少量 MnO$_2$，观察气泡产生的情况，比较加 MnO$_2$ 前后反应速率的快慢，证明放出的气体是氧气。

4. 浓度对化学平衡的影响

取 0.01mol·L^{-1} 稀 FeCl$_3$ 溶液和 0.03mol·L^{-1} 稀 KSCN 溶液各 6mL，倒入小烧杯内混合。将所得溶液平均分装在三支试管中，在两支试管中分别加入少量饱和 FeCl$_3$ 溶液、饱和 KSCN 溶液，充分振荡使混合均匀，注意它们颜色的变化，并与另一支试管中的溶液进行比较。

说明各试管中溶液的颜色变化的原因。

5. 温度对化学平衡的影响

取一只带有两个玻璃球的平衡仪（见图 5-5，可用两个带塞子、玻璃管连通的锥形瓶代替），将一只玻璃球浸入热水中，另一只玻璃球浸入冰水中，观察两只玻璃球内气体颜色的变化。试从观察到的现象，指出玻璃球中气体的平衡各向哪一方向移动，说明原因。

图 5-5　平衡仪

五、思考题

1. 影响化学反应速率的因素有哪些？
2. 如何判断化学平衡移动的方向？

实验十一　纳米 TiO$_2$ 的低温制备、表征及光催化活性检测

一、实验目的

1. 学习蒸汽-水热法制备纳米 TiO$_2$ 的基本过程。
2. 了解纳米材料表征的基本参数和数据处理方法。
3. 学习和了解一些现代仪器的基本情况。
4. 了解半导体光催化的基本原理及应用。

二、实验原理

1. 纳米 TiO$_2$ 的制备（蒸汽-水热法）

① 以 Ti(SO$_4$)$_2$ 为钛源：

$$Ti(SO_4)_2 + 4H_2O \xrightarrow{p,T} Ti(OH)_4 \downarrow + 2H_2SO_4$$

$$Ti(OH)_4 \xrightarrow{p,T} TiO_2 + 2H_2O$$

② 以酞酸丁酯（TBOT）为钛源：

$$Ti(OC_4H_9)_4 + 4H_2O \xrightarrow{p,T} Ti(OH)_4 \downarrow + 4C_4H_9OH$$

$$Ti(OH)_4 \xrightarrow{p,T} TiO_2 + 2H_2O$$

③ 以 $Ti(Cl)_4$ 为钛源：

$$Ti(Cl)_4 + 4H_2O \xrightarrow{p,T} Ti(OH)_4 \downarrow + 4HCl$$

$$Ti(OH)_4 \xrightarrow{p,T} TiO_2 + 2H_2O$$

2. 光催化机理

TiO_2 光生空穴的氧化电位以标准氢电位计为 3.0V，比臭氧的 2.07V 和氯气的 1.36V 高许多，具有较强的氧化性。高活性的光生空穴具有很强的氧化能力，可以将吸附在半导体表面的 OH^- 和 H_2O 氧化，生成具有强氧化性的 ·OH。光生电子可将吸附在催化剂表面的分子氧转化成过氧根自由基（O_2^-·），最后生成具有强氧化性的 OH·。同时空穴本身也可以夺取吸附在 TiO_2 表面的有机污染物中的电子，使原本不吸光的物质能直接氧化。在光催化反应体系中，这两种氧化方式可能单独起作用，也可能同时起作用。

本实验用德国 Bruker 公司 D8-Advance 型 XRD 仪进行催化剂的 X 射线粉末衍射（XRD）分析，电压为 40kV，电流为 40mA；用美国 FEI 公司 TECNAI G2 STWin 型透射电子显微镜（TEM）观察催化剂的形貌；用日本日立公司 UV-3010 型紫外-可见分光光度计测定紫外-可见漫反射光谱；用美国 VG 公司 Multilab 2000 X-射线光电子能谱仪测定 X 射线光电子能谱（XPS）。

三、实验仪器和试剂

仪器　内衬聚四氟乙烯的反应釜（100mL，3 套），内衬聚四氟乙烯的反应釜内胆（25mL，3 个），烧杯（50mL）以及玻璃棒若干，恒温箱，抽滤装置，圆柱形硬质石英瓶（70mL，4 个），容量瓶（50mL，2 个），搅拌子（2 个），自制光反应器，pH 计，移液管（2mL，2 支），洗耳球（2 个），洗瓶，EP 管（5mL，若干），离心机，计算机等。

试剂　$Ti(SO_4)_2$（A.R.），酞酸丁酯（TBOT）（A.R.），HCl（A.R.），无水乙醇（A.R.），$BaCl_2$ 溶液（0.01mol·L^{-1}），$AgNO_3$ 溶液（0.01mol·L^{-1}），RhB 溶液（5.00×10^{-4}mol·L^{-1}），SRB 溶液（5.00×10^{-4}mol·L^{-1}），高氯酸溶液（1∶100），二次蒸馏水。

四、实验内容

1. 纳米 TiO_2 的制备（蒸汽-水热法）

（1）以 $Ti(SO_4)_2$ 为钛源　配制 10mL 0.4mol·L^{-1} 的 $Ti(SO_4)_2$ 溶液，将 10mL 0.4mol·L^{-1} 的 $Ti(SO_4)_2$ 溶液盛装于 25mL 反应釜内胆中，将 25mL 反应釜内胆置于装有 20mL 蒸馏水的 100mL 外胆高压反应釜中密封，置于恒温箱中，180℃恒温 12h。待反应釜自然冷却后，取出反应釜内胆，得到的白色沉淀进行真空抽滤，用去离子水清洗，反复进行多次，利用 $BaCl_2$ 溶液检测无 SO_4^{2-} 为止，最后用无水乙醇清洗一次，于 80℃干燥。

（2）以酞酸丁酯（TBOT）为钛源　将 10mL TBOT 盛装于 25mL 反应釜内胆中，将 25mL 反应釜内胆置于装有 20mL 蒸馏水的 100mL 外胆高压反应釜中密封，置于恒温箱中 180℃恒温 12h。待反应釜自然冷却之后，取出反应釜内胆，得到的白色沉淀进行真空抽滤，用去离子水清洗，反复进行 3 次，最后用无水乙醇清洗一次，于 80℃干燥。

（3）以 TiCl$_4$ 为钛源　边搅拌边将 5mL TiCl$_4$ 溶于 5mL 浓 HCl 中，将此混合溶液盛装于 25mL 反应釜内胆中，将 25mL 反应釜内胆置于装有 20mL 蒸馏水的 100mL 外胆高压反应釜中密封，置于恒温箱中 180℃恒温 12h。待反应釜自然冷却之后，取出反应釜内胆，得到的白色沉淀进行真空抽滤，用去离子水清洗，反复进行多次，利用 AgNO$_3$ 溶液检测无 Cl$^-$ 为止，最后用无水乙醇清洗一次，于 80℃干燥。

2. 纳米 TiO$_2$ 的表征

① 利用 X 射线衍射仪（XRD）对纳米 TiO$_2$ 进行晶型和粒径分析，利用 Scherrer 公式计算粉体的平均晶粒尺寸：

$$D_{平均}=K\lambda/\beta\cos\theta$$

式中，$D_{平均}$ 为晶粒大小，nm；K 为常数，$K=0.89$；λ 为 X 射线波长（$\lambda=0.15406$nm）；θ 为布拉格衍射角；β 为衍射角的半高峰宽。

② 利用 X 射线光电子能谱（XPS）对纳米 TiO$_2$ 的价键结构进行分析。

③ 利用透射电镜分析纳米 TiO$_2$ 的形貌和分散度。

④ 利用紫外-可见漫反射光谱分析纳米 TiO$_2$ 的禁带宽度。

3. 纳米 TiO$_2$ 对有机染料 RhB 及 SRB 的紫外光催化降解

在 70mL 圆柱形硬质石英瓶中，加入 1.5mL 5.00×10^{-4}mol·L^{-1} RhB 溶液定容到 50mL，然后加入 10mg 纳米 TiO$_2$，用 1:100 的高氯酸调节 pH 值为 3.00，均匀混合后将其转入反应器中计时进行反应，暗反应 30min 后，开始加外光，间隙一定的时间，取约 3mL 样品置于离心管中，8000r·min^{-1} 离心 10min。测其吸光度，并作图。以同样的方法同时进行 SRB 的暗反应降解。

五、数据记录和处理

1. 光催化降解的动力学曲线分析：以 t-(A_t/A_0) 作图，得出体系褪色率。

2. XRD 晶相纳米尺寸分析：纳米 TiO$_2$ 的粒径分析采用专用软件及 Origin 软件，利用 Scherrer 公式计算粉体的平均晶粒尺寸。

3. 利用 X 射线光电子能谱（XPS）对纳米 TiO$_2$ 的价键结构进行分析（专用软件及 Origin 软件）。

4. 利用透射电镜分析纳米 TiO$_2$ 的形貌和分散度。

5. 利用紫外-可见漫反射光谱分析纳米 TiO$_2$ 的禁带宽度（Origin 软件）。

六、注意事项

1. 使用聚四氟乙烯的反应釜反应时压力较大，为防止发生意外，请注意溶液体积不要超过总体积的 4/5。

2. 光催化活性实验中需注意所有降解实验都要在同一光照强度下进行。

七、思考题

1. 不同钛源对制得的纳米 TiO$_2$ 的光催化活性有何影响？

2. 不同钛源对 TiO$_2$ 的晶相、晶型、分散性等有何影响？

实验十二　高盐废水可溶性氯化物中氯含量的测定（莫尔法）

一、实验目的

1. 掌握沉淀滴定法的原理及滴定方法。

2. 掌握 AgNO$_3$ 标准溶液的配制、标定及滴定的基本操作。

3. 掌握可溶性氯化物中氯含量的测定方法。

二、实验原理

废水中可溶性氯化物中氯含量的测定常采用莫尔法。此方法是在中性或弱碱性溶液中，以 K_2CrO_4 为指示剂，用 $AgNO_3$ 标准溶液进行滴定。由于 AgCl 的溶解度比 Ag_2CrO_4 的溶解度略小，因此溶液中首先析出 AgCl 沉淀，当 AgCl 定量沉淀后，过量一滴 $AgNO_3$ 溶液即与 CrO_4^{2-} 生成砖红色 Ag_2CrO_4 沉淀，指示达到终点。主要反应如下：

$$Ag^+ + Cl^- = AgCl\downarrow （白色） \qquad K_{sp} = 1.8 \times 10^{-10}$$
$$2Ag^+ + CrO_4^{2-} = Ag_2CrO_4\downarrow （砖红色） \qquad K_{sp} = 2.0 \times 10^{-12}$$

滴定必须在中性或弱碱性溶液中进行，最适宜 pH 值范围为 $6.5 \sim 10.5$。如有铵盐存在，溶液的 pH 值必须控制在 $6.5 \sim 7.2$ 之间。

指示剂的用量对滴定有影响，一般以 5×10^{-3} mol·L^{-1} 为宜。凡是能与 Ag^+ 生成难溶性化合物或配合物的阴离子，如 PO_4^{3-}、AsO_4^{3-}、AsO_3^{3-}、S^{2-}、CO_3^{2-}、$C_2O_4^{2-}$ 等都干扰测定。其中 H_2S 可加热煮沸除去，将 SO_3^{2-} 氧化成 SO_4^{2-} 后不再干扰测定。大量的 Cu^{2+}、Ni^{2+}、Co^{2+} 等有色金属离子将影响终点的观察。凡是能与 CrO_4^{2-} 指示剂生成难溶化合物的阳离子也干扰测定，如 Ba^{2+}、Pb^{2+} 能与 CrO_4^{2-} 分别生成 $BaCrO_4$ 和 $PbCrO_4$ 沉淀。Ba^{2+} 的干扰可加入过量 Na_2SO_4 消除。Al^{3+}、Fe^{3+}、Bi^{3+}、Sn^{4+} 等高价金属离子在中性或弱碱性溶液中易水解产生沉淀，也不应存在。

三、实验仪器和试剂

仪器　酸式滴定管（25mL），移液管（5mL、20mL），小烧杯，容量瓶（100mL、500mL），锥形瓶（250mL，3 个），电子天平，pH 计，洗耳球，洗瓶。

试剂　$AgNO_3$（分析纯），NaCl（优级纯，使用前在高温炉中于 $500 \sim 600℃$ 下干燥 2h，贮于干燥器内备用），K_2CrO_4 溶液（50g·L^{-1}）。

四、实验内容

1. 0.10mol·L^{-1} $AgNO_3$ 溶液的配制

称取 $AgNO_3$ 晶体 8.5g 于小烧杯中，用少量水溶解后，转入棕色试剂瓶中，稀释至 500mL 左右，摇匀置于暗处，备用。

2. 0.10mol·L^{-1} $AgNO_3$ 溶液浓度的标定

准确称取约 0.5500g 基准试剂 NaCl 于小烧杯中，用水溶解完全后，完全转移到 100mL 容量瓶中，用水稀释至刻度，摇匀。

用移液管准确移取 20.00mL NaCl 溶液，置于 250mL 锥形瓶中，加 20mL 水、1mL 50g·L^{-1} K_2CrO_4，在不断摇动下，用 $AgNO_3$ 溶液滴定至溶液呈砖红色即为终点。平行做三份，计算 $AgNO_3$ 溶液的准确浓度。

根据 NaCl 标准溶液的浓度和滴定中所消耗的 $AgNO_3$ 的体积 V_1，计算 $AgNO_3$ 的浓度（mol·L^{-1}）。

3. 试样分析

准确量取废水试样 20.00mL 三份，移入 250mL 锥形瓶中，加 20mL 水、1mL 50g·L^{-1} K_2CrO_4，在不断摇动下，用 $AgNO_3$ 溶液滴定至溶液呈砖红色即为终点。平行测定三份。

根据试样的质量和滴定中消耗的 $AgNO_3$ 标准溶液的体积 V_2，计算试样中 Cl^- 的含量。

五、数据记录和处理

1. 滴定体积记录。实验数据记录表格可以根据学生对实验的理解自行设计，如下表。

实验序号	1	2	3
标定消耗 $AgNO_3$ 溶液的体积 V_1/L			
试样分析消耗 $AgNO_3$ 溶液的体积 V_2/L			

2. 按式（1）计算 $AgNO_3$ 溶液浓度 c，取平均值 $\bar{c}$；再根据式（2）计算试样中 Cl^- 的含量 $x(g \cdot L^{-1})$。

$$c = \frac{m_{NaCl} \times 20mL}{58.5g \cdot mol^{-1} \times 100mL \times V_1} \tag{1}$$

$$x = \frac{1000 \times \bar{c}V_2 \times 35.5g \cdot mol^{-1}}{20.00mL} \tag{2}$$

六、注意事项

1. K_2CrO_4 指示剂的浓度要适合。

2. 测定 Cl^- 时要控制合适的 pH 值范围（6.5～10.5）。

3. 滴定过程中要充分摇动溶液。

七、思考题

1. K_2CrO_4 指示剂的用量对滴定终点的准确判断有何影响？

2. 滴定过程为何将溶液 pH 范围调整为 6.5～10.5？酸度过高或过低会产生什么影响？

实验十三　水样中化学需氧量的测定（高锰酸钾法）

一、实验目的

1. 掌握化学需氧量的定义和高锰酸钾法测定化学需氧量的基本原理和实验方法，能用滴定数据计算出水样的化学需氧量。

2. 理解水样中化学需氧量测定的必要性，体会化学知识在解决环境实际问题中的应用。

二、实验原理

化学需氧量（COD）是在一定条件下，采用一定的强氧化剂处理水样时，所消耗的氧化剂的量；它是水中还原性物质多少的一个指标。COD 越大说明水体被污染的程度越重。

水样 COD 的测定，会因加入氧化剂的种类和浓度、反应溶液的温度、酸度和时间，以及催化剂的存在与否而得到不同的结果。因此，COD 是一个条件性的指标，必须严格按操作步骤进行测定。COD 的测定有几种方法，对于污染较严重的水样或工业废水，一般用重铬酸钾法或库仑法；对于一般水样可以用高锰酸钾法。由于高锰酸钾法是在规定的条件下所进行的反应，所以水中有机物只能部分被氧化，并不是理论上的全部需氧量，也不能反映水体中总有机物的含量。因此，常用高锰酸盐指数这一术语作为水质的一项指标，以有别于重铬酸钾法测定的化学需氧量。高锰酸钾法分为酸性法和碱性法两种，本实验以酸性法测定水样的化学需氧量——高锰酸盐指数，以每升多少毫克 O_2 表示。

水样加入硫酸酸化后，加入一定量的 $KMnO_4$ 溶液，并在沸水浴中加热反应一定时间。然后加入过量的 $Na_2C_2O_4$ 标准溶液，使之与剩余的 $KMnO_4$ 充分作用。再用 $KMnO_4$ 溶液

回滴过量的 $Na_2C_2O_4$，通过计算求得高锰酸盐指数值。

反应方程式：

$$4MnO_4^- + 5C + 12H^+ \rightleftharpoons 4Mn^{2+} + 5CO_2\uparrow + 6H_2O$$

$$2MnO_4^- + 5C_2O_4^{2-} + 16H^+ \rightleftharpoons 2Mn^{2+} + 10CO_2\uparrow + 8H_2O$$

MnO_4^- 与 $C_2O_4^{2-}$ 反应的注意事项：三度一点（即温度、酸度、速度和终点）。

三、实验仪器和试剂

仪器 酸式滴定管（25mL），锥形瓶（250mL），移液管（25.00mL、10.00mL），烧杯，容量瓶（250mL），洗瓶，试剂瓶（500mL），量筒，电子天平，台秤，表面皿，玻璃棒，滴管，洗耳球，微孔玻璃漏斗，电加热板，水浴装置。

试剂 $KMnO_4$ 溶液（0.02mol·L^{-1}，A 液），硫酸（1∶3），草酸钠基准试剂。

四、实验内容

1. 500mL 0.02mol·L^{-1} $KMnO_4$ 溶液的配制与标定

具体 $KMnO_4$ 溶液配制及标定过程见本书第 4 章实验十一。

2. 250mL 0.005mol·L^{-1} $Na_2C_2O_4$ 标准溶液的配制

准确称量在 0.15~0.17g 范围内的 $Na_2C_2O_4$ 于小烧杯中，加适量水使其完全溶解后，完全转移至 250mL 容量瓶中并以水定容，计算出准确浓度 $c_{Na_2C_2O_4}$。

3. 酸性溶液中测定水样的 COD

用量筒量取 100mL 充分搅拌的水样于锥形瓶中，加入 5mL 1∶3 H_2SO_4 溶液和几粒玻璃珠（防止溶液暴沸），由滴定管加入已标定的 $KMnO_4$ 溶液 10.00mL，立即加热至沸腾。从冒出的第一个大气泡开始，煮沸 10min（红色不应褪去）。取下锥形瓶，放置 0.5~1min，趁热准确加入 $Na_2C_2O_4$ 标准溶液 25.00mL，充分摇匀，立即用 $KMnO_4$ 溶液进行滴定。滴定至试液呈微红色且 0.5min 不褪去即为终点，消耗体积为 V_1，此时试液的温度应不低于 60℃。平行测定 3 份。

根据公式，计算出水中化学需氧量的大小，并计算 3 次测定结果的相对标准偏差。对标定结果要求相对标准偏差小于 0.2%，对测定结果要求相对标准偏差小于 0.3%。

COD 计算公式如下：

$$\text{COD}(O_2, \text{mg} \cdot \text{L}^{-1}) = \frac{5c_{KMnO_4} \times (10\text{mL} + V_1) - 2c_{Na_2C_2O_4} \times 25\text{mL}}{V_{H_2O}} \times M_{\frac{1}{4}O_2} \times 1000$$

式中，V_1 为 $KMnO_4$ 返滴定过量的 $Na_2C_2O_4$ 时消耗的体积，mL；c_{KMnO_4} 为 $KMnO_4$ 溶液标定后的平均浓度，mol·L^{-1}；$c_{Na_2C_2O_4}$ 表示 $Na_2C_2O_4$ 标准溶液的浓度，mol·L^{-1}；$M_{1/4O_2}$ 为氧（$1/4O_2$）的摩尔质量，为 8.00g·mol^{-1}。

五、注意事项

在水浴加热完毕后，溶液仍应保持淡红色，如变浅或全部褪去，说明高锰酸钾的用量不够。此时，应将水样稀释倍数加大后再测定。

六、思考题

1. 测定水样的耗氧量时，是否一定要加入硫酸银？加入硫酸银的作用是什么？
2. 什么样的情况下才能加入硫酸汞？
3. 为什么需要做空白实验？
4. 化学需氧量测定时，有哪些影响因素？

实验十四　工业废水生化需氧量的测定

一、实验目的

1. 掌握 BOD 测定的基本原理。

2. 熟练掌握水体 BOD 测定仪的使用及其他基本操作。

二、实验原理

生化需氧量（BOD）是指在有氧条件下（溶解氧$\geqslant 10^{-6}$），微生物分解有机物质的生物化学氧化过程中所需要的溶解氧量。BOD 是反映水体被有机物污染程度的综合指标，也是废水的可生化降解性和生化处理研究，以及生化处理废水工艺设计和动力学研究中的重要参数。微生物分解有机物质缓慢，若将可分解的有机物全部分解，约需 20d 以上的时间。目前国内外普遍采用 20℃培养 5d 所需要的氧为指标，称为 BOD_5，以 $mg \cdot L^{-1}$ 表示，它成为水质监测的重要指标。有机物在微生物作用下好氧分解大体上分为两个阶段。

① 氧化阶段，主要是含碳有机物氧化为二氧化碳和水。

② 硝化阶段，主要是含氮有机化合物在硝化菌的作用下分解为亚硝酸盐和硝酸盐，约在 5～7d 后才显著进行，故目前常用的 20℃ 5d 培养法（BOD_5 法）测定 BOD 值一般不包括硝化阶段。

测定原理：将待测水样中和到 pH 值在 6.5～7.5 之间，可用不同量的含有充足溶解氧和需氧微生物菌种的稀释水稀释；取两份水样分别置于溶解氧瓶中，须全充满，无气泡，加塞，水封；取一份放入 20℃培养箱中培养 5d，测定溶解氧，另一份当天测定；计算每升水中所消耗的氧量。

三、实验仪器和试剂

仪器　BOD 测定仪（OxiTop-OC100，上海亚荣生化仪器厂），BOD 培养瓶、培养箱等配套装置，量筒（10mL、100mL），pH 计。

试剂　H_2SO_4 溶液（$0.5mol \cdot L^{-1}$），NaOH 溶液（$1mol \cdot L^{-1}$）。

四、实验内容

1. 样品的预处理

① 含有悬浮物质的试样混匀后，取适当的体积分析。

② 冬季采取水样，冷却保存时含氧量较高；藻类多的江、河、湖泊因光合作用也含有较多的氧；夏季易使溶解氧出现过饱和；对于其他溶解性气体多的水样也要曝气处理。

③ 试样中和：呈酸性或碱性的试样要用 $1mol \cdot L^{-1}$ 的 NaOH 溶液或用 $0.5mol \cdot L^{-1}$ 的 H_2SO_4 溶液中和至 pH 值为 7 左右（6.5～7.5）。

④ 试样中余氯低于 $0.1mol \cdot L^{-1}$ 时，短时间放置有时也会消失。氯含量高时需用硫代硫酸钠除去。

2. 确定水样稀释倍数

由于水中有机物含量高，为了确定 BOD 的稀释度，首先需测定耗氧量或化学需氧量值再推测出 BOD 值，为了防止失败，通常采用不同阶段稀释法。

可先测定水样的总有机碳（TOC）或重铬酸盐法化学需氧量（COD），根据 TOC 或COD 估计 BOD_5 可能值，再围绕预期的 BOD_5 值做几种不同的稀释比，最后从所得测定结果中选取合乎要求条件者。

一般认为稀释过的培养液在 20℃温度下，经培养 5d 后溶氧量减少 40%～70% 较为合适。减少量过多或过少都会带来较大误差，所以一份水样应同时做 2～3 稀释度，最后只采用溶解氧降低在 40%～70% 之间的平均值为测定结果。

3. 测试

将达到测试量程范围内的样品移入培养瓶，用 BOD 测定仪进行激活记录，后放置培养箱内 20℃培养 5d，5d 后再次用 BOD 测定仪激活，即读取所对应的 BOD 值。

五、数据记录和处理

本实验采用 BOD 测定仪进行测定，相关的数据处理过程是仪器本身的程序完成的。试样的 BOD 值可以直接通过测定仪读出。

六、注意事项

1. 为了测定可靠，最好同时培养 2～3 瓶，从测定值算出平均值；稀释用的量器具及 BOD 培养瓶要充分洗净，因为高倍稀释时，即使轻微的污染，也能影响 BOD 值。

2. 样品稀释时，水样及稀释水用虹吸管插入容器底部，轻轻流入，防止产生气泡。

3. 水样储存过程中 BOD 值会发生明显变化，因此，水样需及时测定。一般认为在 15～20℃下放置数小时，可使 BOD 的含量减少 1/2；冰冻条件下保存 3d 时，其 BOD 值减少 5%。

七、思考题

1. 什么是生化需氧量（BOD）？测定其数值有何用途？

2. COD 和 BOD 区别是什么？

实验十五　沉淀重量法测定钡（微波干燥恒重法）

一、实验目的

1. 了解测定 $BaCl_2 \cdot 2H_2O$ 中钡的含量的原理和方法。

2. 掌握晶形沉淀的制备、过滤、洗涤、灼烧及恒重的基本操作技术。

3. 了解微波技术在样品干燥方面的应用。

二、实验原理

称取一定量的 $BaCl_2 \cdot 2H_2O$，以水溶解，加稀 HCl 溶液酸化，加热至微沸，在不断搅动的条件下，慢慢地加入稀、热的 H_2SO_4，Ba^{2+} 与 SO_4^{2-} 反应，形成晶形沉淀。沉淀经陈化、过滤、洗涤、烘干、炭化、灰化、灼烧后，以 $BaSO_4$ 形式称量，可求出 $BaCl_2 \cdot 2H_2O$ 中钡的含量。

为了获得颗粒较大、纯净的结晶形沉淀，应在酸性、较稀的热溶液中缓慢加入沉淀剂，以降低相对过饱和度，沉淀完成后还需陈化；为保证沉淀完全，沉淀剂必须过量，并在自然冷却后再过滤；沉淀前试液经酸化可防止碳酸盐等钡的弱酸盐沉淀产生。选用稀硫酸为洗涤剂可减少 $BaSO_4$ 的溶解损失，H_2SO_4 在灼烧时可被分解除掉。

本实验使用微波干燥 $BaSO_4$ 沉淀。与传统的灼烧干燥法相比，微波干燥恒重法既可节省 1/3 以上的实验时间，又可节省能源。在使用微波法干燥 $BaSO_4$ 沉淀时，包藏在 $BaSO_4$ 沉淀中的高沸点杂质如 H_2SO_4 等不易在干燥过程中被分解或挥发而除去，所以对沉淀条件和沉淀洗涤操作要求更加严格。沉淀时应将 Ba^{2+} 试液进一步稀释，并且使过量的沉淀剂控制在 20％～50％之间，沉淀剂的滴加速度要缓慢，尽可能减少包藏在沉淀中的杂质。

三、实验仪器和试剂

仪器　玻璃坩埚（G4 号或 P16 号），淀帚（1 把），循环水真空泵（配抽滤瓶），微波炉。

试剂　H_2SO_4（$0.5mol \cdot L^{-1}$），HCl（$2mol \cdot L^{-1}$），$AgNO_3$（$0.1mol \cdot L^{-1}$），$BaCl_2 \cdot 2H_2O$（s，分析纯）。

四、实验内容

1. 玻璃坩埚的准备：将两只洁净的坩埚放在微波炉内于 500W 的输出功率（中高火）下进行干燥，第一次干燥 10min，第二次干燥 4min；每次干燥后放入干燥器中冷却 12～15min，然后在分析天平上快速称量；两次干燥后所得质量之差若不超过 0.4mg，即已恒重。

2. 准确称取两份 0.4000～0.6000g $BaCl_2 \cdot 2H_2O$ 试样，分别置于 250mL 烧杯中，加 150mL 水及 3mL $2mol \cdot L^{-1}$ HCl 溶液，搅拌溶解，加热至近沸。另取 5～6mL H_2SO_4 两份于两个 100mL 烧杯中，加水 40mL，加热至近沸，趁热将两份 H_2SO_4 溶液分别用小滴管逐滴地加入两份热的钡盐溶液中，并用玻璃棒不断搅拌，直至两份 H_2SO_4 溶液加完为止。待 $BaSO_4$ 沉淀下沉后，于上层清液中加入 1～2 滴 $0.1mol \cdot L^{-1}$ H_2SO_4 溶液，仔细观察沉淀是否完全。沉淀完全后，盖上表面皿（切勿将玻璃棒拿出杯外），放置过夜陈化或在水浴上陈化 1h。

3. 准备洗涤液，即在 100mL 水中加入 3～5 滴 H_2SO_4 溶液，混匀。

4. $BaSO_4$ 沉淀冷却后，用倾泻法在已恒重的玻璃坩埚中进行减压过滤。滤完后，用洗涤液洗涤沉淀 3 次，每次用 15mL，再用水洗一次。然后将沉淀转移到坩埚中，并用玻璃棒"擦"黏附在杯壁上的沉淀，再用水冲洗烧杯和玻璃棒直至沉淀转移完全。最后用水淋洗沉淀及坩埚内壁数次（6 次以上），这时沉淀基本已洗涤干净（如何检验？）。继续抽干 2min 以上至不再产生水雾，将坩埚放入微波炉进行干燥（第一次 10min，第二次 4min），冷却、称量，直至恒重。根据 $BaSO_4$ 的质量，计算钡盐试样中钡的含量 w_{Ba}（％）。

五、注意事项

1. 干、湿坩埚不可在同一微波炉内加热，因炉内水分不挥发，加热恒重的时间很短，湿度的影响过大。并且，本实验中，可考虑先用滤纸吸去坩埚外壁的水珠，再放入微波炉中加热，以减少加热的时间。

2. 干燥好的玻璃坩埚稍冷后放入干燥器，先要留一小缝，30s 后盖严，用分析天平称量（必须在干燥器中自然冷却至室温后方可进行）。

3. 由于传统的灼烧沉淀可除掉包藏的 H_2SO_4 等高沸点杂质，而用微波干燥时不能分解或挥发掉，故应严格控制沉淀条件与操作规范。应把含 Ba^{2+} 的试液进一步稀释，过量的沉淀剂 H_2SO_4 控制在 20％～50％，滴加 H_2SO_4 速度缓慢，且充分搅拌，可减少 H_2SO_4 及其他杂质被包裹的量，以保证实验结果的准确度。

4. 坩埚使用前用稀 HCl 抽滤，不用稀 HNO_3，防止 NO_3^- 成为抗衡离子。本实验中，使用后的坩埚可即时用稀 H_2SO_4 洗净，不必用热的浓 H_2SO_4。

六、思考题

1. 为什么要在稀热 HCl 溶液中且不断搅拌条件下逐滴加入沉淀剂沉淀 $BaSO_4$？HCl 加入太多有何影响？

2. 为什么要在热溶液中沉淀 $BaSO_4$，但要在冷却后过滤？晶形沉淀为何要陈化？

3. 什么是倾泻法过滤？洗涤沉淀时，为什么用洗涤液或水都要少量多次？

4. 什么是灼烧至恒重？

5. 使用微波炉时有哪些注意事项？

实验十六　铵盐中氮含量的测定（甲醛法）

一、实验目的

1. 掌握以甲醛强化间接法测定铵盐中氮含量的原理和方法。
2. 学会除去试剂中的甲酸和试样中的游离酸的方法。

二、实验原理

铵盐 NH_4Cl 和 $(NH_4)_2SO_4$ 是常用的无机化肥，为强酸弱碱盐，可用酸碱滴定法测定其含氮量，但由于 NH_4^+ 的酸性太弱（$K_a=5.6\times10^{-10}$），故不能用 $NaOH$ 标准溶液直接滴定。因此生产和实验室中广泛采用甲醛法测定铵盐中的含氮量。

将甲醛与一定量的铵盐作用，生成一定量的酸（H^+）和六亚甲基四胺，反应如下：

$$4NH_4^+ +6HCHO =\!=\!=(CH_2)_6N_4+4H^++6H_2O$$

生成的 H^+ 可被 $NaOH$ 标准溶液准确滴定：

$$4H^++4OH^-=\!=\!=4H_2O$$

化学计量点时，溶液中存在六亚甲基四胺，这种极弱的有机碱使溶液呈弱碱性，可选用酚酞作指示剂，滴定至溶液呈现微红色即为终点。

铵盐与甲醛的反应在室温下进行较慢，加甲醛后，需放置几分钟，使反应完全。

注意：①若甲醛中含有游离酸（甲醛受空气氧化所致），应事先以酚酞作指示剂，用 $NaOH$ 溶液中和至微红色（$pH\approx8$）；②若试样中含有游离酸（应除去，否则会产生正误差），应事先以甲基红为指示剂，用 $NaOH$ 溶液中和至黄色（$pH\approx6$）（能否用酚酞作指示剂？）。

三、实验仪器和试剂

仪器　滴定管，烧杯。

试剂　甲醛溶液（1∶1），$NaOH$ 溶液（$0.1mol\cdot L^{-1}$），酚酞乙醇溶液（0.2%），$(NH_4)_2SO_4$ 肥料，甲基红溶液（0.2%）。

四、实验内容

1. 甲醛溶液的处理

取原装甲醛（40%）的上层清液于烧杯中，用一倍水稀释，加入 2～3 滴酚酞指示剂，用 $0.1mol\cdot L^{-1}$ $NaOH$ 溶液中和至甲醛溶液呈微红色。

2. 试样中含氮量的测定

准确称取 1.2～1.6g $(NH_4)_2SO_4$ 肥料于小烧杯中，用适量蒸馏水溶解。然后定量地转移至 250mL 容量瓶中，用蒸馏水稀释至刻度，摇匀。用移液管移取试液 25.00mL 于锥形瓶中，加入 1～2 滴甲基红指示剂，用 $0.1mol\cdot L^{-1}$ $NaOH$ 溶液中和至黄色。然后加入 10mL 已中和的 1∶1 甲醛溶液，再加入 1～2 滴酚酞指示剂摇匀，静置 1min 后，用 $0.1mol\cdot L^{-1}$ $NaOH$ 标准溶液滴定至溶液呈微橙红色，并持续 30s 不褪色，即为终点（终点为甲基红的黄色和酚酞的红色的混合色），记录滴定所消耗的 NaOH 标准溶液的体积。平行测定 3 次，根据 NaOH 标准溶液的浓度和滴定消耗的体积，计算试样中氮的含量 w_N。

五、思考题

1. NH_4^+ 是 NH_3 的共轭酸，为什么不能直接用 NaOH 标准溶液滴定？

2. NH_4NO_3、NH_4Cl 或 NH_4HCO_3 中的含氮量能否用甲醛法测定？

3. 为什么中和甲醛中的游离酸用酚酞作指示剂，而中和（NH_4）$_2SO_4$ 中的游离酸用甲基红作指示剂？

实验十七 食醋中醋酸含量的测定

一、实验目的

1. 了解强碱滴定弱酸过程中的 pH 值变化、化学计量点以及指示剂的选择。

2. 进一步掌握移液管、滴定管的使用方法和滴定操作技术。

二、实验原理

食醋的主要成分是醋酸（HAc），此外还含有少量其他弱酸如乳酸等。醋酸的解离常数 $K_a = 1.8 \times 10^{-5}$，用 NaOH 标准溶液滴定醋酸，其反应式是：

$$NaOH + HAc \Longrightarrow NaAc + H_2O$$

滴定化学计量点的 pH 值约为 8.7，应选用酚酞作指示剂，滴定终点时由无色变为微红色，且 30s 内不褪色。滴定时，不仅 HAc 与 NaOH 反应，食醋中可能存在的其他各种形式的酸也与 NaOH 反应，故滴定所得为总酸度，以 ρ_{HAc}（$g \cdot L^{-1}$）表示。

三、实验仪器和试剂

仪器 移液管，滴定管，锥形瓶。

试剂 邻苯二甲酸氢钾（$KHC_8H_4O_4$）基准试剂，NaOH 溶液（$0.1mol \cdot L^{-1}$），酚酞指示剂（$2g \cdot L^{-1}$ 乙醇溶液），食醋试液。

四、实验内容

1. $0.1mol \cdot L^{-1}$ NaOH 标准溶液的标定

以减量法准确称取邻苯二甲酸氢钾 0.37～0.45g 三份，分别置于 250mL 锥形瓶中，加入 20～30mL 蒸馏水溶解后，加入 1～2 滴酚酞指示剂，用 NaOH 滴定至溶液呈微红色且 30s 内不褪色即为终点。根据所消耗的 NaOH 标准溶液的体积，计算 NaOH 标准溶液的浓度及平均值。

2. 食醋总酸度的测定

准确吸取食醋试液 10.00mL 于 100mL 容量瓶中，用新煮沸并冷却的蒸馏水稀释至刻度，摇匀。用移液管吸取 25.00mL 上述稀释后的溶液于 250mL 锥形瓶中，加入 25mL 新煮沸并冷却的蒸馏水，再加入 1～2 滴酚酞指示剂。用 $0.1mol \cdot L^{-1}$ NaOH 标准溶液滴至溶液呈微红色且 30s 内不褪色即为终点。根据 NaOH 标准溶液的用量，计算食醋的总酸量。

五、思考题

1. 写出本实验中标定 c_{NaOH} 和测定 ρ_{HAc} 的计算公式。

2. 以 NaOH 标准溶液滴定 HAc 溶液，属于哪类滴定？怎样选择指示剂？

3. 草酸、柠檬酸、酒石酸等多元有机酸能否用 NaOH 溶液分步滴定？

4. 为什么称取的 $KHC_8H_4O_4$ 基准物质要在 $0.37 \sim 0.45g$ 范围内？

实验十八　蛋壳中钙、镁含量的测定

一、实验目的

1. 学习固体试样的酸溶方法。
2. 掌握配位滴定法测定蛋壳中钙、镁含量的方法和原理。
3. 了解配位滴定中，指示剂的选用原则和应用范围。

二、实验原理

鸡蛋壳的主要成分为 $CaCO_3$，其次为 $MgCO_3$、蛋白质、色素以及少量 Fe 和 Al。由于试样中含酸不溶物较少，可用 HCl 溶液将其溶解，制成试液，采用配位滴定法测定钙、镁的含量，特点是快速、简便。

试样经溶解后，Ca^{2+}、Mg^{2+} 共存于溶液中。Fe^{3+}、Al^{3+} 等干扰离子，可用三乙醇胺或酒石酸钾钠掩蔽。调节溶液的酸度至 $pH>12$，使 Mg^{2+} 生成氢氧化物沉淀，以钙试剂作指示剂，用 EDTA 标准溶液滴定，单独测定钙的含量。另取一份试样，调节其酸度至 $pH=10$，以铬黑 T 作指示剂，用 EDTA 标准溶液滴定，可直接测定溶液中钙和镁的总量。由总量减去钙的含量即得镁的含量。

三、实验仪器和试剂

仪器　小型台式破碎机，标准筛（80 目）。

试剂　EDTA 标准溶液（$0.02mol \cdot L^{-1}$），HCl 溶液（$6mol \cdot L^{-1}$），NaOH 溶液（10%），钙试剂［应配成 1∶100（NaCl）的固体指示剂］，铬黑 T 指示剂［应配成 1∶100（NaCl）的固体指示剂］，NH_3-NH_4Cl 缓冲溶液（$pH=10$），三乙醇胺水溶液（33%）。

四、实验内容

1. 试样的溶解及试液的制备

将鸡蛋壳洗净并除去内膜，烘干后用小型台式破碎机粉碎，使其通过 80 目的标准筛，装入广口瓶或称量瓶中备用。准确称取上述试样 $0.25 \sim 0.30g$，置于 250mL 烧杯中，加少量水润湿，盖上表面皿，从烧杯嘴处用滴管滴加约 5mL HCl 溶液，使其完全溶解，必要时用小火加热。冷却后转移至 250mL 容量瓶中，用水稀释至刻度，摇匀。

2. 钙含量的测定

准确吸取 25.00mL 上述待测试液于锥形瓶中，加入 20mL 蒸馏水和 5mL 三乙醇胺溶液，摇匀。再加入 10mL NaOH 溶液、少量钙指示剂，摇匀后，用 EDTA 标准溶液滴定至由红色恰好变为蓝色，即为终点。根据所消耗的 EDTA 标准溶液的体积，自行推导公式计算试样中 CaO 的质量分数。

3. 钙、镁总量的测定

准确吸取 25.00mL 待测试液于锥形瓶中，加入 20mL 水和 5mL 三乙醇胺溶液，摇匀。再加入 10mL NH_3-NH_4Cl 缓冲溶液，摇匀。加入铬黑 T 指示剂少许，然后用 EDTA 标准溶液滴定至溶液由紫红色恰好变为纯蓝色，即为终点，测得钙、镁的总量。自行推导公式计算试样中钙、镁的总量，由总量减去钙的含量即得镁的含量，以镁的质量分数表示。

钙、镁总量的测定也可用 K-B 指示剂，终点的颜色变化是由紫红色变为蓝绿色。

五、数据记录和处理

记录相关数据，表格自行设计。

六、思考题

1. 将烧杯中已经溶解好的试样转移到容量瓶以及稀释到刻度时，应注意什么问题？

2. 查阅资料，说明还有哪些方法可以测定蛋壳中钙、镁的含量。

实验十九　维生素 C 片中抗坏血酸含量的测定（直接碘量法）

一、实验目的

1. 掌握碘标准溶液的配制及标定。

2. 了解直接碘量法测定维生素 C 的原理及操作过程。

二、实验原理

抗坏血酸又称维生素 C，分子式为 $C_6H_8O_6$，由于分子中的烯二醇基具有还原性，能被氧化成二酮基，维生素 C 的半反应式为：

$$C_6H_8O_6 \Longrightarrow C_6H_6O_6 + 2H^+ + 2e^- \qquad \varphi^{\ominus} \approx +0.18V$$

1mol 维生素 C 与 1mol I_2 定量反应，维生素 C 的摩尔质量为 $176.12g \cdot mol^{-1}$。该反应可以用于测定药片、注射液及果蔬中维生素 C 的含量。由于维生素 C 的还原性很强，在空气中极易被氧化，尤其在碱性介质中，测定时加入 HAc 使溶液呈弱酸性，减少维生素 C 的副反应。维生素 C 在医药和化学上应用非常广泛，在分析化学中常用在分光光度法和配位滴定法中作为还原剂，如使 Fe^{3+} 还原为 Fe^{2+}、Cu^{2+} 还原为 Cu^+、硒(Ⅳ)还原为硒(Ⅲ)等。

三、实验仪器和试剂

仪器　分析天平，酸式滴定管，容量瓶，移液管，洗瓶等。

试剂　I_2 溶液 $\left[c\left(\dfrac{1}{2}I_2\right) = 0.10 mol \cdot L^{-1}, 0.01 mol \cdot L^{-1} \ I_2 \ 标准溶液 \right]$，$As_2O_3$ 基准物质（于 105℃干燥 2h），$Na_2S_2O_3$ 标准溶液（$0.01 mol \cdot L^{-1}$），淀粉溶液（$5g \cdot L^{-1}$），醋酸（$2mol \cdot L^{-1}$），$NaHCO_3$ 固体，NaOH（$6mol \cdot L^{-1}$）。

四、实验内容

1. $0.05 mol \cdot L^{-1}$ I_2 溶液和 $0.1 mol \cdot L^{-1}$ $Na_2S_2O_3$ 溶液的配制

用台式天平称取 $Na_2S_2O_3 \cdot 5H_2O$ 约 6.2g，溶于适量刚煮沸并已冷却的水中，加入 Na_2CO_3 约 0.05g 后，稀释至 250mL，倒入细口瓶中，放置 1~2 周后标定。

在台式天平上称取 I_2（预先磨细过）约 3.2g，置于 250mL 烧杯中，加 6g KI，再加少量水，搅拌，待 I_2 全部溶解后，加水稀释至 250mL，混合均匀。储藏在棕色细口瓶中，放于暗处。

2. $Na_2S_2O_3$ 溶液的标定

准确称取 0.15~0.16g $K_2Cr_2O_7$ 基准试剂 3 份，分别置于 250mL 锥形瓶中，加入 10~20mL 蒸馏水使之溶解。加 2g KI、10mL $2mol \cdot L^{-1}$ 的盐酸，充分混合溶解后，盖好塞子以防止 I_2 因挥发而损失。在暗处放置 5min，然后加 50mL 水稀释，用 $Na_2S_2O_3$ 溶液滴定到溶液呈浅绿黄色时，加 2mL 淀粉溶液。继续滴入 $Na_2S_2O_3$ 溶液，直至蓝色刚刚消失而 Cr^{3+} 绿色出现为止。记下消耗 $Na_2S_2O_3$ 溶液的体积，计算 $Na_2S_2O_3$ 溶液的浓度。

3. 用 $Na_2S_2O_3$ 标准溶液标定 I_2 溶液

分别移取 25.00mL $Na_2S_2O_3$ 溶液 3 份，分别依次加入 50mL 水、2mL 淀粉溶液，用 I_2 溶液滴定至稳定的蓝色 30s 不褪，记下 I_2 溶液的体积，计算 I_2 溶液的浓度。

4. 维生素 C 片中抗坏血酸含量的测定

将准确称取好的维生素 C 片约 0.2g 置于 250mL 锥形瓶中，加入煮沸过的冷却蒸馏水 50mL，立即加入 10mL 2mol·L^{-1} HAc，加入 3mL 淀粉溶液，立即用 I$_2$ 标准溶液滴定呈现稳定的蓝色。记下消耗 I$_2$ 标准溶液的体积，计算维生素 C 含量（平行 3 份）。

五、数据记录和处理

1. Na$_2$S$_2$O$_3$ 溶液的标定

实验编号	I	II	III
$m(K_2Cr_2O_7)/g$			
$V(Na_2S_2O_3)/mL$			
$c(Na_2S_2O_3)/(mol \cdot L^{-1})$			
平均 $c(Na_2S_2O_3)/(mol \cdot L^{-1})$			
相对平均偏差/%			
$V(Na_2S_2O_3)/mL$			
$V(I_2)/mL$			
平均 $c(I_2)/(mol \cdot L^{-1})$			
相对平均偏差/%			

2. 维生素 C 片中抗坏血酸含量的测定

实验编号	I	II	III
维生素 C 片/g			
$V(I_2)/mL$			
维生素 C/%			
维生素 C 平均含量/%			
相对平均偏差/%			

六、思考题

1. 果浆中加入醋酸的作用是什么？
2. 配制 I$_2$ 溶液时加入 KI 的目的是什么？
3. 以 As$_2$O$_3$ 标定 I$_2$ 溶液时，为什么加入 NaHCO$_3$？

实验二十　含重金属离子污水的净化处理（方案设计与实验）

一、实验目的

1. 查阅资料，了解我国水资源及水处理现状。
2. 了解目前国内外对重金属离子污水的处理方法。
3. 设计一种对重金属离子（Cr^{3+}、Pb^{2+}、Cu^{2+}）污水的处理方法。

二、方案设计的条件

待净化处理的污水含重金属离子：Cr^{3+}、Pb^{2+}、Cu^{2+}。

三、方案设计的内容

1. 实验目的

2. 实验原理

3. 仪器和试剂

4. 净化操作

① 净化处理污水的操作步骤。

② 已净化水的检验方法与步骤。

5. 实验结果（净化处理水的检验结果）

6. 问题讨论

四、方案设计的要求

① 文字叙述简明扼要，原理清晰，数字准确。

② 操作步骤以框图、箭头标明反应条件，配以少量说明文字进行表述。

③ 实验设计方案与实验报告合二为一。

第6章

附 录

6.1 原子量表（2013）

元素			原子序数	原子量	元素			原子序数	原子量
符号	名称	英文名			符号	名称	英文名		
H	氢	Hydrogen	1	1.008	Cu	铜	Copper	29	63.546(3)
He	氦	Helium	2	4.002602(2)	Zn	锌	Zinc	30	65.38(2)
Li	锂	Lithium	3	6.94	Ga	镓	Gallium	31	69.723(1)
Be	铍	Beryllium	4	9.0121831(5)	Ge	锗	Germanium	32	72.630(8)
B	硼	Boron	5	10.81	As	砷	Arsenic	33	74.921595(6)
C	碳	Carbon	6	12.011	Se	硒	Selenium	34	78.971(8)
N	氮	Nitrogen	7	14.007	Br	溴	Bromine	35	79.904
O	氧	Oxygen	8	15.999	Kr	氪	Krypton	36	83.798(2)
F	氟	Fluorine	9	18.998403163(6)	Rb	铷	Rubidium	37	85.4678(3)
Ne	氖	Neon	10	20.1797(6)	Sr	锶	Strontium	38	87.62(1)
Na	钠	Sodium	11	22.98976928(2)	Y	钇	Yttrium	39	88.90584(2)
Mg	镁	Magnesium	12	24.305	Zr	锆	Zirconium	40	91.224(2)
Al	铝	Aluminum	13	26.9815385(7)	Nb	铌	Niobium	41	92.90637(2)
Si	硅	Silicon	14	28.085	Mo	钼	Molybdenum	42	95.95(1)
P	磷	Phosphorus	15	30.973761998(5)	Tc	锝	Technetium	43	97.90721(3) *
S	硫	Sulphur	16	32.06	Ru	钌	Ruthenium	44	101.07(2)
Cl	氯	Chlorine	17	35.45	Rh	铑	Rhodium	45	102.90550(2)
Ar	氩	Argon	18	39.948(1)	Pd	钯	Palladium	46	106.42(1)
K	钾	Potassium	19	39.0983(1)	Ag	银	Silver	47	107.8682(2)
Ca	钙	Calcium	20	40.078(4)	Cd	镉	Cadmium	48	112.414(4)
Sc	钪	Scandium	21	44.955908(5)	In	铟	Indium	49	114.818(1)
Ti	钛	Titanium	22	47.867(1)	Sn	锡	Tin	50	118.710(7)
V	钒	Vanadium	23	50.9415(1)	Sb	锑	Antimony	51	121.760(1)
Cr	铬	Chromium	24	51.9961(6)	Te	碲	Tellurium	52	127.60(3)
Mn	锰	Manganese	25	54.938044(3)	I	碘	Iodine	53	126.90447(3)
Fe	铁	Iron	26	55.845(2)	Xe	氙	Xenon	54	131.293(6)
Co	钴	Cobalt	27	58.933194(4)	Cs	铯	Cesium	55	132.90545196(6)
Ni	镍	Nickel	28	58.6934(4)	Ba	钡	Barium	56	137.327(7)

续表

元素			原子序数	原子量	元素			原子序数	原子量
符号	名称	英文名			符号	名称	英文名		
La	镧	Lanthanum	57	138.90547(7)	Ra	镭	Radium	88	226.02541(2)*
Ce	铈	Cerium	58	140.116(1)	Ac	锕	Actinium	89	227.02775(2)*
Pr	镨	Praseodymium	59	140.90766(2)	Th	钍	Thorium	90	232.0377(4)*
Nd	钕	Neodymium	60	144.242(3)	Pa	镤	Protactinium	91	231.03588(2)*
Pm	钷	Promethium	61	144.91276(2)	U	铀	Uranium	92	238.02891(3)*
Sm	钐	Samarium	62	150.36(2)	Np	镎	Neptunium	93	237.04817(2)*
Eu	铕	Europium	63	151.964(1)	Pu	钚	Plutonium	94	244.06421(4)*
Gd	钆	Gadolinium	64	157.25(3)	Am	镅	Americium	95	243.06138(2)*
Tb	铽	Terbium	65	158.92535(2)	Cm	锔	Curium	96	247.07035(3)*
Dy	镝	Dysprosium	66	162.500(1)	Bk	锫	Berkelium	97	247.07031(4)*
Ho	钬	Holmium	67	164.93033(2)	Cf	锎	Californium	98	251.07959(3)*
Er	铒	Erbium	68	167.259(3)	Es	锿	Einsteinium	99	252.0830(3)*
Tm	铥	Thulium	69	168.93422(2)	Fm	镄	Fermium	100	257.09511(5)*
Yb	镱	Ytterbium	70	173.045(10)	Md	钔	Mendelevium	101	258.09843(3)*
Lu	镥	Lutetium	71	174.9668(1)	No	锘	Nobelium	102	259.1010(7)*
Hf	铪	Hafnium	72	178.49(2)	Lr	铹	Lawrencium	103	262.110(2)*
Ta	钽	Tantalum	73	180.94788(2)	Rf	𬬻	Rutherfordium	104	267.122(4)*
W	钨	Tungsten	74	183.84(1)	Db	𬭊	Dubnium	105	270.131(4)*
Re	铼	Rhenium	75	186.207(1)	Sg	𬭳	Seaborgium	106	269.129(3)*
Os	锇	Osmium	76	190.23(3)	Bh	𬭶	Bohrium	107	270.133(2)*
Ir	铱	Iridium	77	192.217(3)	Hs	𬭛	Hassium	108	270.134(2)*
Pt	铂	Platinum	78	195.084(9)	Mt	鿏	Meitnerium	109	278.156(5)*
Au	金	Gold	79	196.966569(5)	Ds	𫟼	Darmstadtium	110	281.165(4)*
Hg	汞	Mercury	80	200.592(3)	Rg	𬬭	Roentgenium	111	281.166(6)*
Tl	铊	Thallium	81	204.38	Cn	鿔	Copernicium	112	285.177(4)*
Pb	铅	Lead	82	207.2(1)	Nh	𫓧	Nihonium	113	286.182(5)*
Bi	铋	Bismuth	83	208.98040(1)	Fl	𫓧	Flerovium	114	289.190(4)*
Po	钋	Polonium	84	208.98243(2)*	Mc	镆	Moscovium	115	289.194(6)*
At	砹	Astatine	85	209.98715(5)*	Lv	𫟷	Livermorium	116	293.204(4)*
Rn	氡	Radon	86	222.01758(2)*	Ts	鿬	Tennessine	117	293.208(6)*
Fr	钫	Francium	87	223.01974(2)*	Og	鿫	Oganesson	118	294.214(5)*

注：1. 数据源自 2013 年 IUPAC 元素周期表，以 $^{12}C=12$ 为基准。

2. 中国科学技术名词审定委员会于 2017 年 5 月公布 113、115、117、118 号元素的中文名称。

6.2 常用化合物分子量表

分 子 式	分子量	分 子 式	分子量
$AgBr$	187.78	$H_2C_2O_4$	90.04
$AgCl$	143.32	HCl	36.46
AgI	234.7	$HClO_4$	100.46
$AgCN$	133.84	HNO_2	47.01
$AgNO_3$	169.87	HNO_3	63.01
Al_2O_3	101.96	H_2O	18.02
$Al_2(SO_4)_3$	342.15	H_2O_2	34.02
As_2O_3	197.84	H_3PO_4	98.00
$BaCl_2$	208.25	H_2S	34.08
$BaCl_2 \cdot 2H_2O$	244.28	HF	20.01
$BaCO_3$	197.35	HCN	27.03
BaO	153.34	H_2SO_4	98.08
$Ba(OH)_2$	171.36	$HgCl_2$	271.50
$BaSO_4$	233.40	KBr	19.01
$CaCO_3$	100.09	KCl	74.56
CaC_2O_4	128.10	K_2CO_3	138.21
CaO	56.08	$KMnO_4$	158.04
$Ca(OH)_2$	74.09	K_2O	94.20
$CaSO_4$	136.14	KOH	56.11
$Ce(SO_4)_2$	332.25	$KSCN$	97.18
$Ce(SO_4)_2 \cdot (HN_4)_2SO_4 \cdot 2H_2O$	632.56	K_2SO_4	174.26
CO_2	44.01	$KAl(SO_4)_2 \cdot 12H_2O$	474.39
CH_3COOH	60.05	KNO_3	85.10
$C_6H_8O_7 \cdot H_2O$(柠檬酸)	210.11	$K_2Fe(CN)_6$	368.36
$C_4H_8O_6$(酒石酸)	150.09	$K_3Fe(CN)_6$	329.26
CH_3COCH_3	58.08	KCN	65.12
C_6H_5OH	94.11	K_2CrO_4	194.20
$C_2H_2(COOH)_2$(丁二烯二酸)	116.07	$K_2Cr_2O_7$	294.19
CuO	79.54	$C_6H_4COOHCOOK$	204.23
$CuSO_4$	159.60	KI	166.01
$CuSO_4 \cdot 5H_2O$	249.68	KIO_3	214.00
$CuSCN$	121.62	$MgSO_4 \cdot 7H_2O$	246.47
FeO	71.85	$MgCl_2 \cdot 6H_2O$	203.23
Fe_2O_3	159.69	$MgCO_3$	84.32
Fe_3O_4	231.54	MgO	40.31
$FeSO_4 \cdot 7H_2O$	278.02	$MgNH_4PO_4$	137.33
$Fe_2(SO_4)_3$	399.87	$Mg_2P_2O_7$	222.60
$FeSO_4 \cdot (NH_4)_2SO_4 \cdot 6H_2O$	392.14	MnO_2	86.94
$NH_4Fe(SO_4)_2 \cdot 12H_2O$	482.19	$Na_2B_4O_7 \cdot 10H_2O$	381.37
$HCHO$	30.03	$NaBr$	102.90
$HCOOH$	46.03	Na_2CO_3	105.99

分　子　式	分子量	分　子　式	分子量
$Na_2C_2O_4$	134.00	$NH_3 \cdot H_2O$	36.05
$NaCl$	58.44	$(NH_4)_2SO_4$	132.14
$NaCN$	49.01	P_2O_5	141.95
$Na_2C_{10}H_{14}O_6N_2 \cdot 2H_2O$	372.09	PbO_2	239.19
Na_2O	61.98	$PbCrO_4$	323.18
$NaOH$	40.01	SiF_4	104.08
Na_2SO_4	142.01	SiO_2	60.08
$Na_2S_2O_3 \cdot 5H_2O$	248.18	SO_2	64.06
Na_2SiF_6	188.06	SO_3	80.06
Na_2S	78.04	$SnCl_2$	189.60
Na_2SO_3	126.04	TiO_2	79.90
NH_4Cl	53.49	ZnO	81.39
NH_3	17.03	$ZnSO_4 \cdot 7H_2O$	287.54

6.3　化学中与国际单位并用的一些单位

量的名称	单位名称	单位代号		相互关系
		中文	符号	
压力（压强）	帕斯卡	帕	Pa	1atm＝760mmHg＝101325Pa（1 标准大气压＝760 毫米汞柱＝101325 帕）
	毫米汞柱	毫米汞柱	mmHg	
	标准大气压	标准大气压	atm	
能、功、热量	焦耳	焦	J	$1J＝1N \cdot m＝1Pa \cdot m^3$（1 焦＝1 牛·米＝1 帕·米^3）
		千焦	kJ	1kJ＝1000J
面积	平方米	米^2	m^2	
体积（容积）	立方米	米^3	m^3	$1m^3＝10^3dm^3$（L）$＝10^6cm^3$（mL）（1 米^3＝10^3 分米^3＝10^6 厘米^3）
	立方分米（升）	分米^3（升）	dm^3（L）	
	立方厘米（毫升）	厘米^3（毫升）	cm^3（mL）	$1L＝10^3mL$
密度	千克每立方米	千克·米$^{-3}$	kg·m^{-3}	$1kg \cdot m^{-3}＝1g \cdot dm^{-3}＝1g \cdot L^{-1}＝1mg \cdot mL^{-1}$
	克每立方分米	克·分米$^{-3}$（克·升$^{-1}$）	g·dm^{-3}（g·L^{-1}）	$1g \cdot L^{-1}＝10^{-3}g \cdot mL^{-1}$
	克每立方厘米	克·厘米$^{-3}$（克·毫升$^{-1}$）	g·cm^{-3}（g·mL^{-1}）	
温度	热力学温度（T）	开尔文	K	$T＝273.15＋t$（K）
	摄氏温度（t）	摄氏度	℃	$t＝T－273.15$（℃）
摩尔质量	千克每摩尔	千克·摩$^{-1}$	kg·mol^{-1}	
摩尔体积	立方米每摩尔	米^3·摩$^{-1}$	m^3·mol^{-1}	
质量	克、毫克	克、毫克	g，mg	$1g＝10^3mg＝10^6\mu g＝10^9ng$
	微克、纳克	微克、纳克	μg，ng	
物质的量	摩尔	摩尔	mol	

量的名称	单位名称	单位代号		相 互 关 系
		中文	符号	
体积摩尔浓度(c)	摩尔每立方米	摩·米$^{-3}$	mol·m^{-3}	$1mol·m^{-3}=10^{-3}mol·dm^{-3}=10^{-6}mol·cm^{-3}$
	摩尔每立方分米	摩·分米$^{-3}$（摩·升$^{-1}$）	mol·dm^{-3}（mol·L^{-1}）	$1mol·dm^{-3}=1mol·L^{-1}$
	摩尔每立方厘米	摩·厘米$^{-3}$（摩·毫升$^{-1}$）	mol·cm^{-3} mol·mL^{-1}	$1mol·cm^{-3}=1mol·mL^{-1}$
质量摩尔浓度(m)	摩尔每千克	摩·千克$^{-1}$	mol·kg^{-1}	
滴定度($T_{X/S}$)	克每毫升	克·毫升$^{-1}$	g·mL^{-1}	滴定度是指 1mL 标准溶液相当于被测组分的质量 $1mg·L^{-1}=10^{3}\mu g·L^{-1}=10^{6}ng·L^{-1}$
微量组分浓度（浓度$<0.1mg·L^{-1}$时常用）	毫克每升	毫克·升$^{-1}$	mg·L^{-1}	$1mg·L^{-1}=1ppm$（百万分之一）
	微克每升	微克·升$^{-1}$	$\mu g·L^{-1}$	$1\mu g·L^{-1}=1ppb$（十亿分之一）
	纳克每升	纳克·升$^{-1}$	ng·L^{-1}	$1ng·L^{-1}=1ppt$（万亿分之一）

6.4 几种常见酸碱的浓度和密度

酸或碱	分子式	密度/(g·mL^{-1})	溶质质量分数	浓度/(mol·L^{-1})
冰醋酸	CH_3COOH	1.05	0.995	17
稀醋酸		1.04	0.341	6
浓盐酸	HCl	1.18	0.36	12
稀盐酸		1.10	0.20	6
浓硝酸	HNO_3	1.42	0.72	16
稀硝酸		1.19	0.32	6
浓硫酸	H_2SO_4	1.84	0.96	18
稀硫酸		1.18	0.25	3
浓磷酸	H_3PO_4	1.69	0.85	15
浓氨水	$NH_3·H_2O$	0.90	0.28~0.30(NH_3)	15
稀氨水		0.96	0.10	6
稀氢氧化钠	NaOH	1.22	0.20	6

6.5 常用基准物及其干燥条件

基 准 物	干燥后的组成	干燥温度及时间
$Na_2B_4O_7·10H_2O$	$Na_2B_4O_7·10H_2O$	NaCl-蔗糖饱和溶液干燥器中室温保存
$KHC_6H_4(COO)_2$	$KHC_6H_4(COO)_2$	105~110℃干燥
$Na_2C_2O_4$	$Na_2C_2O_4$	105~110℃干燥 2h
$K_2Cr_2O_7$	$K_2Cr_2O_7$	130~140℃加热 0.5~1h
$KBrO_3$	$KBrO_3$	120℃干燥 1~2h
KIO_3	KIO_3	105~120℃干燥
As_2O_3	As_2O_3	硫酸干燥器中干燥至恒重
$(NH_4)_2Fe(SO_4)_2·6H_2O$	$(NH_4)_2Fe(SO_4)_2·6H_2O$	室温空气干燥
$AgNO_3$	$AgNO_3$	120℃干燥 2h
$CuSO_4·5H_2O$	$CuSO_4·5H_2O$	室温空气干燥
无水 Na_2CO_3	Na_2CO_3	260~270℃加热 0.5h
$CaCO_3$	$CaCO_3$	150~110℃干燥
ZnO	ZnO	约 800℃灼烧至恒重

6.6　常见离子的鉴定方法

(1)　常见阳离子的鉴定方法

阳离子	鉴定方法	条件及干扰
Na^+	取 2 滴 Na^+ 试液,加 8 滴醋酸铀酰锌试剂,放置数分钟,用玻璃棒摩擦器壁,淡黄色的晶状沉淀出现,表示有 Na^+ $3UO_2^{2+}+Zn^{2+}+Na^++9Ac^-+9H_2O ==$ $3UO_2(Ac)_2 \cdot Zn(Ac)_2 \cdot NaAc \cdot 9H_2O(s)$	1. 鉴定宜在中性或 HAc 酸性溶液中进行,强酸、强碱均能使试剂分解 2. 大量 K^+ 存在时,可干扰鉴定,Ag^+、Hg^{2+}、Sb^{3+} 有干扰,PO_4^{3-}、AsO_4^{3-} 能使试剂分解
K^+	取 2 滴 K^+ 试液,加入 3 滴六硝基合钴酸钠 $Na_3[Co(NO_2)_6]$ 溶液,放置片刻,黄色的 $K_2Na[Co(NO_2)_6]$ 沉淀析出,表示有 K^+	1. 鉴定宜在中性、微酸性溶液中进行。因强酸、强碱均能使 $[Co(NO_2)_6]^{3-}$ 分解 2. NH_4^+ 与试剂生成橙色沉淀而干扰,但在沸水浴中加热 $1\sim2min$ 后,$(NH_4)_2Na[Co(NO_2)_6]$ 完全分解,而 $K_2Na[Co(NO_2)_6]$ 不变
NH_4^+	气室法:用干燥、洁净的表面皿两块(一大一小),在一块大的表面皿中心放 3 滴 NH_4^+ 试液,再加 3 滴 $6mol \cdot L^{-1}$ NaOH 溶液,混合均匀;在小的一块表面皿中心黏附一小条润湿的酚酞试纸,盖在大的表现皿上形成气室,将此气室放在水浴上微热 $2min$,酚酞试纸变红,表示有 NH_4^+	这是 NH_4^+ 的特征反应
Ca^{2+}	取 2 滴 Ca^{2+} 试液,滴加饱和 $(NH_4)_2C_2O_4$ 溶液,有白色的 CaC_2O_4 沉淀形成,表示有 Ca^{2+}	1. 反应宜在 HAc 酸性、中性、碱性溶液中进行 2. Mg^{2+}、Sr^{2+}、Ba^{2+} 有干扰,但 MgC_2O_4 溶于醋酸,Sr^{2+}、Ba^{2+} 应在鉴定前除去
Mg^{2+}	取 2 滴 Mg^{2+} 试液,加入 2 滴 $2mol \cdot L^{-1}$ NaOH 溶液,1 滴镁试剂 I,沉淀呈天蓝色,表示有 Mg^{2+}	1. 反应宜在碱性溶液中进行,NH_4^+ 浓度过大,会影响鉴定,故需在鉴定前加碱煮沸,除去 NH_4^+ 2. Ag^+、Hg^+、Hg_2^{2+}、Cu^{2+}、Co^{2+}、Ni^{2+}、Mn^{2+}、Cr^{3+}、Fe^{3+} 及大量 Ca^{2+} 干扰反应,应预先分离
Ba^{2+}	取 2 滴 Ba^{2+} 试液,加 1 滴 $0.1mol \cdot L^{-1}$ K_2CrO_4 溶液,有黄色沉淀生成,表示有 Ba^{2+}	鉴定宜在 $HAc-NH_4Ac$ 的缓冲溶液中进行
Al^{3+}	取 1 滴 Al^{3+} 试液,加 $2\sim3$ 滴水,3 滴 $3mol \cdot L^{-1}$ NH_4Ac 及 2 滴铝试剂,搅拌,微热,加 $6mol \cdot L^{-1}$ $NH_3 \cdot H_2O$ 至碱性,红色沉淀不消失,表示有 Al^{3+}	1. 鉴定宜在 $HAc-NH_4Ac$ 的缓冲溶液中进行 2. Cr^{3+}、Fe^{3+}、Bi^{3+}、Cu^{2+}、Ca^{2+} 对鉴定有干扰,但加入氨水后,Cr^{3+}、Cu^{2+} 生成的红色化合物即分解,$(NH_4)_2CO_3$ 加入可使 Ca^{2+} 生成 $CaCO_3$,Fe^{3+}、Bi^{3+}、Cu^{2+} 可预先用 NaOH 形成沉淀而分离
Sn^{4+} Sn^{2+}	1. Sn^{4+} 还原:取 $2\sim3$ 滴 Sn^{4+} 溶液,加镁片 $2\sim3$ 片,不断搅拌,待反应完全后,加 2 滴 $6mol \cdot L^{-1}$ HCl,微热,Sn^{4+} 即被还原为 Sn^{2+} 2. Sn^{2+} 的鉴定:取 2 滴 Sn^{2+} 试液,加 1 滴 $0.1mol \cdot L^{-1}$ $HgCl_2$ 溶液,生成白色沉淀,表示有 Sn^{2+}	反应的特效性较好。注意:若白色沉淀生成后,颜色迅速变灰、变黑,这是由于 Hg_2Cl_2 进一步被还原为 Hg
Pb^{2+}	取 2 滴 Pb^{2+} 试液,加 2 滴 $0.1mol \cdot L^{-1}$ K_2CrO_4 溶液,生成黄色沉淀,表示有 Pb^{2+}	1. 鉴定在 HAc 溶液中进行,因为沉淀在强酸强碱中均可溶解 2. Ba^{2+}、Bi^{3+}、Hg^{2+}、Ag^+ 等干扰
Cr^{3+}	取 3 滴 Cr^{3+} 试液,加 $6mol \cdot L^{-1}$ NaOH 溶液直至生成的沉淀溶解,搅动后加 4 滴 3% 的 H_2O_2,水浴加热,待溶液变为黄色后,继续加热将剩余的 H_2O_2 完全分解,冷却,加 $6mol \cdot L^{-1}$ HAc 酸化,加 2 滴 $0.1mol \cdot L^{-1}$ $Pb(NO_3)_2$ 溶液,生成黄色沉淀,表示有 Cr^{3+}	鉴定反应中,Cr^{3+} 的氧化需在强碱性条件下进行;而形成 $PbCrO_4$ 的反应,须在弱酸性(HAc)溶液中进行
Mn^{2+}	取 1 滴 Mn^{2+} 试液,加 10 滴水,5 滴 $2mol \cdot L^{-1}$ HNO_3 溶液,然后加少许 $NaBiO_3(s)$,搅拌,水浴加热,形成紫色溶液,表示有 Mn^{2+}	1. 鉴定反应可在 HNO_3 或者 H_2SO_4 酸性溶液中进行 2. 还原剂(Cl^-、Br^-、I^-、H_2O_2 等)有干扰

续表

阳离子	鉴 定 方 法	条 件 及 干 扰
Fe^{2+}	取 1 滴试液于点滴板上,加 1 滴 $0.2mol \cdot L^{-1}$ HCl,加 1 滴 $K_3[Fe(CN)_6](0.1mol \cdot L^{-1})$ 有蓝色沉淀,表示有 Fe^{2+}	溶液的 pH<7
Fe^{3+}	1. 取 1 滴试液于点滴板上,加 1 滴 $0.2mol \cdot L^{-1}$ HCl,加 1 滴 KSCN($0.1mol \cdot L^{-1}$)显红色,表示有 Fe^{3+} 2. 取 1 滴试液于点滴板上,加 1 滴 $0.2mol \cdot L^{-1}$ HCl,加 1 滴 $K_4[Fe(CN)_6](0.1mol \cdot L^{-1})$ 有蓝色沉淀,表示有 Fe^{3+}	溶液的 pH<7
Cu^{2+}	取 1 滴试液于点滴板上,加 1 滴 $2mol \cdot L^{-1}$ HCl,加 2 滴 $K_4[Fe(CN)_6](0.1mol \cdot L^{-1})$ 有红棕色沉淀,表示有 Cu^{2+}	反应需在中性或弱酸性条件下进行,Fe^{3+} 干扰,需加 NaF 掩蔽,或加 $NH_3 \cdot H_2O(6mol \cdot L^{-1})$ 和 $NH_4Cl(0.1mol \cdot L^{-1})$ 除去 Fe^{3+}
Co^{2+}	取 5 滴试液于试管中,加数滴丙酮,加少量 KSCN 和 NH_4SCN 晶体有鲜艳蓝色,表示有 Co^{2+}	反应需在中性或弱酸性条件下进行,有 Fe^{3+} 干扰,需加 NaF 掩蔽
Ni^{2+}	取 5 滴试液于试管中,加 5 滴氨水,加丁二酮肟(1%),有鲜红色沉淀,表示有 Ni^{2+}	Co^{2+}、Cu^{2+}、Fe^{3+}、Fe^{2+} 有干扰,需预先除去这些离子再鉴定
Ag^+	取 5 滴试液于试管中,加 5 滴 $2mol \cdot L^{-1}$ HCl,生成沉淀,加入过量的 $6mol \cdot L^{-1}$ 氨水,沉淀溶解,表示有 Ag^+	生成沉淀应在水浴上微热,使沉淀聚集,离心分离后用热的去离子水洗一次再加氨水
Cd^{2+}	取 3 滴试液于试管中,加 10 滴 $2mol \cdot L^{-1}$ HCl,加 3 滴 $Na_2S(0.1mol \cdot L^{-1})$ 使 Cu^{2+} 沉淀,离心分离,在清液中加入 $NH_4Ac(30\%)$ 有黄色沉淀,表示有 Cd^{2+}	Cu^{2+}、Co^{2+}、Ni^{2+} 会影响鉴定,先除去 Cu^{2+} 再控制 pH 值鉴定
Hg^{2+}	取 3 滴试液于试管中,加 2 滴 KI(4%)和 2 滴 $CuSO_4$($0.1mol \cdot L^{-1}$),再加入少量的 Na_2SO_3,如生成红色沉淀 $Cu_2[HgI]$,表示有 Hg^{2+}	Na_2SO_3 可除去黄色的 I_2
Hg^+	取 3 滴试液于试管中,加 2~3 滴 $SnCl_2$($0.1mol \cdot L^{-1}$),若生成白色沉淀,并逐渐转化为灰色或黑色,表示有 Hg^+	过程中需持续观察数分钟

(2) 常见阴离子鉴定方法

阴离子	鉴 定 方 法	条 件 及 干 扰
Cl^-	取 2 滴 Cl^- 试液,加 $6mol \cdot L^{-1}$ HNO_3 酸化,加 $0.1mol \cdot L^{-1}$ $AgNO_3$ 至沉淀完全,离心分离,在沉淀上加 5~8 滴银氨溶液,搅匀,加热,沉淀溶解,再加 $6mol \cdot L^{-1}$ HNO_3 酸化,白色沉淀又出现,表示有 Cl^-	
Br^-	取 2 滴 Br^- 试液,加入数滴 CCl_4,滴加氯水,振荡,有机层呈橙色或橙黄色,表示有 Br^-	氯水宜边滴加边振荡,若氯水过量,生成 BrCl,有机层反而呈淡黄色
I^-	取 2 滴 I^- 试液,加入数滴 CCl_4,滴加氯水,振荡,有机层显紫色,表示有 I^-	1. 反应宜在酸性、中性或弱碱性条件下进行 2. 过量氯水将 I_2 氧化成 IO_3^-,有机层紫色将褪去
SO_4^{2-}	取 2 滴 SO_4^{2-} 试液,用 $6mol \cdot L^{-1}$ HCl 酸化,加 $0.1mol \cdot L^{-1}$ $BaCl_2$ 溶液 2 滴,白色沉淀析出,表示有 SO_4^{2-}	
SO_3^{2-}	取 1 滴饱和 $ZnSO_4$ 溶液,加 1 滴 $0.1mol \cdot L^{-1}$ $K_4[Fe(CN)_6]$ 溶液,即有白色沉淀产生,继续加 1 滴 $Na_2[Fe(CN)_5NO]$、1 滴 SO_3^{2-} 试液(中性),白色沉淀转化为红色 $Zn_2[Fe(CN)_5NOSO_3]$ 沉淀,表示有 SO_3^{2-}	1. 酸能使沉淀消失,酸性溶液需用氨水中和 2. S^{2-} 有干扰,须预先除去

续表

阴离子	鉴 定 方 法	条 件 及 干 扰
$S_2O_3^{2-}$	1. 取 2 滴 $S_2O_3^{2-}$ 试液,加 2 滴 $2mol \cdot L^{-1}$ HCl 溶液,微热,白色浑浊出现,表示有 $S_2O_3^{2-}$ 2. 取 2 滴 $S_2O_3^{2-}$ 试液,加 5 滴 $0.1mol \cdot L^{-1}$ $AgNO_3$ 溶液,振荡,若生成的白色沉淀迅速变黄→棕→黑色,表示有 $S_2O_3^{2-}$	1. S^{2-} 存在时,$AgNO_3$ 溶液加入后,由于有黑色 Ag_2S 沉淀生成,对观察 $Ag_2S_2O_3$ 沉淀颜色的变化产生干扰 2. $Ag_2S_2O_3(s)$ 可溶于过量可溶性硫代硫酸盐溶液中
S^{2-}	1. 取 3 滴 S^{2-} 试液,加稀 H_2SO_4 酸化,用 $Pb(Ac)_2$ 试纸检验析出的气体,试纸变黑,表示有 S^{2-} 2. 取 1 滴 S^{2-} 试液,放在白滴板上,加一滴 $Na_2[Fe(CN)_5NO]$ 试剂,溶液变紫色,表示有 S^{2-}。配合物 $Na_4[Fe(CN)_5NOS]$ 为紫色	反应须在碱性条件下进行
CO_3^{2-}	附图 气瓶法装置 1. 浓度较大的 CO_3^{2-} 溶液,用 $6mol \cdot L^{-1}$ HCl 溶液酸化后,产生的 CO_2 气体使澄清的石灰水或 $Ba(OH)_2$ 溶液变浑浊,表示有 CO_3^{2-} 2. 当 CO_3^{2-} 量较少,或同时存在其他能与酸产生气体的物质时,可用 $Ba(OH)_2$ 气瓶法检出。取出滴管,在玻璃瓶中加少量 CO_3^{2-} 试样,从滴管上口加入 1 滴饱和 $Ba(OH)_2$ 溶液,然后往玻璃瓶中加 5 滴 $6mol \cdot L^{-1}$ HCl,立即将滴管插入瓶中,塞紧,轻敲瓶底,放置数分钟,如果 $Ba(OH)_2$ 溶液浑浊,表示有 CO_3^{2-}	1. 如果 $Ba(OH)_2$ 溶液浑浊程度不大,可能是吸收空气中 CO_2 所致,需做空白实验加以比较 2. 如果试液中含有 SO_3^{2-} 或 $S_2O_3^{2-}$,会干扰 CO_3^{2-} 的检出,需预先加入数滴 H_2O_2 将它们氧化为 SO_4^{2-},再检验 CO_3^{2-}
NO_3^-	1. 当 NO_2^- 同时存在时,取试液 3 滴,加 $12mol \cdot L^{-1}$ H_2SO_4 6 滴及 3 滴 α-萘胺,生成淡紫红色化合物,表示有 NO_3^- 2. 当 NO_2^- 不存在时,取 3 滴 NO_3^- 试液用 $6mol \cdot L^{-1}$ HAc 酸化,并过量数滴,加少许镁片搅动,NO_3^- 被还原为 NO_2^-;取 3 滴上层清液,按照 NO_2^- 的鉴定方法进行鉴定	
NO_2^-	取试液 3 滴,用 HAc 酸化,加 $1mol \cdot L^{-1}$ KI 和 CCl_4,振荡,有机层呈紫红色,表示有 NO_2^-	
PO_4^{3-}	取 2 滴 PO_4^{3-} 试液,加入 8～10 滴钼酸铵试剂,用玻璃棒摩擦内壁,黄色磷钼酸铵沉淀生成,表示有 PO_4^{3-} $$PO_4^{3-} + 3NH_4^+ + 12MoO_4^{2-} + 24H^+ ===$$ $$(NH_4)_3P(Mo_3O_{10})_4 + 12H_2O$$	1. 沉淀溶于碱及氨水中,反应须在酸性中进行 2. 还原剂的存在使 Mo^{6+} 还原为"钼蓝"而使溶液呈深蓝色,须预先除去 3. 与 PO_3^{3-}、$P_2O_7^{4-}$ 的冷溶液无反应,煮沸时由于 PO_4^{3-} 的生成而生成黄色沉淀

6.7 标准电极电势表

（1） 在酸性溶液中

电极反应	$\varphi^{\ominus}/V$	电极反应	$\varphi^{\ominus}/V$
$Ag^+ + e^- === Ag$	$+0.7996$	$AgBr + e^- === Ag + Br^-$	$+0.0713$

电极反应	$\varphi^{\ominus}/V$	电极反应	$\varphi^{\ominus}/V$
$AgCl + e^- \rightleftharpoons Ag + Cl^-$	$+0.2223$	$HClO_2 + 2H^+ + 2e^- \rightleftharpoons HClO + H_2O$	$+1.64$
$AgI + e^- \rightleftharpoons Ag + I^-$	-0.1519	$ClO_2 + H^+ + e^- \rightleftharpoons HClO_2$	$+1.275$
$[Ag(S_2O_3)_2]^{3-} + e^- \rightleftharpoons Ag + 2S_2O_3^{2-}$	$+0.01$	$ClO_3^- + 6H^+ + 6e^- \rightleftharpoons Cl^- + 3H_2O$	$+1.45$
$Ag_2CrO_4 + 2e^- \rightleftharpoons 2Ag + CrO_4^{2-}$	$+0.4463$	$ClO_3^- + 6H^+ + 5e^- \rightleftharpoons \frac{1}{2}Cl_2 + 3H_2O$	$+1.47$
$Ag^{2+} + e^- \rightleftharpoons Ag^+$	$+2.00$	$ClO_3^- + 3H^+ + 2e^- \rightleftharpoons HClO_2 + H_2O$	$+1.21$
$Ag_2O_3(s) + 6H^+ + 4e^- \rightleftharpoons 2Ag^+ + 3H_2O$	$+1.76$	$ClO_3^- + 2H^+ + e^- \rightleftharpoons ClO_2(g) + H_2O$	$+1.15$
$Ag_2O_3(s) + 2H^+ + 2e^- \rightleftharpoons 2AgO\downarrow + H_2O$	$+1.71$	$ClO_4^- + 8H^+ + 8e^- \rightleftharpoons Cl^- + 4H_2O$	$+1.37$
$Al^{3+} + 3e^- \rightleftharpoons Al$	-1.66	$ClO_4^- + 8H^+ + 7e^- \rightleftharpoons \frac{1}{2}Cl_2 + 4H_2O$	$+1.34$
$[AlF_6]^{3-} + e^- \rightleftharpoons Al + 6F^-$	-2.07	$ClO_4^- + 2H^+ + 2e^- \rightleftharpoons ClO_3^- + H_2O$	$+1.19$
$As + 3H^+ + 3e^- \rightleftharpoons AsH_3$	-0.54	$Co^{2+} + 2e^- \rightleftharpoons Co$	-0.28
$HAsO_2(aq) + 3H^+ + 3e^- \rightleftharpoons As + 2H_2O$	$+0.2475$	$Co^{3+} + e^- \rightleftharpoons Co^{2+}$ (3mol·L^{-1} HNO$_3$)	$+1.842$
$H_3AsO_4 + 2H^+ + 2e^- \rightleftharpoons HAsO_2 + 2H_2O$ (1mol·mol^{-1} HCl)	$+0.58$	$Cr^{3+} + 3e^- \rightleftharpoons Cr$	-0.74
$Au^+ + e^- \rightleftharpoons Au$	$+1.68$	$Cr^{2+} + 2e^- \rightleftharpoons Cr$	-0.86
$[AuCl_2]^- + e^- \rightleftharpoons Au(s) + 2Cl^-$	$+1.15$	$Cr^{3+} + e^- \rightleftharpoons Cr^{2+}$	-0.41
$Au^{3+} + 3e^- \rightleftharpoons Au$	$+1.42$	$Cr_2O_7^{2-} + 14H^+ + 6e^- \rightleftharpoons 2Cr^{3+} + 7H_2O$	$+1.33$
$[AuCl_4]^- + 3e^- \rightleftharpoons Au(s) + 4Cl^-$	$+0.994$	$HCrO_4^- + 7H^+ + 3e^- \rightleftharpoons Cr^{3+} + 4H_2O$	$+1.195$
$Au^{3+} + 2e^- \rightleftharpoons Au^+$	$+1.29$	$Cs^+ + e^- \rightleftharpoons Cs$	-2.923
$H_3BO_3 + 3H^+ + 3e^- \rightleftharpoons B + 3H_2O$	-0.73	$Cu^+ + e^- \rightleftharpoons Cu$	$+0.522$
$Ba^{2+} + 2e^- \rightleftharpoons Ba$	-2.90	$Cu_2O(s) + 2H^+ + 2e^- \rightleftharpoons 2Cu + H_2O$	-0.36
$Be^{2+} + 2e^- \rightleftharpoons Be$	-1.70 (-1.85)	$CuI + e^- \rightleftharpoons Cu + I^-$	-0.185
$Bi^{3+} + 3e^- \rightleftharpoons Bi(s)$	$+0.293$	$CuBr + e^- \rightleftharpoons Cu + Br^-$	$+0.033$
$BiO^+ + 2H^+ + 3e^- \rightleftharpoons Bi + H_2O$	$+0.32$	$CuCl + e^- \rightleftharpoons Cu + Cl^-$	$+0.137$
$BiOCl + 2H^+ + 3e^- \rightleftharpoons Bi + Cl^- + H_2O$	$+0.1583$	$Cu^{2+} + 2e^- \rightleftharpoons Cu$	$+0.3402$
$Bi_2O_5 + 6H^+ + 4e^- \rightleftharpoons 2BiO^+ + 3H_2O$	$+1.6$	$Cu^{2+} + e^- \rightleftharpoons Cu^+$	$+0.153$
$Br_2(aq) + 2e^- \rightleftharpoons 2Br^-$	$+1.087$	$Cu^{2+} + Br^- + e^- \rightleftharpoons CuBr$	$+0.640$
$Br_2(l) + 2e^- \rightleftharpoons 2Br^-$	$+1.065$	$Cu^{2+} + Cl^- + e^- \rightleftharpoons CuCl$	$+0.538$
$HBrO + H^+ + 2e^- \rightleftharpoons Br^- + H_2O$	$+1.33$	$Cu^{2+} + I^- + e^- \rightleftharpoons CuI$	$+0.86$
$HBrO + H^+ + e^- \rightleftharpoons \frac{1}{2}Br_2 + H_2O$	$+1.6$	$F_2 + 2e^- \rightleftharpoons 2F^-$	$+2.87$
$BrO_3^- + 6H^+ + 6e^- \rightleftharpoons Br^- + 3H_2O$	$+1.44$	$F_2(g) + 2H^+ + 2e^- \rightleftharpoons 2HF(aq)$	$+3.06$
$BrO_3^- + 6H^+ + 5e^- \rightleftharpoons \frac{1}{2}Br_2(l) + 3H_2O$	$+1.52$	$Fe^{2+} + 2e^- \rightleftharpoons Fe$	-0.409
$CO_2(g) + 2H^+ + 2e^- \rightleftharpoons HCOOH(aq)$	-0.2	$Fe^{3+} + 3e^- \rightleftharpoons Fe$	-0.036
$CO_2(g) + 2H^+ + 2e^- \rightleftharpoons CO(g) + H_2O$	-0.12	$Fe^{3+} + e^- \rightleftharpoons Fe^{2+}$ (1mol·L^{-1} HCl)	$+0.770$
$2CO_2 + 2H^+ + 2e^- \rightleftharpoons H_2C_2O_4(aq)$	-0.49	$[Fe(CN)_6]^{3-} + e^- \rightleftharpoons [Fe(CN)_6]^{4-}$	$+0.36$
$2HCNO + 2H^+ + 2e^- \rightleftharpoons (CN)_2 + 2H_2O$	$+0.33$	$FeO_4^{2-} + 8H^+ + 3e^- \rightleftharpoons Fe^{3+} + 4H_2O$	$+1.9$
$Ca^{2+} + 2e^- \rightleftharpoons Ca$	-2.76	$Fe_3O_4(s) + 8H^+ + 2e^- \rightleftharpoons 3Fe^{2+} + 4H_2O$	$+1.23$
$Cd^{2+} + 2e^- \rightleftharpoons Cd$	-0.4026	$Ga^{3+} + 3e^- \rightleftharpoons Ga$	-0.560
$Cd^{2+} + (Hg) + 2e^- \rightleftharpoons Cd(Hg)$	-0.3521	$H_2GeO_3 + 4H^+ + 4e^- \rightleftharpoons Ge + 3H_2O$	-0.13
$Ce^{3+} + 3e^- \rightleftharpoons Ce$	-2.335	$H_2(g) + 2e^- \rightleftharpoons 2H^-$	-2.25
$Ce^{4+} + e^- \rightleftharpoons Ce^{3+}$ (1mol·L^{-1} H$_2$SO$_4$)	$+1.443$	$2H^+ + 2e^- \rightleftharpoons H_2(g)$	0.0000
$Ce^{4+} + e^- \rightleftharpoons Ce^{3+}$ (0.5~2mol·L^{-1} HNO$_3$)	$+1.61$	$2H^+ ([H^+] = 10^{-7} mol·L^{-1}) + 2e^- \rightleftharpoons H_2$	-0.414
$Ce^{4+} + e^- \rightleftharpoons Ce^{3+}$ (1mol·L^{-1} HClO$_4$)	$+1.70$	$Hg_2^{2+} + 2e^- \rightleftharpoons 2Hg$	$+0.7961$
$Cl_2(g) + 2e^- \rightleftharpoons 2Cl^-$	$+1.3583$	$Hg_2Cl_2 + 2e^- \rightleftharpoons 2Hg + 2Cl^-$	$+0.2415$
$HOCl + H^+ + 2e^- \rightleftharpoons Cl^- + H_2O$	$+1.49$	$Hg_2I_2 + 2e^- \rightleftharpoons 2Hg + 2I^-$	-0.0405
$HOCl + H^+ + e^- \rightleftharpoons \frac{1}{2}Cl_2 + H_2O$	$+1.63$	$Hg^{2+} + 2e^- \rightleftharpoons Hg$	$+0.851$

电极反应	$\varphi^{\ominus}/V$	电极反应	$\varphi^{\ominus}/V$
$[HgI_4]^{2-}+2e^-\longrightarrow Hg+4I^-$	-0.04	$\frac{1}{2}O_2+2H^+(10^{-7}mol\cdot L^{-1})+2e^-\longrightarrow H_2O$	$+0.815$
$2Hg^{2+}+2e^-\longrightarrow Hg_2^{2+}$	$+0.905$	$O_2+2H^++2e^-\longrightarrow H_2O_2$	$+0.682$
$I_2+2e^-\longrightarrow 2I^-$	$+0.5355$	$H_2O_2+2H^++2e^-\longrightarrow 2H_2O$	$+1.776$
$I_3^-+2e^-\longrightarrow 3I^-$	$+0.5338$	$F_2O+2H^++4e^-\longrightarrow H_2O+2F^-$	$+2.87$
$HIO+H^++2e^-\longrightarrow I^-+H_2O$	$+0.99$	$P+3H^++3e^-\longrightarrow PH_3(g)$	-0.04
$HIO+H^++e^-\longrightarrow \frac{1}{2}I_2+H_2O$	$+1.45$	$H_3PO_2+H^++e^-\longrightarrow P+2H_2O$	-0.51
$IO_3^-+6H^++6e^-\longrightarrow I^-+3H_2O$	$+1.085$	$H_3PO_3+2H^++2e^-\longrightarrow H_3PO_2+H_2O$	$-0.50(-0.59)$
$IO_3^-+6H^++5e^-\longrightarrow \frac{1}{2}I_2+3H_2O$	$+1.195$	$H_3PO_4+2H^++2e^-\longrightarrow H_3PO_3+H_2O$	-0.276
$H_5IO_6+H^++2e^-\longrightarrow IO_3^-+3H_2O$	约$+1.7$	$Pb^{2+}+2e^-\longrightarrow Pb$	-0.1263 (-0.126)
$In^++e^-\longrightarrow In$	-0.18	$PbCl_2+2e^-\longrightarrow Pb+2Cl^-$	-0.268
$In^{3+}+3e^-\longrightarrow In$	-0.343	$PbI_2+2e^-\longrightarrow Pb+2I^-$	-0.365
$K^++e^-\longrightarrow K$	-2.924 (-2.923)	$PbSO_4+2e^-\longrightarrow Pb+SO_4^{2-}$	-0.356
$La^{3+}+3e^-\longrightarrow La$	-2.37	$PbSO_4+(Hg)+2e^-\longrightarrow Pb(Hg)+SO_4^{2-}$	-0.3505
$Li^++e^-\longrightarrow Li$	-3.045 (-3.02)	$PbO_2+4H^++2e^-\longrightarrow Pb^{2+}+2H_2O$	$+1.46$
$Mg^{2+}+2e^-\longrightarrow Mg$	-2.375	$PbO_2+SO_4^{2-}+4H^++2e^-\longrightarrow PbSO_4+2H_2O$	$+1.685$
$Mn^{2+}+2e^-\longrightarrow Mn$	-1.029	$PbO_2+2H^++2e^-\longrightarrow PbO(s)+H_2O$	$+0.28$
$Mn^{3+}+e^-\longrightarrow Mn^{2+}$	$+1.51$	$Pd^{2+}+2e^-\longrightarrow Pd$	$+0.83$
$MnO_2+4H^++2e^-\longrightarrow Mn^{2+}+2H_2O$	$+1.208$	$[PdCl_6]^{2-}+2e^-\longrightarrow [PdCl_4]^{2-}+2Cl^-$	$+1.29$
$2MnO_2(s)+2H^++2e^-\longrightarrow Mn_2O_3(s)+H_2O$	$+1.04$	$Pt^{2+}+2e^-\longrightarrow Pt$	$+1.2$
$MnO_4^-+8H^++5e^-\longrightarrow Mn^{2+}+4H_2O$	$+1.491$	$[PtCl_4]^{2-}+2e^-\longrightarrow Pt+4Cl^-$	$+0.73$
$MnO_4^-+4H^++3e^-\longrightarrow MnO_2+2H_2O$	$+1.679$	$Pt(OH)_2+2H^++2e^-\longrightarrow Pt+2H_2O$	$+0.98$
$MnO_4^-+e^-\longrightarrow MnO_4^{2-}$	$+0.564$	$[PtCl_6]^{2-}+2e^-\longrightarrow [PtCl_4]^{2-}+2Cl^-$	$+0.74$
$Mo^{3+}+3e^-\longrightarrow Mo$	-0.2	$Rb^++e^-\longrightarrow Rb$	-2.925 (-2.99)
$H_2MoO_4+6H^++6e^-\longrightarrow Mo+4H_2O$	0.0	$(CNS)_2+2e^-\longrightarrow 2CNS^-$	$+0.77$
$N_2O+2H^++2e^-\longrightarrow N_2+H_2O$	$+1.77$	$S+2H^++2e^-\longrightarrow H_2S(aq)$	$+0.141$
$2NO+2H^++2e^-\longrightarrow N_2O+H_2O$	$+1.59$	$H_2SO_3+4H^++4e^-\longrightarrow S+3H_2O$	$+0.45$
$2HNO_2+4H^++4e^-\longrightarrow N_2O+3H_2O$	$+1.27$	$S_2O_4^{2-}+6H^++4e^-\longrightarrow 2S+3H_2O$	$+0.50$
$HNO_2+H^++e^-\longrightarrow NO+H_2O$	$+1.00$	$2H_2SO_3+2H^++4e^-\longrightarrow S_2O_3^{2-}+3H_2O$	$+0.40$
$N_2O_4+4H^++4e^-\longrightarrow 2NO+2H_2O$	$+1.03$	$4H_2SO_3+4H^++6e^-\longrightarrow S_4O_6^{2-}+6H_2O$	$+0.51$
$N_2O_4+2H^++2e^-\longrightarrow 2HNO_2$	$+1.07$	$SO_4^{2-}+4H^++2e^-\longrightarrow H_2SO_3+H_2O$	$+0.172$
$NO_3^-+3H^++2e^-\longrightarrow HNO_2+H_2O$	-0.94	$S_2O_8^{2-}+2e^-\longrightarrow 2SO_4^{2-}$	$+2.01$
$NO_3^-+4H^++3e^-\longrightarrow NO+2H_2O$	$+0.96$	$Sb_2O_3+6H^++6e^-\longrightarrow 2Sb+3H_2O$	$+0.1445$ $(+0.152)$
$2NO_3^-+4H^++2e^-\longrightarrow N_2O_4+2H_2O$	$+0.81$	$SbO^++2H^++3e^-\longrightarrow Sb+H_2O$	$+0.21$
$Na^++e^-\longrightarrow Na$	-2.7109	$Sb_2O_5+6H^++4e^-\longrightarrow 2SbO^++3H_2O$	$+0.581$
$Na^++(Hg)+e^-\longrightarrow Na(Hg)$	-1.84	$Se+2e^-\longrightarrow Se^{2-}$	-0.78
$Ni^{2+}+2e^-\longrightarrow Ni$	-0.23	$Se+2H^++2e^-\longrightarrow H_2Se(aq)$	-0.36
$Ni(OH)_3+3H^++e^-\longrightarrow Ni^{2+}+3H_2O$	$+2.08$	$H_2SeO_3+4H^++4e^-\longrightarrow Se+3H_2O$	$+0.74$
$NiO_2+4H^++2e^-\longrightarrow Ni^{2+}+2H_2O$	$+1.93$	$SeO_4^{2-}+4H^++2e^-\longrightarrow H_2SeO_3+H_2O$	$+1.15$
$O_3+2H^++2e^-\longrightarrow O_2+H_2O$	$+2.07$	$Si+4H^++4e^-\longrightarrow SiH_4(g)$	$+0.102$
$O_2+4H^++4e^-\longrightarrow 2H_2O$	$+1.229$	$SiO_2+4H^++4e^-\longrightarrow Si+2H_2O$	-0.84
		$[SiF_6]^{2-}+4e^-\longrightarrow Si+6F^-$	-1.2
$O(g)+2H^++2e^-\longrightarrow H_2O$	$+2.42$	$Sn^{2+}+2e^-\longrightarrow Sn$	-0.1364
		$Sn^{4+}+2e^-\longrightarrow Sn^{2+}$	$+0.15$
		$Sr^{2+}+2e^-\longrightarrow Sr$	-2.89

续表

电极反应	$\varphi^{\ominus}/V$	电极反应	$\varphi^{\ominus}/V$
$Ti^{2+}+2e^-\Longrightarrow Ti$	-1.63	$V^{4+}+2e^-\Longrightarrow V^{2+}$	-1.186
$TiO^{2+}+2H^++4e^-\Longrightarrow Ti+H_2O$	-0.89	$VO^{2+}+2H^++e^-\Longrightarrow V^{3+}+H_2O$	$+0.359$
$TiO_2+4H^++4e^-\Longrightarrow Ti+2H_2O$	-0.86	$V(OH)_4^++4H^++5e^-\Longrightarrow V+4H_2O$	-0.253
$TiO^{2+}+2H^++e^-\Longrightarrow Ti^{3+}+H_2O$	$+0.1$	$V(OH)_4^++2H^++e^-\Longrightarrow VO^{2+}+3H_2O$	$+1.00$
$Ti^{3+}+e^-\Longrightarrow Ti^{2+}$	-0.369	$VO_2^++4H^++2e^-\Longrightarrow V^{4+}+2H_2O$	$+0.62$
$V^{2+}+2e^-\Longrightarrow V$	-0.255	$Zn^{2+}+2e^-\Longrightarrow Zn$	-0.7628
$V^{3+}+e^-\Longrightarrow V^{2+}$	-1.2		

(2) 在碱性溶液中

电极反应	$\varphi^{\ominus}/V$	电极反应	$\varphi^{\ominus}/V$
$AgCN+e^-\Longrightarrow Ag+CN^-$	-0.02	$Co(OH)_3+e^-\Longrightarrow Co(OH)_2+OH^-$	$+0.2$
$[Ag(CN)_2]^-+e^-\Longrightarrow Ag+2CN^-$	-0.31	$[Co(NH_3)_6]^{3+}+e^-\Longrightarrow [Co(NH_3)_6]^{2+}$	$+0.1$
$[Ag(NH_3)_2]^++e^-\Longrightarrow Ag+2NH_3$	$+0.373$	$Cr(OH)_3+3e^-\Longrightarrow Cr+3OH^-$	-1.3
$Ag_2O+H_2O+2e^-\Longrightarrow 2Ag+2OH^-$	$+0.342$	$CrO_2^-+3H_2O+3e^-\Longrightarrow Cr+4OH^-$	-1.2
$Ag_2S+2e^-\Longrightarrow 2Ag+S^{2-}$	-0.7051	$CrO_4^{2-}+4H_2O+3e^-\Longrightarrow Cr(OH)_3+5OH^-$	-0.13
$2AgO+H_2O+2e^-\Longrightarrow Ag_2O+2OH^-$	$+0.599$	$[Cu(CN)_2]^-+e^-\Longrightarrow Cu+2CN^-$	-0.429
$H_2AlO_3^-+H_2O+3e^-\Longrightarrow Al+4OH^-$	-2.35	$[Cu(NH_3)_2]^++e^-\Longrightarrow Cu+2NH_3$	-0.12
$AsO_2^-+2H_2O+3e^-\Longrightarrow As+4OH^-$	-0.68	$Cu_2O+H_2O+2e^-\Longrightarrow 2Cu+2OH^-$	-0.361
$AsO_4^{3-}+2H_2O+2e^-\Longrightarrow AsO_2^-+4OH^-$	-0.71	$Fe(OH)_2+2e^-\Longrightarrow Fe+2OH^-$	-0.877
$[Au(CN)_2]^-+e^-\Longrightarrow Au+2CN^-$	-0.60	$Fe(OH)_3+e^-\Longrightarrow Fe(OH)_2+OH^-$	-0.56
$H_2BO_3^-+H_2O+3e^-\Longrightarrow B+4OH^-$	-2.5	$[Fe(CN)_6]^{3-}+e^-\Longrightarrow[Fe(CN)_6]^{4-}$ (0.01mol·L^{-1} NaOH)	$+0.46$
$Ba(OH)_2·8H_2O+2e^-\Longrightarrow Ba+2OH^-+8H_2O$	-2.97	$2H_2O+2e^-\Longrightarrow H_2+2OH^-$	-0.8277
$Be_2O_3^{2-}+3H_2O+4e^-\Longrightarrow 2Be+6OH^-$	-2.28	$HgO+H_2O+2e^-\Longrightarrow Hg+2OH^-$	$+0.0984$
$Bi_2O_3+3H_2O+6e^-\Longrightarrow 2Bi+6OH^-$	-0.46	$IO^-+H_2O+2e^-\Longrightarrow I^-+2OH^-$	$+0.26$
$BrO^-+H_2O+2e^-\Longrightarrow Br^-+2OH^-$ (1mol·L^{-1} NaOH)	$+0.76$	$IO_3^-+3H_2O+6e^-\Longrightarrow I^-+6OH^-$	$+0.70$
$2BrO^-+2H_2O+2e^-\Longrightarrow Br_2+4OH^-$	$+0.45$	$H_3IO_6^{2-}+2e^-\Longrightarrow IO_3^-+3OH^-$	-2.76
$BrO_3^-+3H_2O+6e^-\Longrightarrow Br^-+6OH^-$	$+0.61$	$La(OH)_3+3e^-\Longrightarrow La+3OH^-$	-2.76
$Ca(OH)_2+2e^-\Longrightarrow Ca+2OH^-$	-3.02	$Mg(OH)_2+2e^-\Longrightarrow Mg+2OH^-$	-1.47
$Cd(OH)_2+2e^-\Longrightarrow Cd+2OH^-$	-0.761	$Mn(OH)_2+2e^-\Longrightarrow Mn+2OH^-$	-0.05
$ClO^-+H_2O+2e^-\Longrightarrow Cl^-+2OH^-$	$+0.90$	$MnO_2+2H_2O+2e^-\Longrightarrow Mn(OH)_2+2OH^-$	$+0.60$
$ClO_2^-+2H_2O+4e^-\Longrightarrow Cl^-+4OH^-$	$+0.76$	$MnO_4^{2-}+2H_2O+2e^-\Longrightarrow MnO_2+4OH^-$	$+0.588$
$ClO_2^-+H_2O+2e^-\Longrightarrow ClO^-+2OH^-$	$+0.59$	$MnO_4^-+2H_2O+3e^-\Longrightarrow MnO_2+4OH^-$	-0.92
$ClO_3^-+3H_2O+6e^-\Longrightarrow ClO^-+6OH^-$	$+0.62$	$NO_3^-+H_2O+2e^-\Longrightarrow NO_2^-+2OH^-$	-0.85
$ClO_3^-+H_2O+2e^-\Longrightarrow ClO_2^-+2OH^-$	$+0.35$	$2NO_3^-+2H_2O+2e^-\Longrightarrow N_2O_4+4OH^-$	-0.66
$ClO_4^-+H_2O+2e^-\Longrightarrow ClO_3^-+2OH^-$	$+0.36$	$Ni(OH)_2+2e^-\Longrightarrow Ni+2OH^-$	$+0.48$
$Co(OH)_2+2e^-\Longrightarrow Co+2OH^-$	-0.73	$Ni(OH)_3+e^-\Longrightarrow Ni(OH)_2+OH^-$	$+0.49$

电极反应	$\varphi^{\ominus}$/V	电极反应	$\varphi^{\ominus}$/V
$O_2+2H_2O+4e^-\Longrightarrow 4OH^-$	$+0.401$	$H_3SbO_6^{4-}+H_2O+2e^-\Longrightarrow SbO_2^-+5OH^-$	-0.40
$O_3+H_2O+2e^-\Longrightarrow O_2+2OH^-$	$+1.24$	$SeO_4^{2-}+H_2O+2e^-\Longrightarrow SeO_3^{2-}+2OH^-$	$+0.05$
$P+3H_2O+3e^-\Longrightarrow PH_3(g)+3OH^-$	-0.87	$SiO_3^{2-}+3H_2O+4e^-\Longrightarrow Si+6OH^-$	-1.73
$PO_4^{3-}+2H_2O+2e^-\Longrightarrow HPO_3^{2-}+3OH^-$	-1.05	$SnS+2e^-\Longrightarrow Sn+S^{2-}$	-0.94
$PbO_2+H_2O+2e^-\Longrightarrow PbO+2OH^-$	$+0.28$	$HSnO_2^-+H_2O+2e^-\Longrightarrow Sn+3OH^-$	-0.79
$Pt(OH)_2+2e^-\Longrightarrow Pt+2OH^-$	$+0.16$	$[Sn(OH)_6]^{2-}+2e^-\Longrightarrow HSnO_2^-+3OH^-+H_2O$	-0.96
$S+2e^-\Longrightarrow S^{2-}$	-0.508	$[Zn(CN)_4]^{2-}+2e^-\Longrightarrow Zn+4CN^-$	-1.26
$S_4O_6^{2-}+2e^-\Longrightarrow 2S_2O_3^{2-}$	$+0.09$ (0.10)	$[Zn(NH_3)_4]^{2+}+2e^-\Longrightarrow Zn+4NH_3(aq)$	-1.04
$SO_3^{2-}+3H_2O+6e^-\Longrightarrow S^{2-}+6OH^-$	-0.66	$Zn(OH)_2+2e^-\Longrightarrow Zn+2OH^-$	-1.245
$2SO_3^{2-}+3H_2O+4e^-\Longrightarrow S_2O_3^{2-}+6OH^-$	-0.58	$ZnO_2^{2-}+2H_2O+2e^-\Longrightarrow Zn+4OH^-$	-1.216
$SO_4^{2-}+H_2O+2e^-\Longrightarrow SO_3^{2-}+2OH^-$	-0.92	$ZnS+2e^-\Longrightarrow Zn+S^{2-}$	-1.44
$SbO_2^-+2H_2O+3e^-\Longrightarrow Sb+4OH^-$	-0.66		

6.8　弱电解质的解离常数（$t=25℃$）

化合物名称	电离方程式	K
亚硝酸	$HNO_2\Longrightarrow H^++NO_2^-$	6.31×10^{-4}
硼酸	$H_3BO_3\Longrightarrow H^++H_2BO_3^-$	5.8×10^{-10}
草酸	$H_2C_2O_4\Longrightarrow H^++HC_2O_4^-$	5.4×10^{-2}
	$HC_2O_4^-\Longrightarrow H^++C_2O_4^{2-}$	5.4×10^{-5}
次氯酸	$HOCl\Longrightarrow H^++OCl^-$	2.88×10^{-8}
硅酸	$H_2SiO_3\Longrightarrow H^++HSiO_3^-$	1.70×10^{-10}
砷酸	$H_3AsO_4\Longrightarrow H^++H_2AsO_4^-$	6.03×10^{-8}
	$H_2AsO_4^-\Longrightarrow H^++HAsO_4^{2-}$	1.05×10^{-7}
	$HAsO_4^{2-}\Longrightarrow H^++AsO_4^{3-}$	3.15×10^{-12}
亚砷酸	$H_3AsO_3\Longrightarrow H^++H_2AsO_3^-$	6×10^{-10}
氢氟酸	$HF\Longrightarrow H^++F^-$	6.6×10^{-4}
亚硫酸	$H_2SO_3\Longrightarrow H^++HSO_3^-$	1.26×10^{-2}
	$HSO_3^-\Longrightarrow H^++SO_3^{2-}$	6.17×10^{-8}
氢硫酸	$H_2S\Longrightarrow H^++HS^-$	1.07×10^{-7}
	$HS^-\Longrightarrow H^++S^{2-}$	1.26×10^{-13}

续表

化合物名称	电离方程式	K
碳酸	$H_2CO_3 \rightleftharpoons H^+ + HCO_3^-$	4.47×10^{-7}
	$HCO_3^- \rightleftharpoons H^+ + CO_3^{2-}$	4.68×10^{-11}
醋酸	$CH_3COOH \rightleftharpoons H^+ + CH_3COO^-$	1.74×10^{-5}
磷酸	$H_3PO_4 \rightleftharpoons H^+ + H_2PO_4^-$	7.08×10^{-3}
	$H_2PO_4^- \rightleftharpoons H^+ + HPO_4^{2-}$	6.30×10^{-3}
	$HPO_4^{2-} \rightleftharpoons H^+ + PO_4^{3-}$	4.17×10^{-13}
氢氰酸	$HCN \rightleftharpoons H^+ + CN^-$	6.17×10^{-10}
氨水	$NH_3 + H_2O \rightleftharpoons NH_4^+ + OH^-$	1.74×10^{-5}

6.9 溶度积常数（298.15K）

化合物	K_{sp}	pK_{sp}	化合物	K_{sp}	pK_{sp}
AgAc	1.94×10^{-3}	2.71	$BaSO_4$	1.07×10^{-10}	9.97
AgBr	5.35×10^{-13}	12.27	$BiAsO_4$	4.43×10^{-10}	9.35
$AgBrO_3$	5.34×10^{-5}	4.27	Bi_2S_3	1.82×10^{-99}	98.74
AgCN	5.97×10^{-17}	16.22	$CaCO_3$	9.9×10^{-7}	6.00
AgCl	1.77×10^{-10}	9.75	$CaC_2O_4 \cdot H_2O$	2.34×10^{-9}	8.63
AgI	8.51×10^{-17}	16.07	CaF_2	1.46×10^{-10}	9.84
$AgIO_3$	3.17×10^{-8}	7.50	$Ca(IO_3)_2$	6.47×10^{-6}	5.19
AgSCN	1.03×10^{-12}	11.99	$Ca(IO_3)_2 \cdot 6H_2O$	7.54×10^{-7}	6.12
Ag_2CO_3	8.45×10^{-12}	11.07	$Ca(OH)_2$	4.68×10^{-6}	5.33
$Ag_2C_2O_4$	5.40×10^{-12}	11.27	$CaSO_4$	7.10×10^{-5}	4.15
Ag_2CrO_4	2×10^{-12}	11.95	$Co(IO_3)_2 \cdot 2H_2O$	1.21×10^{-2}	1.92
α-Ag_2S	6.69×10^{-50}	49.17	$Co(OH)_2$（粉红）	1.09×10^{-15}	14.96
β-Ag_2S	1.09×10^{-49}	18.96	$Co(OH)_2$（蓝）	5.92×10^{-15}	14.23
Ag_2SO_3	1.49×10^{-14}	13.83	$Co_3(AsO_4)_2$	6.79×10^{-29}	28.17
$AgSO_4$	1.20×10^{-5}	4.92	$Co_3(PO_4)_2$	2.05×10^{-35}	34.69
Ag_3AsO_4	1.03×10^{-22}	21.99	CuBr	6.27×10^{-9}	8.20
Ag_3PO_4	8.88×10^{-17}	16.05	CuC_2O_4	4.43×10^{-10}	9.35
$Al(OH)_3$	1.1×10^{-33}	32.97	CuCl	1.72×10^{-12}	6.76
$AlPO_4$	9.83×10^{-21}	20.01	CuI	1.27×10^{-12}	11.90
$BaCO_3$	2.58×10^{-9}	8.59	$Cu(IO_3)_2 \cdot H_2O$	6.94×10^{-4}	7.16
$BaCrO_4$	1.17×10^{-10}	9.93	CuS	1.27×10^{-36}	35.90
BaF_2	1.84×10^{-7}	6.41	CuSCN	1.77×10^{-13}	12.75
$Ba(IO_3)_2$	4.01×10^{-9}	8.40	Cu_2S	2.26×10^{-48}	47.64
$Ba(IO_3)_2 \cdot H_2O$	1.67×10^{-9}	8.78	$Cu_3(AsO_4)_2$	7.93×10^{-36}	35.10
$Ba(OH)_2 \cdot H_2O$	2.55×10^{-4}	3.59	$Cu_3(PO_4)_2$	1.39×10^{-37}	36.86

化合物	K_{sp}	pK_{sp}	化合物	K_{sp}	pK_{sp}
$FeCO_3$	3.07×10^{-11}	10.51	PdS	2.03×10^{-58}	57.69
FeF_2	2.36×10^{-6}	5.63	$Pd(SCN)_2$	4.38×10^{-23}	22.36
$Fe(OH)_2$	4.87×10^{-17}	16.31	PtS	9.91×10^{-74}	73.00
$Fe(OH)_3$	2.64×10^{-39}	38.58	$Sn(OH)_2$	5.45×10^{-27}	26.26
$FePO_4\cdot2H_2O$	9.92×10^{-29}	28.00	SnS	3.25×10^{-28}	27.49
FeS	1.59×10^{-19}	18.80	$SrCO_3$	5.60×10^{-10}	9.25
HgI_2	2.82×10^{-29}	28.55	SrF_2	4.33×10^{-19}	8.39
$Hg(OH)_2$	3.13×10^{-26}	25.50	$Sr(IO_3)_2$	1.14×10^{-7}	6.94
$HgS(黑)$	6.44×10^{-53}	52.19	$Sr(IO_3)_2\cdot H_2O$	3.58×10^{-7}	6.45
$HgS(红)$	2.00×10^{-53}	52.70	$Sr(IO_3)_2\cdot6H_2O$	4.65×10^{-7}	6.33
Hg_2Br_2	6.41×10^{-23}	22.19	$SrSO_4$	3.44×10^{-7}	6.46
Hg_2CO_3	3.67×10^{-17}	16.44	$Sr_3(AsO_4)_2$	4.29×10^{-19}	18.34
$Hg_2C_2O_4$	1.75×10^{-13}	12.76	$ZnCO_3$	1.19×10^{-10}	9.92
Hg_2Cl_2	1.45×10^{-18}	17.84	$Ca_3(PO_4)_2$	2.07×10^{-33}	32.68
Hg_2F_2	3.10×10^{-6}	5.51	$CdCO_3$	6.18×10^{-12}	11.21
Hg_2I_2	5.33×10^{-29}	28.27	$CdC_2O_4\cdot3H_2O$	1.42×10^{-8}	7.85
Hg_2SO_4	7.99×10^{-7}	6.10	CdF_2	6.44×10^{-3}	2.19
$Hg_2(SCN)_2$	3.12×10^{-20}	19.51	$Cd(IO_3)_2$	2.49×10^{-8}	7.60
$KClO_4$	1.05×10^{-2}	1.98	$Cd(OH)_2$	5.27×10^{-15}	14.28
$MnCO_3$	2.24×10^{-11}	10.65	CdS	1.40×10^{-29}	28.85
$MnC_2O_4\cdot2H_2O$	1.70×10^{-7}	6.77	$Cd_3(AsO_4)_2$	2.17×10^{-33}	32.66
$Mn(IO_3)_2$	4.37×10^{-7}	6.36	$Cd_3(PO_4)_2$	2.53×10^{-33}	32.60
$Mn(OH)_2$	2.06×10^{-13}	12.69	$K_2[PtCl_6]$	7.48×10^{-6}	5.13
MnS	4.65×10^{-1}	13.33	Li_2CO_3	8.15×10^{-4}	3.09
$NiCO_3$	1.42×10^{-7}	6.85	$MgCO_3$	6.82×10^{-6}	5.17
$Ni(IO_3)_2$	4.71×10^{-5}	4.33	$MgCO_3\cdot3H_2O$	2.38×10^{-6}	5.62
$Ni(OH)_2$	5.47×10^{-16}	15.26	$MgCO_3\cdot5H_2O$	3.79×10^{-6}	5.42
NiS	1.07×10^{-21}	20.97	$MgC_2O_4\cdot2H_2O$	4.83×10^{-6}	5.32
$Ni_2(PO_4)_2$	4.73×10^{-32}	31.33	MgF_2	7.42×10^{-11}	10.13
$PbBr_2$	6.60×10^{-6}	5.18	$Mg(OH)_2$	5.61×10^{-12}	11.25
$PbCO_3$	1.46×10^{-13}	12.84	$Mg_3(PO_4)_2$	9.86×10^{-25}	24.01
PbC_2O_4	8.51×10^{-10}	9.07	$ZnCO_3\cdot H_2O$	5.41×10^{-11}	10.27
$PbCrO_4$	1.77×10^{-14}	13.75	$ZnC_2O_4\cdot2H_2O$	1.37×10^{-9}	8.86
$PbCl_2$	1.17×10^{-5}	4.93	ZnF_2	3.04×10^{-2}	1.52
PbF_2	7.12×10^{-7}	6.15	$Zn(IO_3)_2$	4.29×10^{-6}	5.37
PbI_2	8.49×10^{-9}	8.07	$\gamma\text{-}Zn(OH)_2$	6.86×10^{-17}	16.16
$Pb(IO_3)_2$	3.68×10^{-13}	12.43	$\beta\text{-}Zn(OH)_2$	7.71×10^{-17}	16.11
$Pb(OH)_2$	1.42×10^{-20}	19.85	$\varepsilon\text{-}Zn(OH)_2$	4.12×10^{-17}	16.38
PbS	9.04×10^{-29}	28.04	ZnS	2.93×10^{-25}	24.53
$PbSO_4$	1.82×10^{-8}	7.74	$Zn_3(AsO_4)_2$	3.12×10^{-28}	27.51
$Pb(SCN)_2$	2.11×10^{-5}	74.68			

6.10 某些离子及化合物的颜色

离子或化合物	颜色	离子或化合物	颜色	离子或化合物	颜色
Ag^+	无	$Bi(OH)CO_3$	白	$CoSiO_3$	紫
$AgBr$	淡黄	$BiONO_3$	白	$CoSO_4 \cdot 7H_2O$	红
$AgCl$	白	Bi_2S_3	黑	Cr^{2+}	蓝
$AgCN$	白	Ca^{2+}	白	Cr^{3+}	蓝紫
Ag_2CO_3	白	$CaCO_3$	白	$CrCl_3 \cdot 6H_2O$	绿
$Ag_2C_2O_4$	白	CaC_2O_4	白	Cr_2O_3	绿
Ag_2CrO_4	砖红	CaF_2	白	CrO_3	橙红
$Ag_3[Fe(CN)_6]$	橙	CaO	白	CrO_2^-	绿
$Ag_4[Fe(CN)_6]$	白	$Ca(OH)_2$	白	CrO_4^{2-}	黄
AgI	黄	$CaHPO_4$	白	$Cr_2O_7^{2-}$	橙
$AgNO_3$	白	$Ca_3(PO_4)_2$	白	$Cr(OH)_3$	灰绿
Ag_2O	褐	$CaSO_3$	白	$Cr_2(SO_4)_3$	桃红
Ag_3PO_4	黄	$CaSO_4$	白	$Cr_2(SO_4)_3 \cdot 6H_2O$	绿
$Ag_4P_2O_7$	白	$CaSiO_3$	白	$Cr_2(SO_4)_3 \cdot 18H_2O$	蓝紫
Ag_2S	黑	Cd^{2+}	无	Cu^{2+}	蓝
$AgSCN$	白	$CdCO_3$	白	$CuBr$	白
Ag_2SO_3	白	CdC_2O_4	白	$CuCl$	白
Ag_2SO_4	白	$Cd_3(PO_4)_2$	白	$CuCl_2^-$	无
$Ag_2S_2O_3$	白	CdS	黄	$CuCl_4^{2-}$	黄
As_2S_3	黄	Co^{2+}	粉红	$CuCN$	白
As_2S_5	黄	$CoCl_2$	蓝	$Cu_2[Fe(CN)_6]$	红棕
Ba^{2+}	无	$CoCl_2 \cdot 2H_2O$	紫红	CuI	白
$BaCO_3$	白	$CoCl_2 \cdot 6H_2O$	粉红	$Cu(IO_3)_2$	淡蓝
BaC_2O_4	白	$Co(CN)_6^{3-}$	紫	$Cu(NH_3)_4^{2+}$	深蓝
$BaCrO_4$	黄	$Co(NH_3)_6^{2+}$	黄	$Cu(NH_3)_2^+$	无
$BaHPO_4$	白	$Co(NH_3)_6^{3+}$	橙黄	CuO	黑
$Ba_3(PO_4)$	白	CoO	灰绿	Cu_2O	暗红
$BaSO_3$	白	Co_2O_3	黑	$Cu(OH)_2$	浅蓝
$BaSO_4$	白	$Co(OH)_2$	粉红	$Cu(OH)_4^{2-}$	蓝
BaS_2O_3	白	$Co(OH)_3$	棕褐	$Cu_2(OH)_2CO_3$	淡蓝
Bi^{3+}	无	$Co(OH)Cl$	蓝	$Cu_3(PO_4)_2$	淡蓝
$BiOCl$	白	$Co_2(OH)_2CO_3$	红	CuS	黑
Bi_2O_3	黄	$Co_3(PO_4)_2$	紫	Cu_2S	深棕
$Bi(OH)_3$	白	CoS	黑	$CuSCN$	白
$BiO(OH)$	灰黄	$Co(SCN)_4^{2-}$	蓝	$CuSO_4 \cdot 5H_2O$	蓝

续表

离子或化合物	颜色	离子或化合物	颜色	离子或化合物	颜色
Fe^{2+}	浅绿	MgF_2	白	$Pb(OH)_2$	白
Fe^{3+}	淡紫	$MgNH_4PO_4$	白	$Pb_2(OH)_2CO_3$	白
$FeCl_3 \cdot 6H_2O$	黄棕	$Mg(OH)_2$	白	PbS	黑
$[Fe(CN)_6]^{4-}$	黄	$Mg_2(OH)_2CO_3$	白	$PbSO_4$	白
$[Fe(CN)_6]^{3-}$	红棕	Mn^{2+}	肉色	$SbCl_6^{3-}$	无
$FeCO_3$	白	$MnCO_3$	白	$SbCl_6^-$	无
$FeC_2O_4 \cdot 2H_2O$	淡黄	MnC_2O_4	白	Sb_2O_3	白
FeF_6^{3-}	无	MnO_4^{2-}	绿	Sb_2O_5	淡黄
$Fe(HPO_4)_2^-$	无	MnO_4^-	紫红	$SbOCl$	白
FeO	黑	MnO_2	棕	$Sb(OH)_3$	白
Fe_2O_3	砖红	$Mn(OH)_2$	白	SbS_3^{3-}	无
Fe_3O_4	黑	MnS	肉色	SbS_4^{3-}	无
$Fe(OH)_2$	白	$NaBiO_3$	黄	SnO	黑/绿
$Fe(OH)_3$	红棕	$Na[Sb(OH)_6]$	白	SnO_2	白
$FePO_4$	浅黄	$NaZn(UO_2)_3(Ac)_9 \cdot 9H_2O$	黄	$Sn(OH)_2$	白
FeS	黑	$(NH_4)_2Fe(SO_4)_2 \cdot 6H_2O$	蓝绿	$Sn(OH)_4$	白
Fe_2S_3	黑	$NH_4Fe(SO_4)_2 \cdot 12H_2O$	浅紫	$Sn(OH)Cl$	白
$Fe(SCN)^{2+}$	血红	$(NH_4)_3PO_4 \cdot 12MoO_3 \cdot 6H_2O$	黄	SnS	棕
$Fe_2(SiO_3)_3$	棕红	Ni^{2+}	亮绿	SnS_2	黄
Hg^{2+}	无	$Ni(CN)_4^{2-}$	黄	SnS_3^{2-}	无
Hg_2^{2+}	无	$NiCO_3$	绿	$SrCO_3$	白
$HgCl_4^{2-}$	无	$Ni(NH_3)_6^{2+}$	蓝紫	SrC_2O_4	白
Hg_2Cl_2	白	NiO	暗蓝	$SrCrO_4$	黄
HgI_2	红	Ni_2O_3	黑	$SrSO_4$	白
HgI_4^{2-}	无	$Ni(OH)_2$	浅绿	Ti^{3+}	紫
Hg_2I_2	黄	$Ni(OH)_3$	黑	TiO^{2+}	无
$HgNH_2Cl$	白	$Ni_2(OH)_2CO_3$	淡绿	$Ti(H_2O_2)^{2+}$	橘黄
HgO	红/黄	$Ni_3(PO_4)_2$	绿	V^{2+}	蓝紫
HgS	黑/红	NiS	黑	V^{3+}	绿
Hg_2S	黑	Pb^{2+}	无	VO^{2+}	蓝
Hg_2SO_4	白	$PbBr_2$	白	VO_2^+	黄
I_2	紫	$PbCl_2$	白	VO_3^-	无
I^-	棕黄	$PbCl_4^{2-}$	无	V_2O_3	红棕
$K[Fe(CN)_6Fe]$	蓝	$PbCO_3$	白	ZnC_2O_4	白
$KHC_4H_4O_6$	白	PbC_2O_4	白	$Zn(NH_3)_4^{2+}$	无
$K_2Na[Co(NO_2)_6]$	黄	$PbCrO_4$	黄	ZnO	白
$K_3[Co(NO_2)_6]$	黄	PbI_2	黄	$Zn(OH)_4^{2-}$	无
$K_2[PtCl_6]$	黄	PbO	黄	$Zn(OH)_2$	白
$MgCO_3$	白	PbO_2	棕褐	$Zn_2(OH)_2CO_3$	白
MgC_2O_4	白	Pb_3O_4	红	ZnS	白

6.11 某些氢氧化物沉淀和溶解时所需的 pH

氢氧化物	pH				
	开始沉淀		沉淀完全	沉淀开始溶解	沉淀完全溶解
	原始 c_M^{n+} 浓度 $(1mol \cdot L^{-1})$	原始 c_M^{n+} 浓度 $(0.01mol \cdot L^{-1})$			
$Sn(OH)_2$	0	0.5	1.0	13	>14
$TiO(OH)_2$	0	0.5	2.0		
$Sn(OH)_2$	0.9	2.1	4.7	10	13.5
$ZrO(OH)_2$	1.3	2.3	3.8		
$Fe(OH)_3$	1.5	2.3	4.1	14	
HgO	1.3	2.4	5.0	11.5	
$Al(OH)_3$	3.3	4.0	5.2	7.8	10.8
$Cr(OH)_3$	4.0	4.9	6.8	12	
$Be(OH)_2$	5.2	6.2	8.8		
$Zn(OH)_2$	5.4	6.4	8.0	10.5	>14
$Fe(OH)_2$	6.5	7.5	9.7	13.5	
$Co(OH)_2$	6.6	7.6	9.2	14	12~13
$Ni(OH)_2$	6.7	7.7	9.5		
$Cd(OH)_2$	7.2	8.2	9.7		
Ag_2O	6.2	8.2	11.2	12.7	
$Mn(OH)_2$	7.8	8.8	10.4	14	
$Mg(OH)_2$	9.4	10.4	12.4		

6.12 常用缓冲溶液的配制

pH	配 制 方 法
0	$1mol \cdot L^{-1}$ HCl 溶液[①]
1	$0.1mol \cdot L^{-1}$ HCl 溶液
2	$0.01mol \cdot L^{-1}$ HCl 溶液
3.6	$NaAc \cdot 3H_2O$ 8g 溶于适量水中,加 $6mol \cdot L^{-1}$ HAc 溶液 134mL,稀释至 500mL
4.0	将 60mL 冰醋酸和 16g 无水醋酸钠溶于 100mL 水中,稀释至 500mL
4.5	将 30mL 冰醋酸和 30g 无水醋酸钠溶于 100mL 水中,稀释至 500mL
5.0	将 30mL 冰醋酸和 60g 无水醋酸钠溶于 100mL 水中,稀释至 500mL
5.4	将 40g 六亚甲基四胺溶于 90mL 水中,加入 20mL $6mol \cdot L^{-1}$ HCl 溶液
5.7	100g $NaAc \cdot 3H_2O$ 溶于适量水中,加 $6mol \cdot L^{-1}$ HAc 溶液 13mL,稀释至 500mL
7	NH_4Ac 77g 溶于适量水中,稀释至 500mL
7.5	NH_4Cl 60g 溶于适量水中,加浓氨水 1.4mL,稀释至 500mL
8.0	NH_4Cl 50g 溶于适量水中,加浓氨水 3.5mL,稀释至 500mL
8.5	NH_4Cl 40g 溶于适量水中,加浓氨水 8.8mL,稀释至 500mL
9.0	NH_4Cl 35g 溶于适量水中,加浓氨水 24mL,稀释至 500mL
9.5	NH_4Cl 30g 溶于适量水中,加浓氨水 65mL,稀释至 500mL
10	NH_4Cl 27g 溶于适量水中,加浓氨水 195mL,稀释至 500mL
11	NH_4Cl 3g 溶于适量水中,加浓氨水 207mL,稀释至 500mL
12	$0.01mol \cdot L^{-1}$ NaOH 溶液[②]
13	$0.1mol \cdot L^{-1}$ NaOH 溶液

① 不能有 Cl^- 存在时,可用硝酸。

② 不能有 Na^+ 存在时,可用 KOH 溶液。

6.13　标准缓冲溶液在不同温度下的 pH

温度/℃	$0.05 mol \cdot L^{-1}$ 草酸三氢钾	25℃饱和 酒石酸氢钾	$0.05 mol \cdot L^{-1}$ 邻苯二甲酸氢钾	$0.025 mol \cdot L^{-1} KH_2PO_4 +$ $0.025 mol \cdot L^{-1} Na_2HPO_4$	$0.01 mol \cdot L^{-1}$ 硼砂	25℃饱和 氢氧化钙
0	1.666		4.003	6.984	9.464	13.423
5	1.668		3.999	6.951	9.395	13.207
10	1.670		3.998	6.923	9.332	13.003
15	1.672		3.999	6.900	9.276	12.810
20	1.675		4.002	6.881	9.225	12.627
25	1.679	3.557	4.008	6.865	9.180	12.454
30	1.683	3.552	4.015	6.853	9.139	12.289
35	1.688	3.549	4.024	6.844	9.102	12.133
38	1.691	3.548	4.030	6.840	9.081	12.043
40	1.694	3.547	4.035	6.838	9.068	11.984
45	1.700	3.547	4.047	6.834	9.038	11.841
50	1.707	3.549	4.060	6.833	9.011	11.705
55	1.715	3.554	4.075	6.834	8.985	11.574
60	1.723	3.560	4.091	6.836	8.962	11.449
70	1.743	3.580	4.126	6.845	8.921	
80	1.766	3.609	4.164	6.859	8.885	
90	1.792	3.650	4.205	6.877	8.850	
95	1.806	3.674	4.227	6.886	8.833	

6.14　定性分析试液的配制方法

（1）阳离子试液（$10g \cdot L^{-1}$）

阳离子	试　剂	配　制　方　法
Na^+	$NaNO_3$	37g 溶于水,稀至 1L
K^+	KNO_3	26g 溶于水,稀至 1L
NH_4^+	NH_4NO_3	44g 溶于水,稀至 1L
Mg^{2+}	$Mg(NO_3)_2 \cdot 6H_2O$	106g 溶于水,稀至 1L
Ca^{2+}	$Ca(NO_3)_2 \cdot 4H_2O$	60g 溶于水,稀至 1L
Sr^{2+}	$Sr(NO_3)_2 \cdot 4H_2O$	32g 溶于水,稀至 1L
Ba^{2+}	$Ba(NO_3)_2$	19g 溶于水,稀至 1L
Al^{3+}	$Al(NO_3)_3 \cdot 9H_2O$	139g 加 1:1 HNO_3 10mL,用水稀至 1L
Pb^{2+}	$Pb(NO_3)_2$	16g 加 1:1 HNO_3 10mL,用水稀至 1L
Cr^{3+}	$Cr(NO_3)_3 \cdot 9H_2O$	77g 溶于水,稀至 1L
Mn^{2+}	$Mn(NO_3)_2 \cdot 6H_2O$	53g 加 1:1 HNO_3 5mL,用水稀至 1L
Fe^{2+}	$(NH_4)_2SO_4 \cdot FeSO_4 \cdot 6H_2O$	70g 加 1:1 H_2SO_4 20mL,用水稀至 1L
Fe^{3+}	$Fe(NO_3)_3 \cdot 9H_2O$	72g 加 1:1 HNO_3 20mL,用水稀至 1L
Co^{2+}	$Co(NO_3)_2 \cdot 6H_2O$	50g 溶于水,稀至 1L
Ni^{2+}	$Ni(NO_3)_2 \cdot 6H_2O$	50g 溶于水,稀至 1L
Cu^{2+}	$Cu(NO_3)_2 \cdot 3H_2O$	38g 加 1:1 HNO_3 5mL,用水稀至 1L
Ag^+	$AgNO_3$	16g 溶于水,稀至 1L
Zn^{2+}	$Zn(NO_3)_2 \cdot 6H_2O$	46g 加 1:1 HNO_3 5mL,用水稀至 1L
Hg^{2+}	$Hg(NO_3)_2 \cdot H_2O$	17g 加 1:1 HNO_3 20mL,用水稀至 1L
Sn^{4+}	$SnCl_4$	22g 加 1:1 HCl 溶解,并用该酸稀至 1L

（2）阴离子试液（$10g \cdot L^{-1}$）

阴离子	试剂	配制方法
CO_3^{2-}	$Na_2CO_3 \cdot 10H_2O$	48g 溶于水,稀至 1L
NO_3^-	$NaNO_3$	14g 溶于水,稀至 1L
PO_4^{3-}	$Na_2HPO_4 \cdot 12H_2O$	38g 溶于水,稀至 1L
SO_4^{2-}	$Na_2SO_4 \cdot 10H_2O$	34g 溶于水,稀至 1L
SO_3^{2-}	Na_2SO_3	16g 溶于水,稀至 1L[①]
$S_2O_3^{2-}$	$Na_2S_2O_3 \cdot 5H_2O$	22g 溶于水,稀至 1L[①]
S^{2-}	$Na_2S \cdot 9H_2O$	75g 溶于水,稀至 1L
Cl^-	$NaCl$	17g 溶于水,稀至 1L
I^-	KI	13g 溶于水,稀至 1L
CrO_4^{2-}	K_2CrO_4	17g 溶于水,稀至 1L

① 该溶液不稳定,需要临时配制。

6.15 常用酸碱的配制

（1）酸溶液的配制

名称	化学式	浓度或质量浓度(约数)	配制方法
硝酸	HNO_3	$16mol \cdot L^{-1}$	(相对密度为 1.42 的 HNO_3)
		$6mol \cdot L^{-1}$	取 $16mol \cdot L^{-1}$ HNO_3 375mL,加水稀释成 1L
		$3mol \cdot L^{-1}$	取 $16mol \cdot L^{-1}$ HNO_3 188mL,加水稀释成 1L
盐酸	HCl	$12mol \cdot L^{-1}$	(相对密度为 1.19 的 HCl)
		$8mol \cdot L^{-1}$	取 $12mol \cdot L^{-1}$ HCl 666.7mL,加水稀释成 1L
		$6mol \cdot L^{-1}$	将 $12mol \cdot L^{-1}$ HCl 与等体积的蒸馏水混合
		$3mol \cdot L^{-1}$	将 $12mol \cdot L^{-1}$ HCl 250mL,加水稀释成 1L
硫酸	H_2SO_4	$18mol \cdot L^{-1}$	(相对密度为 1.84 的 H_2SO_4)
		$3mol \cdot L^{-1}$	将 167mL 的 $18mol \cdot L^{-1}$ H_2SO_4 慢慢加到 835mL 的水中
		$1mol \cdot L^{-1}$	将 56mL 的 $18mol \cdot L^{-1}$ H_2SO_4 慢慢加到 944mL 的水中
醋酸	HAc	$17mol \cdot L^{-1}$	(相对密度为 1.05 的 HAc)
		$6mol \cdot L^{-1}$	取 $17mol \cdot L^{-1}$ HAc 353mL,加水稀释成 1L
		$3mol \cdot L^{-1}$	取 $17mol \cdot L^{-1}$ HAc 177mL,加水稀释成 1L
酒石酸	$H_2C_4H_4O_6$	饱和	将酒石酸溶于水中,使之饱和
草酸	$H_2C_2O_4$	$10g \cdot L^{-1}$	称取 $H_2C_2O_2 \cdot 2H_2O$ 1g 溶于少量水中,加水稀释成 100mL

（2）碱溶液的配制

名称	化学式	浓度或质量浓度(约数)	配制方法
氢氧化钠	$NaOH$	$6mol \cdot L^{-1}$	将 240g $NaOH$ 溶于水中,加水稀释成 1L
氨水	NH_3	$15mol \cdot L^{-1}$	(相对密度为 0.9 的氨水)
		$6mol \cdot L^{-1}$	取 $15mol \cdot L^{-1}$ 氨水 400mL,加水稀释成 1L
氢氧化钡	$Ba(OH)_2$	$0.2mol \cdot L^{-1}$(饱和)	将 63g $Ba(OH)_2 \cdot 8H_2O$ 溶于 1L 水中
氢氧化钾	KOH	$6mol \cdot L^{-1}$	将 336g KOH 溶于水中,加水稀释成 1L

6.16 常用指示剂及其配制

(1) 酸碱指示剂 (18~25℃)

指示剂名称	变色 pH 范围	颜色变化	溶液配制方法
甲基紫 (第一变色范围)	0.13~0.5	黄~绿	0.1%或 0.05%的水溶液
甲基绿	0.1~2.0	黄~绿~浅蓝	0.05%水溶液(绿蓝色)
甲酚红 (第一变色范围)	0.2~1.8	红~黄	0.04g 指示剂溶于 100mL 50%乙醇
甲基紫 (第二变色范围)	1.0~1.5	绿~蓝	0.1%水溶液
百里酚蓝(麝香草酚蓝) (第一变色范围)	1.2~2.8	红~黄	0.1g 指示剂溶于 100mL 20%乙醇
甲基紫 (第三变色范围)	2.0~3.0	蓝~紫	0.1%水溶液
二甲基黄 (别名:甲基黄)	2.9~4.0	红~黄	0.1%的 90%乙醇溶液
甲基橙	3.1~4.4	红~橙黄	0.1%水溶液
溴酚蓝	3.0~4.6	黄~蓝	0.1g 指示剂溶于 100mL 20%乙醇
刚果红	3.0~5.2	蓝紫~红	0.1%水溶液
溴甲酚绿	3.8~5.4	黄~蓝	0.1g 指示剂溶于 100mL 20%乙醇
甲基红	4.4~6.2	红~黄	0.1g 或 0.2g 指示剂溶于 100mL 60%乙醇
溴百里酚蓝	6.0~7.6	黄~蓝	0.05g 指示剂溶于 100mL 20%乙醇
中性红	6.8~8.0	红~亮黄	0.1g 指示剂溶于 100mL 60%乙醇
酚红	6.8~8.0	黄~红	0.1g 指示剂溶于 100mL 20%乙醇
甲酚红	7.2~8.8	亮黄~紫红	0.1g 指示剂溶于 100mL 50%乙醇
百里酚蓝(麝香草酚蓝) (第二变色范围)	8.0~9.0	黄~蓝	同第一变色范围
酚酞	8.2~10.0	无色~紫红	0.1g 指示剂溶于 10mL 60%乙醇
百里酚酞	9.4~10.6	无色~蓝	0.1g 指示剂溶于 100mL 90%乙醇
达旦黄	12.0~13.0	黄~红	溶于水、乙醇

(2) 混合酸碱指示剂

指示剂溶液组成	变色时 pH	颜色		备 注
		酸色	碱色	
一份 0.1%甲基黄乙醇溶液 一份 0.1%亚甲基蓝乙醇溶液	3.25	蓝紫	绿	pH=3.2,蓝紫色 pH=3.4,绿色
一份 0.1%甲基橙水溶液 一份 0.25%靛蓝二磺酸水溶液	4.1	紫	黄绿	
一份 0.1%溴甲酚绿钠盐水溶液 一份 0.2%甲基橙水溶液	4.3	橙	蓝绿	pH=3.5,黄色 pH=4.05,绿色 pH=4.3,浅绿色

续表

指示剂溶液组成	变色时 pH	颜色		备 注
		酸色	碱色	
三份 0.1％溴甲酚绿乙醇溶液 一份 0.2％甲基红乙醇溶液	5.1	酒红	绿	
一份 0.1％溴甲酚绿钠盐水溶液 一份 0.1％氯酚红钠盐水溶液	6.1	黄绿	蓝紫	pH＝5.4,蓝绿色 pH＝5.8,蓝色 pH＝6.0,蓝带紫 pH＝6.2,蓝紫色
一份 0.1％中性红乙醇溶液 一份 0.1％亚甲基蓝乙醇溶液	7.0	紫蓝	绿	pH＝7.0,紫蓝色
一份 0.1％甲酚红钠盐水溶液 三份 0.1％百里酚蓝钠盐水溶液	8.3	黄	紫	pH＝8.2,玫瑰红 pH＝8.4,清晰的紫色
一份 0.1％百里酚蓝 50％乙醇溶液 三份 0.1％酚酞 50％乙醇溶液	9.0	黄	紫	从黄到绿,再到紫
一份 0.1％酚酞乙醇溶液 一份 0.1％百里酚酞乙醇溶液	9.9	无	紫	pH＝9.6,玫瑰红 pH＝10,紫色

（3）金属离子指示剂

指示剂名称	使用 pH 范围	颜色变化		直接滴定的金属离子	指示剂配制
		In	MIn		
铬黑 T(EBT)	9～10.5	蓝	紫红	pH＝10；Mg^{2+}、Zn^{2+}、Cd^{2+}、Pb^{2+}、Mn^{2+}、稀土	0.5％水溶液
钙指示剂	10～13	蓝	酒红	pH＝12～13；Ca^{2+}	0.5％的乙醇溶液
二甲酚橙(XO)	＜6	黄	红	pH＜1；ZrO^{2+} pH＝1～3；Bi^{3+}、Th^{4+} pH＝5～6；Zn^{2+}、Cd^{2+}、Pb^{2+}、Hg^{2+}、稀土	0.2％水溶液(可保存 15d)
PAN	2～12	黄	红	pH＝2～3；Bi^{3+}、Th^{4+} pH＝4～5；Cu^{2+}、Ni^{2+}	0.1％的乙醇溶液

（4）氧化还原指示剂

指示剂名称	$\varphi^{\ominus}/V$ $[H^+]=1mol \cdot L^{-1}$	颜色变化		溶液配制方法
		氧化态	还原态	
二苯胺磺酸钠	0.85	紫红	无色	0.5％的水溶液
N-邻苯氨基苯甲酸	1.08	紫红	无色	0.1g 指示剂加 20mL 5％的 Na_2CO_3 溶液,用水稀释至 100mL
邻二氮菲-Fe(Ⅱ)	1.06	浅蓝	红	1.485g 邻二氮菲加 0.965g $FeSO_4$,溶于 100mL 水(0.025mol·L^{-1} 水溶液)

（5）沉淀滴定指示剂

指示剂	被测离子	滴定剂	使用 pH 范围	溶液配制方法
荧光黄	Cl^-,Br^-,I^-	$AgNO_3$	7～10(一般 7～8)	0.2％乙醇溶液
二氯荧光黄	Cl^-,Br^-,I^-	$AgNO_3$	4～10(一般 5～8)	0.1％水溶液
曙红	Br^-,I^-,SCN^-	$AgNO_3$	2～10(一般 3～8)	0.5％水溶液
甲基紫	Ag^+	NaCl	酸性	

6.17　实验室中一些试剂的配制

名　称	浓度	配制方法
三氧化铋 $BiCl_3$	$0.1mol \cdot L^{-1}$	溶解 31.6g $BiCl_3$ 于 330mL $6mol \cdot L^{-1}$ HCl 中,加水稀释至 1L
硝酸汞 $Hg(NO_3)_2$	$0.1mol \cdot L^{-1}$	33.4g $Hg(NO_3)_2 \cdot \frac{1}{2}H_2O$ 于 1L $0.6mol \cdot L^{-1}$ HNO_3 中
硝酸亚汞 $Hg_2(NO_3)_2$	$0.1mol \cdot L^{-1}$	56.1g $Hg_2(NO_3)_2 \cdot \frac{1}{2}H_2O$ 于 1L $0.6mol \cdot L^{-1}$ HNO_3 中,并加入少许金属汞
硫酸氧钛 $TiOSO_4$	$0.1mol \cdot L^{-1}$	溶解 19g 液态 $TiCl_4$ 于 220mL 1∶1 H_2SO_4 中,再用水稀释至 1L (注意:液态 $TiCl_4$ 在空气中强烈发烟,因此必须在通风橱中配制)
钼酸铵 $(NH_4)_6Mo_7O_{24} \cdot 4H_2O$	$0.1mol \cdot L^{-1}$	溶解 124g $(NH_4)_6Mo_7O_{24} \cdot 4H_2O$ 于 1L 水中,将所得溶液倒入 $6mol \cdot L^{-1}$ HNO_3 中,放置 24h,取其澄清液
硫化铵 $(NH_4)_2S$	$3mol \cdot L^{-1}$	在 200mL 浓氨水中通入 H_2S,直至不再吸收为止。然后加入 200mL 浓氨水,稀释至 1L
氯化氧钒 VO_2Cl		将 1g 偏钒酸铵固体,加入 20mL $6mol \cdot L^{-1}$ 盐酸和 10mL 水
三氯化锑 $SbCl_3$	$0.1mol \cdot L^{-1}$	溶解 22.8g $SbCl_3$ 于 330mL $6mol \cdot L^{-1}$ HCl 中,加水稀释至 1L
氯化亚锡 $SnCl_2$	$0.1mol \cdot L^{-1}$	溶解 22.8g $SnCl_2 \cdot H_2O$ 于 330mL $6mol \cdot L^{-1}$ HCl 中,加水稀释至 1L,加入数粒纯锡,以防止氧化
氯水		在水中通入氯气直至饱和
溴水	—	在水中滴入液溴至饱和
碘水	$0.01mol \cdot L^{-1}$	溶解 2.5g I_2 和 3g KI 于尽可能少量的水中,加水稀释至 1L
镁试剂		溶解 0.01g 对硝基苯偶氮-间苯二酚于 1L $1mol \cdot L^{-1}$ NaOH 溶液中
淀粉溶剂	1%	将 1g 淀粉和少量冷水调成糊状,倒入 100mL 沸水中,煮沸后,冷却
奈斯勒试剂		溶解 115g HgI_2 和 80g KI 于水中,稀释至 500mL,加入 500mL $6mol \cdot L^{-1}$ NaOH 溶液,静置后,取其清液,保存于棕色瓶中
二苯硫腙		溶解 0.1g 二苯硫腙于 1000mL CCl_4 或 $CHCl_3$ 中
铬黑 T		将铬黑 T 和烘干的 NaCl 按 1∶100 的比例研细,均匀混合,贮于棕色瓶中备用
钙指示剂		将钙指示剂和烘干的 NaCl 按 1∶50 的比例研细,均匀混合,贮于棕色瓶中备用
亚硝酰铁氰化钠 $Na_2[Fe(CN)_5NO]$	1%	溶解 1g 亚硝酰铁氰化钠于 100mL 水中,如溶液变成蓝色,即需重新配制(只能保存数天)
甲基橙	0.1%	溶解 1g 甲基橙于 1L 热水中
石蕊	0.5%～1%	5～10g 石蕊溶于 1L 水中
酚酞	0.1%	溶解 1g 酚酞于 900mL 乙醇与 100mL 水的混合液中

6.18 常用洗涤剂的配制

名　　称	配 制 方 法	备　　注
合成洗涤剂	将合成洗涤剂粉用热水搅拌配成浓溶液	用于一般的洗涤
皂角水[①]	将皂角捣碎,用水熬成溶液	用于一般的洗涤
铬酸洗液[②]	取 $K_2Cr_2O_7$(实验室用)20g 于 500mL 烧杯中,加水 40mL,加热溶解,冷却后,缓缓加入 320mL 粗浓 H_2SO_4 即成(注意边加边搅拌),贮于磨口细口瓶中	用于洗涤油污及有机物,使用时防止被水稀释。用后倒回原瓶,可反复使用,直至溶液变为绿色
$KMnO_4$ 碱性洗液	取 $KMnO_4$(实验室用)4g,溶于少量水中,缓缓加入 100mL 10% NaOH 溶液	用于洗涤油污及有机物。洗后玻璃壁上附着的 MnO_2 沉淀可用粗亚铁或 Na_2SO_3 溶液洗去
碱性酒精溶液	30%～40% NaOH 酒精溶液	用于洗涤油污
酒精-浓硝酸洗液	用于沾有有机物或油污的结构较复杂的仪器。洗涤时先加少量酒精于脏仪器中,再加入少量浓硝酸,即产生大量棕色 NO_2 将有机物氧化而破坏	

① 也可用肥皂水。

② 已还原为绿色的铬酸洗液,可加入固体 $KMnO_4$ 使其再生,这样,实际消耗的是 $KMnO_4$,可减少铬对环境的污染。

6.19 磁化率、反磁磁化率和结构改正数

(1) 部分原子（离子）的摩尔磁化率

原　子	$\chi_M \times 10^6$	原　子	$\chi_M \times 10^6$	原　子	$\chi_M \times 10^6$
H	−2.93	Cl	−20.1	Mg	−10.0
C(链)	−6.00	Br	−30.6	Cu	−15.9
C(环)	−5.76	I	−44.6	Al	−13.0
N(链)	−5.55	S	−15.6	Zn	−13.5
N(环)	−4.61	Se	−23.0	Sb^{3+}	−74.0
N(酰胺)	−1.54	P	−26.3	Hg^{2+}	−33.0
N(酰二胺,酰亚胺)	−2.11	As(V)	−43.0	Sn^{4+}	−3.0
O(醇、醚)	−4.61	Bi	−192	K^+	−14.9
O(醛、酮)	+1.73	Li	−4.2	Cu^+	−15.0
O(羧基)	−3.36	Na	−9.2	Na^+	−7.0
F	−6.3	K	−18.5		

（2）部分配体的反磁磁化率

配 体	$\chi_D \times 10^6$	配 体	$\chi_D \times 10^6$	配 体	$\chi_D \times 10^6$
Br^-	-35	$C_2H_3O_2^-$（醋酸根）	-30	SO_4^{2-}	-40
Cl^-	-23	$C_2H_8N_2$（乙二胺）	-46	H_2O	-13
I^-	-51	$C_2O_4^{2-}$（草酸根）	-25	O_2^{2-}	-7
CN^-	-13	ClO_4^-	-32	OH^-	-12
NCS^-	-31	IO_4^-	-52	NH_4^+	-13
CO	-10	NO_2^-	-10	NH_3	-18
CO_3^{2-}	-28	NO_3^-	-19		

（3）部分结构改正数

配 体	$\lambda_B \times 10^6$	配 体	$\lambda_B \times 10^6$	配 体	$\lambda_B \times 10^6$
$C{=}C$	$+5.5$	$C{=}N$	$+8.2$	萘环	-31.0
$-C{\equiv}C-$	$+0.8$	$-C{\equiv}N$	$+0.8$	$CH(\alpha、\gamma、\varepsilon、\delta)$[①]	-1.29
$C{=}C-C{=}C$	$+10.6$	$C{-}Cl$	$+3.1$	$-C-(\alpha、\gamma、\varepsilon、\delta)$	-1.55
$C{=}C-C-$	$+4.5$	$C{-}Br，C{-}I$	$+4.1$	$-CH-(\beta)，-C-(\beta)$	-0.48
$-N{=}N-$	$+1.8$	苯 环	-1.4		

① α、β、γ、ε、δ 相对于氧基（oxygen group）的位置，如 α 表示最邻近氧基。

6.20 水的物性数据

温度 t /℃	蒸气压 p /kPa	密度 ρ /(kg·dm^{-3})	黏度 η /(10^{-4} Pa·s)	表面张力 σ /(mN·m)	折射率 n_D
0	0.6105	0.9998	1.7921	75.64	1.33395
5	0.8718	0.9999	1.5188		
10	1.227	0.9997	1.3077	74.22	1.33368
15	1.705	0.9992	1.1404	73.49	1.33337
16	1.187		1.1111		
17	1.937		1.0828		
18	2.063		1.0559		
19	2.197		1.0299		
20	2.338	0.9983	1.0050	72.75	1.33300
21	2.486		0.9810		
22	2.643		0.9579		
23	2.809		0.9359		
24	2.983		0.9142		
25	3.167	0.9971	0.8937	71.97	1.33254
26	3.360		0.8737		
27	3.564		0.8545		

续表

温度 t /℃	蒸气压 p /kPa	密度 ρ /(kg·dm^{-3})	黏度 η /(10^{-4} Pa·s)	表面张力 σ /(mN·m)	折射率 n_D
28	3.779		0.8360		
29	4.004		0.8180		
30	4.243	0.9958	0.8007	71.18	1.33192
31	4.492		0.7840		
32	4.753		0.7679		
33	5.029		0.7523		
34	5.319		0.7371		
35	5.623	0.9941	0.7225	70.38	
40	7.376	0.9922	0.6529	69.56	1.33051
45	9.579	0.9903	0.596	68.74	
50	12.334	0.9881	0.5468	67.91	1.32894
55	15.737	0.9857	0.504		
60	19.916	0.9832	0.4665	66.18	
65	25.003	0.9806	0.4335		
70	31.157	0.9778	0.4042	64.4	
75	38.544	0.9749	0.3781		
80	47.343	0.9718	0.3547	62.6	
85	57.809		0.3337		
90	70.096	0.9653	0.3147	60.7	
95	84.513		0.2975		
100	101.33	0.9584	0.2818	58.9	

资料来源：1. 辛剑，孟长功. 基础化学实验. 北京：高等教育出版社，2004.

2. 上海师范大学，福建师范大学. 化工基础（第三版）. 北京：高等教育出版社，2000.

参 考 文 献

[1] 程建国. 无机及分析化学实验. 杭州：浙江科技出版社，2006.

[2] 贾素云. 基础化学实验（上册）. 北京：兵器工业出版社，2005.

[3] 张春晔，赵谦. 工程化学实验. 南京：南京大学出版社，2006.

[4] 吴泳. 大学化学新体系实验. 北京：科学出版社，1999.

[5] 蔡炳新，陈贻文. 基础化学实验. 北京：科学出版社，2001.

[6] 周其镇，方国女，樊行雪. 大学基础化学实验. 北京：化学工业出版社，2000.

[7] 黄应平. 化学创新实验教程. 武汉：华中师范大学出版社，2010.

[8] 蔡明招. 分析化学实验. 北京：化学工业出版社，2004.

[9] 梁春华. 无机及分析化学实验. 成都：西南交通大学出版社，2020.

[10] 何树华，张福兰，庞向东. 无机及分析化学实验. 成都：西南交通大学出版社，2017.

[11] 北京大学化学系物理化学教研室. 基础化学实验教程. 北京：北京大学出版社，1995.

[12] 北京大学分析化学组. 基础分析化学实验. 北京：北京大学出版社，1998.

[13] 钱可萍，韩志坚，陈佩琴，等. 无机及分析化学实验. 2版. 北京：高等教育出版社，1987.

[14] 龚福忠. 大学基础化学实验. 武汉：华中科技大学出版社，2008.

[15] 韩春亮，陆艳琦，张泽志. 大学基础化学实验. 北京：电子科技大学出版社，2008.

[16] 成都科技大学，浙江大学分析化学系. 分析化学实验. 北京：高等教育出版社，1989.

[17] 华东化工学院无机化学教研室. 无机化学实验. 2版. 北京：高等教育出版社，1985.

[18] 张荣. 无机化学实验. 北京：化学工业出版社，2008.

[19] 肖繁花，虞大红，苏克曼. 大学基础化学实验（Ⅱ）. 上海：华东理工大学，2000.

[20] 李季，邱海鸥，赵中一. 分析化学实验. 武汉：华中科技大学出版社，2008.

[21] 沈君朴. 化学无机实验. 2版. 天津：天津大学出版社，1992.

[22] 张济新. 实验化学原理与方法（讲义）. 上海：华东理工大学，1998.

[23] 张剑英，戚苓，方惠群. 仪器分析实验. 北京：科学出版社，1999.

[24] 赵福岐. 基础化学实验. 成都：四川大学出版社，2006.

[25] 徐家宁，门瑞芝，张寒琦. 基础化学实验（上册）. 北京：高等教育出版社，2006.

[26] 金若水，邵翠琪. 无机化学实验（高年级用）. 上海：复旦大学出版社，1993.

[27] 郑化桂. 实验无机化学. 合肥：中国科学技术大学出版社，1989.

[28] 神户博太郎. 热分析. 刘振海等，译. 北京：化学工业出版社，1982.

[29] 王伯康. 新编无机化学实验. 南京：南京大学出版社，1998.

[30] 大连理工大学无机化学教研室. 无机化学实验. 北京：高等教育出版社，1990.

[31] 兰州大学和复旦大学化学系有机化学教研室. 有机化学实验. 2版. 北京：高等教育出版社，1994.

[32] 浙江大学普通化学教研组. 普通化学实验. 2版. 北京：高等教育出版社，1990.

[33] 徐功骅，蔡作乾. 大学化学实验. 2版. 北京：清华大学出版社，1997.

[34] 何英，李青，王桂英. 无机与分析化学实验. 北京：北京理工大学出版社，2022.

[35] 南京无机及分析化学实验编写组. 无机及分析化学实验. 4版. 北京：高等教育出版社，2006.

[36] 朱湛，傅引霞. 无机化学实验. 北京：北京理工大学出版社，2007.

[37] 武汉大学化学与分子科学学院实验中心. 无机化学实验. 武汉：武汉大学出版社，2011.